教育部人文社会科学研究青年基金项目"虚拟现实技术审美文化嬗变与美学价值重构研究"(批准号：18YJC751051)资助。

虚拟现实技术审美文化嬗变与美学价值重构研究

吴英文 著

中国广播影视出版社

图书在版编目（CIP）数据

虚拟现实技术审美文化嬗变与美学价值重构研究 / 吴英文著. -- 北京：中国广播影视出版社，2025.03.
ISBN 978-7-5043-9311-1

Ⅰ．B83-39

中国国家版本馆 CIP 数据核字第 2024AE9718 号

虚拟现实技术审美文化嬗变与美学价值重构研究
吴英文　著

责任编辑	王萱　赵之鉴
封面设计	原鹿出版
责任校对	张哲

出版发行	中国广播影视出版社
电　　话	010-86093580　　010-86093583
社　　址	北京市西城区真武庙二条9号
邮　　编	100045
网　　址	www.crtp.com.cn
电子信箱	crtp8@sina.com
经　　销	全国各地新华书店
印　　刷	武汉鑫佳捷印务有限公司
开　　本	710毫米×1000毫米　　1/16
字　　数	210（千）字
印　　张	14.75
版　　次	2025年3月第1版　　2025年3月第1次印刷
书　　号	ISBN 978-7-5043-9311-1
定　　价	88.00元

（版权所属　盗版必究·印装有误　负责调换）

前　言

随着数字媒体技术的更新换代和大模型的普及，大语言模型为实现通用人工智能（AGI）提供了可能路径，AGI 时代已然到来。当前，在新一轮"数智化"浪潮席卷而来之际，尤其是以虚拟现实、互联网、人工智能、区块链等技术集合而来的元宇宙（Metaverse）概念，逐渐成为现实世界与数字世界融合的未来趋势。虚拟现实正以革命性的人机交互范式重塑人类的感知方式、思维模式、文化交往方式乃至价值观念。本研究聚焦虚拟现实技术与美学的交融发展，系统探讨了这一前沿领域的理论内涵、实践图景及未来走向。立足于技术哲学与美学的交叉点，深入考察虚拟现实技术导致的审美文化变迁给美学理论和实践带来的机遇与挑战，力图在传统与创新的辩证中把握数字时代的审美文化与美学发展的脉络，尝试为构建数智时代媒体人机协同的美好未来提供理论指引。

首先，本研究全面梳理了虚拟现实技术的发展轨迹及其美学意蕴。从 20 世纪 80 年代杰伦·拉尼尔（Jaron Lanier）提出"虚拟现实"概念，到当下沉浸式体验的普及，虚拟现实经历了从感官模拟到认知重构的跃迁。详细分析了虚拟现实的技术构成，包括计算机图形学、多媒体技术、数字图像处理、传感器技术、计算机仿真技术等，揭示其作为综合性信息技术的独特优势。同时，着重探讨当下的 5G 第五代移动通信技术、人工智能、脑机接口等前沿科技与虚拟现实的融合前景，指出其中不可估量的发展潜力。在技术分析的基础上，深入探讨虚拟现实的美学内涵。借鉴让·鲍德里亚（Jean Baudrillard）的"拟像"理论，揭示虚拟现实如何创造出一个自足的符号世界，模糊了真实与虚构的界限。正如鲍德里亚所言，当代社会已从再现的逻辑过渡到拟像的逻辑，符号不再指涉真实，而是构成了独立的超真实。此外，运用保罗·维利里奥（Paul Virilio）的"速度"哲学，剖析了虚拟技术对时空感知的改写，虚拟现实技术制造出拟像时间，使时间成为可塑的、可操纵的对象。在此基础上，可探知虚拟现实正在开启一个全新的超美学时代。传统的主客二分、艺术与生活的界限被打破，感性生活进入全方位的数字化重构。

其次，本研究系统剖析了虚拟现实对美学理论体系的冲击。在本体论层面，虚拟现实艺术超越了物质媒介的限制，成为动态生成的数字事件，挑战了传统的存在论预设。研究指出，虚拟现实艺术作品不再是凝固的物质存在，而是在人机交互中动态生成的，呈现出存在与生成的辩证关系。这一特性颠覆了传统美学对艺术本体的理解，要求我们重新思考艺术的存在方式。在认识论层面，虚拟现实重塑了艺术感知方式，强调多感官参与和身体投入。借鉴汉斯·乌尔里希·奥布里斯特（Hans Ulrich Obrist）的"呈现生产"理论，探讨虚拟美学体验中物的存在对主体的直接塑造。奥布里斯特反对将意义视为艺术体验的唯一要件，强调身体感官对物质性的直接体认。个案研究分析观众如何通过触觉互动感受数字材质的塑性，体验虚拟创作与审美的乐趣，彰显了虚拟现实艺术对身体参与的重视，感官临场感构成了美学体验的基础。在价值论维度，互动性、参与性成为虚拟艺术的核心诉求，艺术创作从个人表达走向集体建构，引入皮埃尔·列维（Pierre Levy）的"集体智能"概念，分析虚拟艺术生产的去中心化趋势。探讨用户如何在三维空间同步开展交互性创作与审美，形成一个开放的艺术生态。这种参与式创作模式颠覆了传统的艺术生产关系，艺术家的角色从个体创造者转变为集体创意的引导者。此外，研究还重新审视了移情说、崇高论等经典美学理念在虚拟现实语境下的新内涵。

再次，本研究全面考察了虚拟现实美学的实践探索。在公共文化服务领域，虚拟博物馆、虚拟旅游等数字人文应用正在重塑文化传播模式。以国内外诸多个案为例，分析了虚拟技术如何让观众以沉浸式视角探索艺术作品，提升文化体验的互动性和趣味性。借鉴亨利·詹金斯（Henry Jenkins）的粉丝文化、媒体融合、参与式文化理论，深入探讨虚拟社区、虚拟偶像如何催生独特的亚文化现象，剖析粉丝如何利用开源软件创作原创内容，形成跨国界的虚拟现实艺术亚文化交流圈。在艺术生态方面，重点考察了用户生成内容（UGC）的崛起如何重塑艺术创作格局。运用罗兰·巴特（Roland Barthes）的"作者之死"理论，探讨虚拟艺术中创作者身份的流动性。同时，分析区块链和NFT（非同质化通证）技术如何为虚拟艺术的确权、交易开辟新路径。诚然，研究也不回避虚拟现实带来的伦理困境。借鉴雪莉·特克尔（Sherry Turkle）的数字人文批评，反思虚拟社交对现实人际关系的影响。同时，探讨虚拟暴力、隐私侵犯等问题，呼吁在技术发展中坚守人文关怀，捍卫人的尊严。

最后，本研究尝试前瞻性地展望虚拟现实美学的未来发展。随着"元宇宙"概念的兴起，虚拟与现实的交融将进入新阶段。未来虚拟现实审美文化变迁催生的美学价值研究将在几个方面持续深化：一是研究视域不断拓展，需要加强与认知科学、传播学、社会学等学科的交叉融合；二是核心概念不断深化，如沉浸感、交互性、共在感等范畴需要更精细的理论阐释；三是研究方法不断创新，大数据分析、脑科学实验等新方法将为美学研究注入新动力。研究强调，未来虚拟现实美学要在技术反思中坚守人文立场，在人机协同中捍卫人的主体性。正如尼古拉·尼葛洛庞帝（Nicholas Negroponte）所言，"数字化生存之所以能让我们的未来不同于现在，完全是因为它容易进入、具备流动性以及引发变迁的能力。""我们已经进入了一个艺术表现方式得以更生动和更具参与性的新时代，我们将有机会以截然不同的方式来传播和体验丰富的感官信号。"[①]

总之，本研究试图以系统化、多维度的视角审视虚拟现实技术与美学的共融发展，以期揭示这一前沿领域的理论内涵与现实意义。在技术与人文的交汇处，虚拟现实美学正在开辟人类感性生活的新领域。本研究试图为把握数字时代的美学变革提供些许理论的碎片微思，以期能为探索人在虚拟与现实交织的未来图景中的生存境遇贡献绵薄的智慧力量。

[①]［美］尼古拉·尼葛洛庞帝：《数字化生存》，胡泳、范海燕译，电子工业出版社，2017，第229—232页。

目 录

绪 论 1

第一章 虚拟现实技术文化与美学语境 9

第一节 虚拟现实技术的历史与美学起源 9

第二节 数字时代的美学理论转型 16

第三节 虚拟现实与美学的相互作用 23

第二章 虚拟现实的审美文化形态变迁 30

第一节 虚拟环境中的审美感受与体验 30

第二节 媒介融合与审美文化的变迁 36

第三节 虚拟与现实界限的美学探讨 43

第三章 虚拟现实审美文化特征和美学范式 51

第一节 虚拟空间的美学原则 51

第二节 社会文化影响下的虚拟审美 58

第三节 新媒体艺术与虚拟现实的共生 65

第四章 虚拟现实审美主体的精神结构 75

第一节 虚拟身份与审美自我 75

| 第二节 | 沉浸式体验与个体心理的互动 | 82 |
| 第三节 | 认知与情感在虚拟审美中的角色 | 88 |

第五章　虚拟现实技术的人文表征　96

第一节	人与技术的共生关系	96
第二节	技术进步与人文观念的冲击	103
第三节	虚拟现实中的伦理与哲学	111

第六章　虚拟现实的美学谱系与观念转型　120

第一节	从传统美学到虚拟美学的演进	120
第二节	虚拟美学中的核心理论与观念	129
第三节	新媒体环境下的美学观念转型	137

第七章　虚拟现实技术的美学价值重构　147

第一节	重构传统的美学标准与评价体系	147
第二节	虚拟技术为美学带来的新机遇与挑战	158
第三节	美的新定义与新价值在虚拟环境中的探寻	167

第八章　虚拟现实技术美学研究理论体系建设　176

第一节	虚拟现实美学的理论支柱与构架	176
第二节	实证研究与理论推断的交叉验证	185
第三节	虚拟现实美学研究的未来发展与趋势	193

结　　语 202
参考文献 209
后　　记 220

绪　论

一、研究背景与研究价值

（一）研究背景

虚拟现实（Virtual Reality，VR）技术又称灵境技术，其概念最早由美国 VPL Research 公司创建人拉尼尔（Jaron Lanier）于 20 世纪 80 年代提出。虚拟现实技术是一项综合性极强的信息技术，融合了计算机图形学、多媒体技术、数字图像处理、传感器技术、计算机仿真技术、显示技术和网络并行处理等多个信息技术分支，由计算机模拟生成三维（3D）立体的仿真虚拟环境，用户通过专业传感终端设备，感触和融入该虚拟环境，其中的三维视觉环境、立体环绕音效以及自然的人机交互状态，全方位调动了人的视觉、听觉、触觉等感知系统，从而使人产生身临其境的感官体验。目前虚拟现实技术已成为计算机相关领域继多媒体技术、网络技术及人工智能之后备受关注、开发与应用的热点，也是目前发展最快的一项多学科综合技术。随着虚拟现实技术的迅速更新发展，虚拟游戏、虚拟电影、虚拟艺术等越来越多的电子虚拟文化产品成为大众热捧的审美文化新形态，促进了数字审美文化的蓬勃发展。新兴的虚拟现实审美文化发展势态火热，给当前较为普遍的"数字化生存"带来新的审美惯例挑战和美学价值影响，给美学带来了文本形态和价值观念的革命性变化，也给美学研究带来了新的本体性变化，从而在一定程度上改变了美学的发展格局。这使当前对虚拟现实技术下审美文化形态新变及其美学价值重构的思考与关注，成为当前美学研究领域不容忽视的重要课题。

目前，关于虚拟现实的研究集中于技术开发与应用层面，从美学视角展开的本体性研究较为匮乏。参考保罗·莱文森的媒介进化论、麦克卢汉的"媒介即人的延伸"媒介观，以及马尔库塞的"新感性"理论，对虚拟现实技术审美文化特征进行的分析可知，虚拟现实的再现方式进一步接近人性，再现内容进一步接近真实世界，而它对"人的延伸"即对身体所有感官的全面延伸，找回了人类在前技术时代的感官平衡,从而促成了用"新的感性去发展新的合理性",形成了自由理想的社会生存空间。可以说,虚拟现实技术的出现不仅在技术平台、文化模式和传播载体上显现出新的特质,更重要的是它的出现与发展对建构新型人文精神有所启迪。虚拟现实技术系统营造的"虚拟现实",开辟了人类新的数字化生存空间,提供了新的数字化生存方式。虚拟现实所具有的媒介功能、去蔽功能、虚拟性、互动性、沉浸性、超越性、想象性,与美学实践活动中展现的审美文化特性和美学价值体现相互融通,彰显了技术与人文的本质同一性,呈现了丰富的审美文化素质和美学价值内涵。

（二）研究的理论价值和实际应用价值

基于上述认识,本研究从虚拟现实技术背景下的审美文化与美学发展现状入手,探讨虚拟现实技术带来的审美文化变异与美学理论转型的必然性。课题研究在以下三个方面具有创新：一是选题的前沿性与前瞻性,二是理论思辨的新创性与系统性,三是美学现实的针对性与理论引导性。研究的理论价值和实际应用价值体现为：（1）理论价值上,研究虚拟现实技术审美文化变异与美学价值理论重构,是对传统美学研究的学术拓展和理论超越,可为建设当代美学新形态提供新的理论资源,带来美学理论研究的新突破,并有助于传统美学理论贴近新媒体审美发展实际,以实现理论更新,进而为创建面向未来的美学新形态提供理论参考。（2）实际应用价值上,研究虚拟现实技术下的美学变化,有助于正确认识数字化技术对美学发展的深刻影响,以把握数字化信息时代的艺术新变和审美走向,使各种新出现的虚拟艺术文化存在方式获得科学的理论解释和规范引导,让未来的美学学科发展更好地适应数字化时代不断更新的审美文化嬗变和学理导向需求。

二、国内外研究现状趋势

（一）国外研究现状趋势

目前,在国外相关研究中,尚无对虚拟现实技术进行专门的美学层面研究的著作出现,但有许多与之相关的研究,从技术开发和应用两个方向在介绍虚拟现实基础理论和实践技能时,存在部分涉及美学相关或近似学科的内容阐述。

例如，比迪亚（G.Burdea）和夸费特（P.Coiffet）的《虚拟现实技术》（1994）一书是西方较早系统地介绍虚拟现实技术的著作，该书从多个学科领域系统介绍了虚拟现实技术及运用的起源、发展方式以及未来的发展方向等，为研究虚拟现实审美文化特质和美学价值提供了有益启发。

迈克尔·海姆（Michael Heim）的《从界面到网络空间：虚拟实在的形而上学》（2000）一书开始由技术介绍转向形而上的学理层面，认为虚拟现实是一种基于可计算信息的沉浸性、交互性系统。1998年9月，第14届国际美学大会在斯洛文尼亚共和国首都卢布尔雅那召开，根据大会专题讨论的说法，把针对诸如电子人或叫半机械人、电子人空间，以及数字化的二维、三维模拟等虚拟现实和现象的美学研究称为虚拟美学或数字化美学，内容涵盖了虚拟现实审美领域的方方面面。近年来，围绕虚拟现实展开的哲学思辨性研究在持续推进，相关研究新成果不断出现。吉姆·布拉斯科维奇（Blascovich J.）、杰里米·拜伦森（Jeremy Bailenson）的《虚拟现实：从阿凡达到永生》（2015）一书，进一步探讨了在数字体验下永恒的哲学问题——关于自我和"真实"，阐释了虚拟现实当前和未来的形式——沉浸式视频游戏和社交网站等形式将会无缝整合进入我们的生活。此外，在西方关于数字化美学相关研究中，尤其值得关注和借鉴的是数码艺术研究成果。根据黄鸣奋的《互联网艺术理论巡礼》一文，从20世纪60年代至今，新媒体研究中关于虚拟现实的著作有数百种，但至今为止有关虚拟现实艺术及其美学层面的著述仍较少。诸如，玛丽·安妮·莫泽（ Moser, Mary Anne），道格拉斯·麦克劳德（Macleod, Douglas）的《沉浸在技术中：艺术和虚拟环境》（1997），布莱恩·马苏米（Brian Massumi）的《虚拟的寓言：运动，情感，感觉》（2002），克里斯蒂安妮·保罗（Christiane Paul）的《数字艺术》（2003）、马克·J.P.沃尔夫（Mark J.P.Wolf），伯纳德·佩隆（Bernard Perron）的《视频游戏理论读本》（2003），玛丽-劳尔·瑞安（Marie-Laure Ryan）的《虚拟现实叙事：文学和数字媒体的沉浸感与互动性》（2003），乔克·布劳尔（Joke Brouwer）等的《数据库艺术》（2003），约翰·格兰特（John Grant）的《21世纪的数字艺术：渲染》（2004），弗兰克·波普尔（Frank Popper）的《从技术到虚拟艺术》(2006),奥利弗·格劳(Oliver Grau)的《虚拟艺术》(2007),霍梅·金(Homay King)的《虚拟记忆:基于时间的艺术与数字化之梦》(2015),雷切尔·格林(Rachel Green)的《互联网艺术》(2016),约翰·布赫(John Bucher)的《虚拟现实叙事:无制作沉浸式叙事的方法和原则》(2017),D.N.罗德维克(D.N.Rodowick)《电影的虚拟生命》(2019),亚当·丹尼尔(Adam Daniel)的《情感强度和不断演变的恐怖形式:从发现的镜头到虚拟现实》(2020),格兰特·塔维诺(Grant Tavinor)、劳特利奇(Routledge)的《虚拟现实的美学》(2021),大卫·查尔默斯(David J.Chalmers)的《现实+:虚拟世界与哲学问题》(2022),席琳·翠卡(Celine Tricart)的《虚拟现实电影制作:面向 VR 电影工作者的技术与实践手册》(2023),大卫·萨克斯(David Sax)的《模拟化生存:虚拟与现实之间》(2023)等,都从不同程度和角度对数码艺术审美与美学进行了相关研究,奠定了可资借鉴的丰富理论基础。

(二)国内研究现状趋势

国内关于虚拟现实的研究,同样主要集中于技术开发与应用层面,而从美学本体性视角展开的研究还处在起步阶段,形成的研究成果极少,这与国内势态火热的虚拟现实审美文化活动形成鲜明对比,这也说明其可供研究的空间还很大。随着虚拟现实技术在大众生活中的不断普及,近年来从审美文化和美学层面进行研究的成果数量开始增多,一定程度上体现了该领域研究的自觉性意识问题。目前已面世且较有针对性的著述有:谭华孚的《虚拟空间的美学现实:数字媒体审美文化》(2003),李勋祥的《虚拟现实技术与艺术》(2007),翟振明的《有无之间:虚拟实在的哲学探险》(2007),齐鹏的《新感性:虚拟与现实》(2008),邱秉常的《游动在虚拟与现实之间:数字动画艺术的真实性研究》(2014),胡巾煌的《虚拟现实(VR)与数字化艺术传播研究》(2018),刘冉的《虚拟现实艺术与交互设计研究》(2021),花晖的《VR 电影语言》(2019),魏国平的《当代虚拟现实艺术研究》(2019),丁艳华,李蕊,胡溟楠的《虚拟现实艺术形态研究》(2020),纪元元的《虚拟现实交互空间美学研究》(2020),王楠的《深度沉浸阈 VR 电影叙事——事件·场境·异我》(2021),翟振明的《虚拟现实的终极形态及其意义》（2022），杨斌的《虚拟现实艺术的审美研究》（2022），周宗凯的《虚拟现实艺术表现与技术》（2022），郭艳民、张宁的《视听媒体虚拟现实内容创作研究》（2022），周雯、徐小棠的《中国虚拟现实艺术发展报告 2016—2021》（2022），贾云鹏的《电影化虚拟现实艺术》（2024）等。这些著述从不同层面探讨虚拟现实空间各类文艺样态的文本特征、传播机制、审美方式、美学表征等，研究的对象和内容有较为明确的指向性，但论述角度和学理关注等仍处于现象阐述阶段，研究范围也相对单一，尚欠缺深入、系统的理论探究。

虽然如此，由于虚拟现实是基于多种新媒体技术手段融合发展而来的数字化文化载体，自然也融合并发展了相应的新媒体文化元素和美学特征，这为虚拟现实的美学研究提供了理论基础来源。尤其是新媒体文艺美学研究在国内外已相对成熟，这为虚拟现实美学研究提供了必要的理论参考基础。值得关注的是，国内在空间叙事和跨媒介叙事领域开创性研究专家龙迪勇结合空间叙事、图像叙事、文学叙事、跨媒介叙事等，探讨艺术叙事的内在关系以及多学科、跨学科视野，提出"主题—并置叙事""分形叙事""出位之思"等观点，从宏观上构建了当代艺术全新的"空间诗学"和跨媒介叙事话语体系，对虚拟现实艺术美学话语建构研究具有体系性的理论导引价值。网络文学研究专家欧阳友权在其系统的研究中提出"高技术与高人文""诗意的祛魅与返魅""诗性的意义重建"等观点，具有开创性和导向性的学理价值。数码艺术研究专家黄鸣奋从计算机艺术延伸到网络艺术，深入论述了网络艺术特征，考察网络与艺术的关系，形成了丰富的数码艺术学系列研究成果。马季等国内一批文论家、研究者对网络艺术、网络美学等领域进行深入广泛的现状调查和学理研究，分析数字化艺术现状、发展前景、矛盾与问题等，凸显新媒体艺术和数字化美学作为当代美学研究新生板块的必要性与重要性。此外，在传播学、社会学、经济学、心理学、文化产业学等人文学科领域形成的虚拟现实研究成果也逐渐增多，为虚拟现实美学研究提供了良好的理论互动和参考借鉴。

三、研究目标和研究内容

（一）研究目标

本研究基于对虚拟现实技术、数字审美文化、美学价值等的研究现状与学理认识进行研究，以期形成开拓性的基础理论。可实现两个方面的目标和意义：（1）帮助我们发现并发掘虚拟现实技术领域及其审美文化行为自身的美学意义，以更好地激发人们在数字化生存空间的审美意识和美学思辨。（2）找到一条行之有效的学理路径，帮助我们厘清并解决数字化媒介下审美文化形态嬗变和美学转型遇到的矛盾与问题，把稳当代美学发展的脉络和方向。

（二）内容框架

本研究重点探讨在虚拟现实技术背景下，审美文化形态变异和与之相适应的美学价值理论变迁，从历史逻辑和理论逻辑的双重背景上，揭示以虚拟现实为代表的数字技术载体对我国当代美学的深刻影响及其所涉猎的理论问题，完成数字化媒介时代的美学理论观念转型和学理新形态生成的一种原创性学术探索与理论构建。研究内容由虚拟现实技术下的美学生态语境、审美文化转型、美学价值重构三个部分组成，其研究内容和逻辑结构大致如下。

第一章，虚拟现实技术与美学语境考察。阐述虚拟现实技术发展及其美学话语生态环境，包括对虚拟现实技术的诗学诠释、科技理性美学原点的阐述、数字化视像审美表意机制的研究等，认为数字化虚拟现实技术满足并丰富了人类的诗意想象，有助于人类营造和丰富"高科技"与"高人文"相结合的数字化生存方式。第二章，虚拟现实的审美文化形态变迁阐述。分别从媒介载体、文本形态、审美方式等描述虚拟现实艺术的多媒体元素构成、开放式形态特征、非线性传播载体、沉浸式审美接受变化等，宏观论述在虚拟技术背景下我国审美文化发生的重要转变。第三章，虚拟现实审美文化特征和美学范式分析。从媒介哲学、文化哲学、艺术美学等角度分析探讨虚拟现实审美带来的艺术惯例新挑战，阐述数字化虚拟空间的后现代审美范式特征，探讨消费时代技术生产与视像审美消费的文化逻辑、价值内涵。第四章，虚拟现实审美主体的精神结构。从主体参与审美活动的沉浸性、自由性、交互性、身份多重性、审美自律化、非功利动机到主体价值的本我坦露、自我展现、超我表述以及主体间性等，阐述虚拟现实审美主体的内在活动特征，揭示主体精神结构与美学思维的原生态关系。第五章，虚拟现实技术的人文表征分析。探讨虚拟现实与人文精神的关系问题，论述虚拟现实空间中的人文哲学向度和局限、人文审美多元悖论、人文底色与价值承担平衡等。提出在用人文审美的眼光考辨虚拟现实技术时，必须确证人性与价值的先在性，注重技术的人文关怀和人性底蕴。第六章，虚拟现实的美学谱系与观念转型。分析信息时代文化转型期传统美学表征的价值危机、全球化图式中的失语焦虑、美学困境的技术救赎等问题，阐明新技术革命带来的美学研究对象的变化、数字化电子媒体带来的美学研究内容的改变以及信息手段孕育的美学方法更新问题。第七章，虚拟现实技术的美学价值重构。深入发掘虚拟现实技术新的美学价值内涵，阐述虚拟现实空间表征自由精神、新感性审美意识、精神价值的解构与建构、后现代主义文化逻辑，以及电子诗性的祛魅与返魅等新的美学价值体现。第八章，虚拟现实技术美学研究理论体系的建设探究。通过把握虚拟现实技术美学的哲学、文化、技术基础理论，结合新媒体技术的多种学科研究成果，从本体论、认识论、价值论等多层面，综合思考虚拟现实的美学理论解读方案，完善"数字化生存"空间中新的美学价值体系理论建构尝试。结语部分，通过把握虚拟现实中新媒体赋予的审美意识唤醒与思想价值承担等美学价值，以及多媒介叙事形成的美学价值观念变化和美学新形态的生成可能等方面，探讨虚拟现实美学存在与发展的意义和前景，阐明虚拟现实美学产生、存在与发展的可塑性和可变性，以窥探信息时代美学新形态衍生发展的可能性。

（三）拟突破的重点和难点

（1）研究重点：本研究重点关注虚拟现实技术的审美文化变迁、审美范式转型，发掘虚拟现实美学的显性形态和隐性价值，探讨在虚拟现实中美学的存在方式和存在本质，以助推新的美学本体理论体系建构和未来理论的导向预设。（2）研究难点：阐明审美文化活动面对虚拟现实技术平台如何调整适应，揭示数字化时代审美文化对传统美学惯例的新挑战，分析媒介方式改变后，审美文化形态的种种嬗变，从理论上准确把握虚拟现实技术对美学原点的谱系学置换、美学本体更新与美学价值重构的问题。

四、研究思路与研究方法

（一）研究思路

本研究综合运用本体论、认识论哲学思维探究虚拟现实技术美学价值观转向，探索其存在方式和存在本质，即由美学现象本体探寻其价值本体，解答虚拟现实美学新的存在形态和价值意义生成问题。从形态嬗变和价值重构层面思考虚拟现实中美学本体的审美素质与艺术导向，探讨构建新的美学研究理论范式的可能性。课题拟从美学生态语境、审美文化转型、美学价值重构三个方面，探讨虚拟现实技术的新美学体系建设，分别从虚拟现实技术下的美学生态语境、审美文化特征、后现代美学范式、审美主体精神结构、人文价值表征、理论观念转型等美学谱系，系统思考虚拟现实技术的美学价值重构的原则方法，探讨数字化美学研究新的理论体系建设路径。

（二）研究方法

（1）文献研读与数据分析相结合：搜集虚拟现实技术、美学、文艺学、新媒体艺术等相关研究文献，同时通过网络调查和数据分析，充分掌握研读实证资料文献，做好客观数据分析，以全面正确地了解掌握研究脉络和现状，明确研究所涉及的相关理论问题。（2）辩证分析与逻辑阐述相统一：从审美变迁与美学转型的双重视角分析虚拟现实内在的美学本质，厘清虚拟现实技术下美学特点形成和发展的学理过程，客观分析虚拟现实审美的内在规律和外部影响因子，揭示其美学本质、价值意义。（3）多学科综合交叉研究：综合运用传播学、社会学、哲学、心理学、艺术学、文化产业学、计算机科学等多学科基本理论与分析工具，进行科学规范的分析和处理，合理利用各学科相关研究成果，拓宽研究视野和思维，形成全面完整的研究系统架构。

第一章 虚拟现实技术文化与美学语境

虚拟现实技术的历史起源和美学探索，是一个跨越数十年的演进过程。在这个过程中，技术的发展与艺术的探索相互促进，共同推动了虚拟现实技术的进步、审美文化的衍生和美学理论的深化。

第一节 虚拟现实技术的历史与美学起源

一、技术进化的早期阶段及其对艺术的初步影响

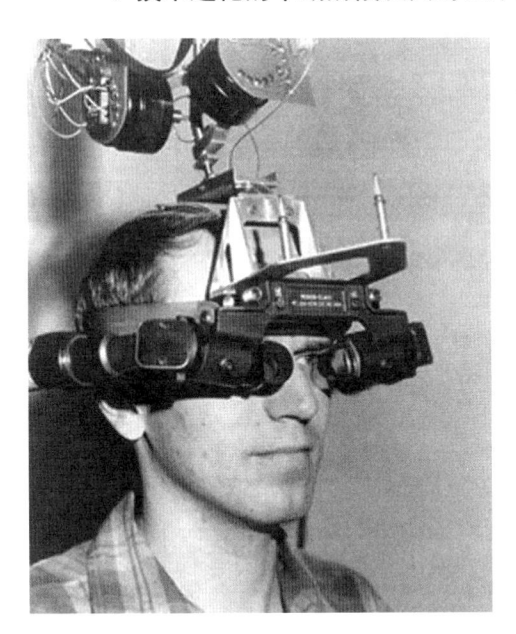

图1-1 世界上第一台虚拟现实头盔显示器"达摩克利斯之剑"

虚拟现实（Virtual Reality，VR）技术的发展可以追溯到20世纪60年代。1962年，美国计算机图形学之父伊万·萨瑟兰（Ivan Edward Sutherland）在麻省理工学院（MIT）创造了人类历史上第一个虚拟现实与增强现实头盔显示系统——"达摩克利斯之剑"（The Sword of Damocles）[1]。（如图1-1）这个笨重的头盔显示器尽管很原始，但它开创性地将用户的视角与头部运动实时关联，从而使用户沉浸于一个简单的虚拟世界中。这种人机交互

---

[1] Ivan E. Sutherland.A head-mounted three dimensional display.AFIPS '68（Fall, part I）: Proceedings of the December 9-11, 1968, fall joint computer conference, part IDecember 1968:757-764.https://doi.org/10.1145/1476589.1476686.

范式改变了人与图像信息的关系,为虚拟艺术开辟了新的想象空间。肯·皮门特尔(Ken Pimentel)和凯文·特谢拉(Kevin Texeira)对虚拟现实的定义:"通常来说,虚拟现实这一术语是指一种由计算机生成的沉浸的、交互的体验。"[①] 玛丽-劳尔·瑞安提出"沉浸诗学"[②],认为沉浸感是虚拟现实的本质特征,其通过多感官刺激模拟真实世界,颠覆了传统的审美观念。

虚拟现实技术最初主要用于军事和航天领域,这一革命性技术很快引起了先锋艺术家的关注。20世纪60年代末期,美国犹他大学的计算机科学家戴维·埃文斯(David Evans)与他的学生开发出了首个实时交互式计算机动画程序。计算机生成图像(Computer Generated Imagery,CGI)与计算机图形学(Computer Graphics,CG)的诞生及其在艺术创作中的运用,为虚拟艺术的发展埋下伏笔。1967年,查尔斯·楚里(Charles Csuri)根据早期的计算机图形学算法,让大型计算机使用无数正弦曲线叠加成为一个男人头像,创作了最早的"数字绘画"——《正弦人像》(Sine Man)。1968年年初,他又利用当时十分先进的IBM 704型号计算机创建了三万多张蜂鸟的图像,生成世界上第一个完全由计算机制作的动画短片《蜂鸟》(Hummingbird)[③](图1-2),这些作品开创了计算机辅助艺术(Computer-aided Art)的先河。楚里的创作体现了人工智能美学的雏形,计算

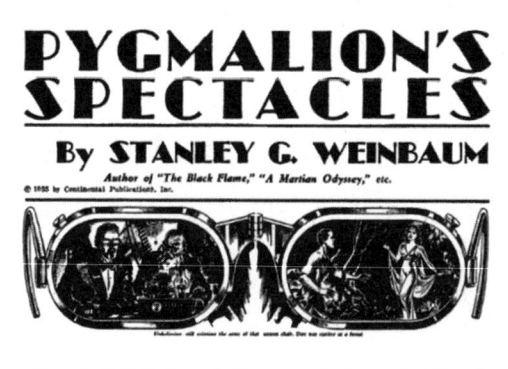

图1-2 "通往元宇宙的入口,需要一副眼镜。"这是科幻小说家斯坦利·温鲍姆在1935年的小说《皮格马利翁的眼镜》中,构想的一款实现虚拟现实的眼镜

---

① Ken Pimentel, Kevin Teixeira.Virtual Reality: Through the New Looking Glass. Intel / Windcrest McGraw Hill,1993:11.

② 玛丽-劳尔·瑞安在《作为虚拟现实的叙事:文学和数字媒体中的沉浸与交互》(Narrative as Virtual Reality: Immersion and Interactivity in Literature and Electronic Media)一书中建立了沉浸诗学理论体系,描述文学和数字媒体中叙事沉浸的过程。

③ 殷铄:《渐被遗忘的"计算机艺术"》,《中国美术报》2022年第263期。

机在其中扮演了类似艺术家的角色，具有一定的自主性。

虽然这一时期的 CG 技术还十分简陋，但其蕴含的美学潜力已初现端倪。其中的数字图像突破了艺术再现的物质性，画面可以实时生成、无限变换，这意味着艺术从"存在的美学"走向"生成的美学"意识雏形的可能。早期计算机艺术开启了后现代艺术的变革。赛博美学先驱罗伊·阿斯科特（Roy Ascott）认为"艺术出现的新秩序是交互性"[1]，指出交互性将成为未来艺术的核心，艺术应该超越传统的静态表现形式，通过与观众的互动，实现艺术的动态发展和演变。他的这一理念预示了艺术与科技的深度融合，以及艺术创作和体验方式的根本变革。

正如马歇尔·麦克卢汉（Marshall McLuhan）所言："任何媒介（人的任何延伸）对个人和社会的任何影响，都是由于新的尺度产生的；我们的任何一种延伸（或者说任何一种新的技术），都要在我们的事务中引进一种新的尺度。"[2] "因为对人的组合与行为的尺度和形态，媒介正是发挥着塑造和控制的作用。然而，媒介的内容或用途是五花八门的，媒介的内容对塑造人际组合的形态也是无能为力的。实际上，任何媒介的'内容'都使我们对媒介的性质熟视无睹。"[3] 在麦克卢汉看来，任何媒介在最初出现时，人们倾向于忽视其内在的革命性力量，而更多关注其呈现的具体内容。需要指出的是，这一时期的虚拟艺术还处于萌芽阶段，其美学意义尚未被充分认识，直到 20 世纪 90 年代，虚拟现实技术发展到一定阶段，其独特的本体论特征和美学向度才逐渐进入理论视野。

尽管如此，20 世纪 60 年代的先锋艺术实践毫无疑问地预示了虚拟艺术的未来图景。正如尼古拉·尼葛洛庞帝所言："随着计算机日益普及而变得无所

---

[1] [英] 罗伊·阿斯科特：《未来就是现在：艺术，技术和意识》，周凌、任爱凡译，金城出版社，2012，第 53 页。

[2] [加] 马歇尔·麦克卢汉：《理解媒介：论人的延伸》，何道宽译，译林出版社，2011，第 18 页。

[3] [加] 马歇尔·麦克卢汉：《理解媒介：论人的延伸》，何道宽译，译林出版社，2011，第 19 页。

不在，它将戏剧性地改变和影响我们的生活品质，不但会改变科学发展的面貌，而且会影响我们生活的每一个方面。"[①] 当前，计算机生成图像在当代数字艺术中已不可或缺，互动性、沉浸感、程序性等美学范畴也已成为数字时代艺术批评的重要工具。回顾早期的技术实验和美学探索，我们或许会惊叹于艺术家的远见卓识，在那些看似简陋的作品中，虚拟现实艺术的基因已然植下。

二、关键技术突破及其对美学的贡献

20 世纪 80 年代初，美国宇航局（NASA）开始开发用于宇航员训练的虚拟现实系统，促进了头部运动跟踪、触觉反馈等关键技术的进步。与此同时，计算机图形学技术也取得重大突破。早在 1971 年，来自法国国家信息与自动化研究所（INRIA）的图形学家亨利·高洛德（Henri Gouraud）发明了高洛德着色（Gouraud Shading）技术，该技术能通过插值计算模拟曲面上的连续平滑着色，提升了 CG 模型的视觉质量。1980 年，美国卢卡斯影业（Lucasfilm）计算机图形部门（后来发展为皮克斯动画工作室）的图形学家特纳·惠特德（Turner Whitted）提出了光线追踪（Ray Tracing）算法，该算法能模拟真实世界中光线与物体表面互相作用，生成具有阴影、反射、折射效果的写实图像，这极大地提升了虚拟场景的真实感。光线追踪算法奠定了写实主义 CG 的美学基础。这两项技术突破极大地推动了写实主义 CG 的发展，为虚拟艺术提供了新的美学可能。

迈克尔·海姆在《从界面到网络空间——虚拟实在的形而上学》一书中指出，交互性意味着将人的意图与计算机生成的影像结合起来，"因为人类的历史是一条自我意识的道路，当我们加深我们对计算机交互的理解时，我们也会增加自我理解"[②]，这是虚拟现实的关键要素。写实主义 CG 弥合了艺术与科学的鸿沟，将古典美学中的"模仿说"（mimesis）推向新的高度。写实感的提升使虚拟世界从抽象趋向具象，为用户营造出更有说服力的视觉感受。1982

[①] [美] 尼古拉·尼葛洛庞帝：《数字化生存》，胡泳、范海燕译，电子工业出版社，2017，第 224 页。

[②] [美] 迈克尔·海姆：《从界面到网络空间——虚拟实在的形而上学》，金吾伦、刘钢译，上海科技教育出版社，2000，第 69 页。

第一章　虚拟现实技术文化与美学语境

年发明的高洛德着色（Gouraud Shading）技术则进一步提升了 CG 模型的真实感。该技术通过对多边形表面的光照效果进行插值计算，实现了更加平滑、自然的明暗过渡。这一成果改善了早期 CG 图像的生硬感，让虚拟物体呈现出更细腻的质感。逼真的感官呈现对沉浸感至关重要，它能够诱发用户将虚拟世界当作真实环境的"存在感"，高洛德着色的发明无疑推动了虚拟现实"以假乱真"的美学效果。这些技术突破极大地拓展了虚拟艺术的美学表现力。例如，1982 年的迪士尼电影《电子世界争霸战》（Tron：Evolution）中已经能看到光线追踪算法的应用。影视中的游戏场景和生物体现出前所未有的真实感，将虚拟世界的想象力与写实感结合到了极致。这些作品开创了图形写实主义的新流派，揭示了未来主义美学与古典写实主义融合的可能。

此外，技术进步也为沉浸式虚拟艺术装置奠定了基础。1984 年，迈克尔·奈马克（Michael Naimark）在他的《运动图像显示中的空间对应性》一文中提出"移动电影"（moving movies）概念："想象一个实时的'视频手电筒'。观看者手持一个位置感应设备，该设备控制投影图像，始终位于设备前面。图像源可以是远程摄像机，也可能来自计算机数据库。观众是摄影师：它是一个交互式系统。显示和交互之间存在关系。"[1]，奈马克于 1992 年在 Banff 艺术中心的生物仪器驻留项目中开始从艺术层面探索虚拟现实，随后在他的《田野记录研究》[2]一文中详细介绍了早期 VR 装置 See Banff 的原理。他利用灵活的头部运动跟踪系统，让用户在体验 VR 场景时获得身临其境之感。观者在虚拟的 Banff 影像世界中漫游，视角随着头部运动而变化，仿佛置身于大自然。奈马克开创性地将虚拟现实技术应用于艺术装置创作，为沉浸式审美体验提供了新的可能性。

20 世纪 80 年代初，虚拟现实技术的一系列突破极大地提升了虚拟世界的交互性、真实感和沉浸感，为虚拟艺术创作提供了更强大的技术支撑。这些进

---

[1] Michael Naimark.Spatial Correspondence In Motion Picture Display, Proceedings of SPIE 1984 Los Angeles Techincal Symposium, May 23, 1984.
[2] Mary Anne Moser, Douglas Macleod.Immersed in Technology: Art and Virtual Environments, MIT Press, 1996：299—302.

展改变了人与虚拟图像的互动方式,拉近了虚拟与现实的距离,推动了虚拟美学从抽象走向写实,从平面走向立体。虚拟现实技术正在将人类的感知从"实在界"引向"虚拟界",而这种感知形态的变革必将催生新的美学图景。

三、虚拟艺术的起源与发展

20世纪90年代,虚拟现实技术的日益成熟,为艺术家提供了一个前所未有的创作媒介。先锋艺术家开始将虚拟现实视为一种全新的表现形式,探索其独特的美学潜力。1990年,加拿大艺术家查尔·戴维斯(Char Davies)开创了现在被称为沉浸式虚拟现实的流派,并创作了里程碑式的沉浸式虚拟现实艺术装置——Osmose。观众通过头盔显示器和位置跟踪设备进入一个抽象的虚拟空间,并通过呼吸和平衡的身体动作与虚拟环境互动。这件作品开创性地将沉浸感和互动性引入艺术创作,打破了艺术欣赏的被动模式。正如戴维斯本人所言:"这种新的时空媒介能够使我们的体验重新确认我们在世界上的具体存在,而不是分散我们的注意力,使我们远离它。"[1]他认为,沉浸感使我们能够超越象征性的表征,直接体验存在的本质。Osmose作为虚拟现实艺术的先驱,构建了一个探索自我与世界之间知觉互动的空间,在新媒体艺术史上具有里程碑式的意义,预示了沉浸式美学新的发端与兴起。

20世纪90年代初,虚拟现实技术开始广泛渗透到艺术领域,这标志着艺术与技术的深度融合。随着计算机技术的迅猛发展,艺术家开始探索虚拟现实技术在艺术创作中的应用,这一引入突破了传统艺术创作的物理限制,为艺术家提供了更为广阔的创作空间。在这一时期,虚拟现实技术主要应用于展示和互动艺术。艺术家尝试将虚拟元素与真实环境相结合,创造出观众可以从多个角度欣赏和互动的独特艺术作品。例如,艺术家埃里卡·哈夫曼(Erica Huffman)利用虚拟现实技术创作了一个装置,让观众能够在里面跳舞。此外,虚拟现实技术在音乐、绘画、舞蹈等艺术形式中的应用也逐渐增多,为艺术家提供了更多的创作可能性。

---

[1] Penny Rafferty. Virtual Reality / Healing Practice: An Interview with Char Davies. https://www.berlinartlink.com/2017/01/04/virtual-reality-healing-practice-an-interview-with-char-davies.

第一章　虚拟现实技术文化与美学语境

从 2000 年到 2010 年，虚拟现实艺术经历了显著的发展和变革。一是技术上的进步。随着计算机硬件的发展，虚拟现实技术开始朝着高性能的方向发展。这一时期出现了第一个高性能沉浸式头戴式显示器，如 VPL 的 EyePhone，为艺术家提供了更高质量的虚拟体验。二是艺术创作模式的创新。虚拟现实技术为艺术创作提供了一个全新的平台，艺术家可以在虚拟空间进行实验性创作，不再受传统媒介的限制。他们可以创造超现实的场景、角色和物体，以及无限可能的艺术形式，让观众沉浸在一种全新的艺术体验中。三是展览模式的转变。传统艺术展览通常是静态的，观众只能通过观看二维图像或实物来欣赏艺术作品。虚拟现实技术给艺术展览带来了一种新的展示方式，艺术家可以利用虚拟现实技术创建互动展览，在虚拟空间中引导观众的目光，让他们更深入地理解和体验作品。四是艺术教育的创新。在传统的艺术教育中，学生往往只能通过观察和模仿来学习艺术技能与风格。虚拟现实技术则可以创造一个更真实的艺术环境，在虚拟空间中模拟各种艺术创作场景，让学生能够亲身体验和参与，更深入地理解和掌握艺术技法与语言。五是艺术与技术的融合。虚拟现实技术是艺术与技术融合的产物，其应用和发展将进一步推动艺术与技术的深度融合及创新发展。虚拟现实技术为艺术家提供了新的创作手段和工具，促进了艺术形式的创新和发展。这些变化不仅拓宽了艺术家的创作空间，也为观众提供了更丰富、更沉浸式的艺术体验。

自 2010 年以来，虚拟现实艺术进入了快速发展阶段，这一时期被认为是其成熟期。在这一时期，虚拟现实艺术不仅在技术上取得了显著进步，在艺术表现力和观众接受度上也有了显著增长。一是技术进步和艺术创新。在技术方面，虚拟现实艺术的发展得益于计算机图形学、人机交互、仿真技术等技术的综合应用。这些技术的进步使艺术家能够创作出更逼真、更具沉浸感的艺术作品。艺术家可以通过虚拟现实技术创建 3D 模型，实现更直观、更细致的艺术创作，也可以在虚拟空间中创作雕塑，提高创作效率和灵活性。二是虚拟现实艺术表现形式的多样化。在艺术表现形式上，虚拟现实艺术的发展为其带来了多样化的可能。艺术家可以通过虚拟现实技术创作动态艺术作品，如动态雕塑、动态绘画等，这些作品可以提供更丰富的视觉体验。此外，虚拟现实艺术也可以用于虚拟展览,观众可以通过虚拟设备参观虚拟展览,与艺术品互动,从而更深入地理解和感受艺术品。三是观众接受度的提升。随着技术的不断进步和艺术作品的多样化,观众对虚拟现实艺术的接受度也在不断提高。虚拟现实艺术的沉浸式体验和互动性使观众能够更深入地参与到艺术作品中,这不仅增强了观众与艺术家之间的互动,也提升了观众的艺术欣赏能力。

虚拟现实艺术未来的发展趋势包括更逼真的虚拟现实体验、更智能的交互模式、更丰富的艺术形式等。这些趋势的驱动因素包括技术进步、市场推广、社会需求等。随着5G和云渲染的进步,虚拟现实设备将变得更轻便、更流畅,这将进一步推动虚拟现实艺术的发展。虚拟现实艺术在成熟期呈现出技术进步、艺术创新和观众接受度提升的特点,其未来的发展趋势预示着虚拟现实艺术将在艺术领域持续深化其影响力。

虚拟现实艺术自20世纪90年代起步发展,经过三十多年的积累,已成长为数字艺术的重要分支。从夏洛特·戴维斯开创沉浸式美学,到杰弗里·肖探索互动叙事,再到新千年艺术家对虚拟语言的多元表现,虚拟现实艺术不断拓展着美学疆域。它挑战了传统艺术的话语权威,颠覆了审美体验的主客二分,为观众开启了一个感官互融、身心合一的崭新境界。正如瑞安所言:"虚拟艺术代表了一种全新的美学范式,必将重塑我们对艺术本质的理解。"[①] 展望未来,随着虚拟现实技术的日益成熟,艺术家必将进一步挖掘其美学潜力,在虚拟与现实的交织中开创出更加瑰丽的想象空间。

第二节 数字时代的美学理论转型

随着计算机科学和信息技术的迅猛发展,以虚拟现实艺术、数字媒体艺术等为代表的新兴数字艺术形式不断涌现,传统美学理论面临着新的挑战与机遇。数字时代呼唤美学理论的转型升级,以适应新的技术语境和艺术实践。

[①] Marie-Laure Ryan. Narrative as Virtual Reality: Immersion and Interactivity in Literature and Electronic Media. Johns Hopkins University Press. 2001:2—14.

第一章　虚拟现实技术文化与美学语境

一、美学理论在数字化背景下的演变

20世纪90年代以来，数字技术的迅猛发展深刻改变了艺术创作的方式和样态。计算机交互性、虚拟性、非物质性等特征催生了一系列新的数字艺术形态，如网络艺术、软件艺术、数据库艺术等。这些新兴艺术实践对传统美学理论形成了巨大冲击，既有的物质性、权威性、原创性等概念面临解构。

在数字时代，艺术作品不再以稳定的物质形态存在，而是转化为不断更新的信息流。每一次观看都会产生新的作品版本，艺术从"存在的生产"转向"呈现的生产"。以网络艺术为例，其本质是一种"时间性的、事件性的艺术"。网页每一次被浏览，都会生成新的页面组合，艺术作品永远处于"此时此刻"的状态。这打破了传统美学理论对物质性载体的执念。计算机的交互性、虚拟性、非物质性等特征催生了网络艺术、软件艺术、数据库艺术等全新的艺术形态。传统美学理论关注艺术作品的物质性、唯一性、权威性，强调作者的主体地位，但面对数字艺术，这些理论显得捉襟见肘。例如，瓦尔特·本雅明（Walter Benjamin）在《机械复制时代的艺术作品》中提出，机械复制剥夺了艺术品的"光晕"（aura）[1]，但在数字时代，复制已成为艺术创作的内在逻辑。

数字艺术还挑战了"作者"的权威地位。罗兰·巴特（Roland Barthes）曾宣告"作者之死"[2]，认为意义来自读者的阐释，而非作者的预设。在互联网语境下，每个用户都能参与艺术的传播和再创作，作者与观众的界限越发模糊。例如，UGC往往比艺术家的原创作品获得更多的关注，原创性概念被解构。此外，数字化还引发了再现（representation）危机。传统美学理论将艺术视为对真实的模仿，强调艺术符号指涉真实对象。但在数字语境下，模拟（simulation）成为主导逻辑，数字影像自我指涉，虚拟与真实的界限坍塌。让·鲍德里亚（Jean Baudrillard）即指出，拟像（simulacrum）已取代再现，成为后现代文化的主导形态，符号失去了指涉真实的能力。[3] 例如，数字电影

---

[1] [德] 瓦尔特·本雅明：《机械复制时代的艺术作品》，王才勇译，中国城市出版社，2002，第12页。

[2] 汪民安：《文化研究关键词》，江苏人民出版社，2019，第598页。

[3] 赵毅衡、傅其林、张怡：《现代西方批评理论》，重庆大学出版社，2010，第232页。

中大量运用计算机特效，真实镜头与虚拟影像无缝融合，观众无法分辨二者，电影指涉的"真实"不复存在。

针对上述困境，理论家提出了多种应对之策。列夫·马诺维奇（Lev Manovich）在其开创性著作《新媒体的语言》中提出了"数据库逻辑"（database logic）的概念。他认为，数字艺术作品本质上是由离散的数据元素（如像素、3D 模型等）构成的数据库，创作过程是对这些元素的挑选、组合与展示[①]。马诺维奇由此颠覆了传统的叙事逻辑，为数字艺术理论奠定了范式性基础。克里斯蒂安妮·保罗（Christiane Paul）则在《数字艺术：数字技术与艺术观念的探索》一书的开篇指出"'数字艺术'一词本身已经成为一个无法描述其统一美学的涉及艺术作品与艺术实践广泛领域的综合体"[②]，呼吁建立适应数字艺术特点的批评话语。她认为，面对交互性、生成性、非物质性等特征，批评家需要考察作品的观念、代码、算法等内在机制，而非局限于视觉表象。批评要关注作品产生的过程，而非最终结果，同时，要重视数字艺术的社会文化语境，分析其与科技、政治、经济的复杂互动。

中国学者贾秀清在《重构美学：数字媒体艺术本性》一书中进一步指出数字艺术开启了"泛美学"时代。传统艺术门类的界限消解，审美活动超越艺术领域，渗透到社会生活的方方面面。贾秀清认为："当代艺术呈现出了多媒体整合、多元表现方式整合、多种语言符号整合、多渠道传播方式整合、多元主体整合、多种审美方式整合等美学特征。"[③] 这些特征是社会文化、科学技术的发展提供的多样性和自由度导致的。通过这些特征，我们可以看到当代艺术已经不再是单一的艺术形式，而是多种艺术形式的融合，这为我们理解与欣赏当代艺术带来了新的视角和体验。未来美学理论要立足这些要素对审美体验的生成机制展开探索。

总之，数字化浪潮给美学理论带来了巨大挑战，传统的物质性、权威性、

[①]［俄］列夫·马诺维：《新媒体的语言》，车琳译，贵州人民出版社，2020，第218—228页。
[②]［美］克里斯蒂安妮·保罗：《数字艺术：数字技术与艺术观念的探索》，李镇、彦风译，机械工业出版社，2021，第7页。
[③] 贾秀清：《重构美学：数字媒体艺术本性》，中国广播电视出版社，2006，第64页。

原创性等概念面临解构。理论家从不同角度提出应对之策，努力构建契合数字艺术特点的新概念、新方法和新话语。正如保罗所言，数字艺术呼唤一种新的理论视野，超越技术决定论，关照数字时代艺术、科技、社会的复杂纠葛，探索人性在虚拟与物质界面的新可能。[①]面向未来，美学理论亟须立足数字语境，在继承传统的基础上，以开放包容的姿态拥抱新艺术实践。只有理论创新与艺术创新携手并进，数字时代的美学图景才能被不断开拓。

二、虚拟现实技术与美学理论的融合

虚拟现实技术的出现打破了现实与虚拟的二元对立，重塑了人与世界、主体与客体的关系。这一技术发展引发了哲学和美学领域的深刻反思，也催生了一系列新的理论视角。

后现象学视角是检视虚拟现实美学的重要理论资源。唐·伊德（Don Ihde）在其《让事物"说话"：后现象学与技术科学》一书中提出，虚拟现实等数字技术催生了"后现象学"（Postphenomenology）理念。后现象学结合了美国的实用主义和传统现象学的一些因素，主要关注"经验转向的案例研究"。后现象学挑战了传统哲学以人为中心、将人与技术二元对立的观点，转而强调人与技术的融合。在虚拟现实系统中，用户借助数据手套、动作捕捉等设备获得感知觉和行动能力的延伸，形成一种"拟身体"（body-as-prosthesis），打破了主体与客体的界限。唐·伊德在《技术中的身体》中提出了物质身体、文化身体与技术身体的"三个身体"概念，认为身体的具身性体现在人与技术交互过程中身体的物质性接触上。莫里斯·梅洛-庞蒂的身体现象学则强调主体通过操作手柄对虚拟空间的事物发出指令，现实主体通过感知知觉体验进行信息交换。虚拟现实技术不仅是为了模拟客观现实世界，更重要的是为了认识和改造世界。虚拟空间中的身体具身性可以通过虚拟与真实之间的错位变化来产生知觉经验的变化，给人带来强烈的感官知觉体验。后现象学启示我们，虚拟现实体验模糊了人的身体边界，主体性变得离散化。N.凯瑟琳·海

[①] [美]克里斯蒂安妮·保罗：《数字艺术：数字技术与艺术观念的探索》，李镇、彦风译，机械工业出版社，2021，第270—272页。

勒（N.Katherine Hayles）在《我们何以成为后人类：文学、信息科学和控制论中的虚拟身体》一书中指出，虚拟现实中的化身代表了一种"后人类的主体性形式"，其突出特点是身体的信息化、意识的非物质化。[①]"后人类"（Posthuman or post-human）概念来自在科幻、未来学、当代艺术及哲学领域，指超越人类状态的人或实体的存在。尼古拉斯·盖恩（Nicholas Gane）和戴维·比尔（David Beer）在《新媒介：关键概念》一书中指出："后人类是一种不确定的境况，其间事物的本质或根本属性都不再清晰。"[②] 实际上，造成这种"本质或根本属性"都"不再清晰"的根本原因，"修改为"实际上，造成这种境况"的根本原因，即是未来科学发展的多重可能性，及其对人类存在形式及定义产生的不确定影响。例如，在虚拟社交平台"第二人生"（Second Life）中，用户以化身的形式与他人互动，数字身份与现实身份相互渗透，主体性变得模糊和不稳定。后人文主义视角揭示了虚拟现实对传统"自我"概念的颠覆。

拓扑学和折叠理论为分析虚拟现实的时空特性提供了新的思路。吉尔·德勒兹（Gilles Deleuze）在《褶子：莱布尼茨与巴洛克风格》一书中提出"折叠"（fold）的概念，认为空间是连续且可塑的，处于无限的变化和生成过程中。虚拟现实恰恰体现了这种拓扑学特征。用户在虚拟空间中穿梭，场景随视角和移动不断变换，三维空间像折叠的织物般延展和收缩。虚拟现实中的异体空间超越了欧几里得几何，现实与虚拟在其中交织，这种时空体验颠覆了笛卡尔的主客二元论。

虚拟现实的非线性叙事挑战了亚里士多德的戏剧理论。传统的叙事学理论强调情节的因果性、逻辑的一致性，追求"三一律"（Unity）。但在虚拟现实中，叙事变得支离破碎。玛丽·罗瑞安（Marie-Laure Ryan）指出，虚拟叙事呈"树状结构"（tree-like structure），每个节点通向多个可能性，读者选

---

① [美] N. 凯瑟琳·海勒：《我们何以成为后人类：文学、信息科学和控制论中的虚拟身体》，刘宇清译，北京大学出版社，2017，第3—5页。
② [英] 尼古拉斯·盖恩、戴维·比尔：《新媒介：关键概念》，刘君、周竞男译，复旦大学出版社，2015，第110页。

择不同路径,就会产生不同故事版本。[①]这种"非线性叙事"（forking plots）打破了作者对意义的垄断,彰显了罗兰·巴特"作者已死"的主张。例如,国产VR《方寸幻镜》是一款VR国风解谜类游戏,以四大名著之一的《红楼梦》第5回"贾宝玉神游太虚观"

图1-3 VR国风解谜游戏《方寸幻境》影像

为灵感,创造了一个中式庭院风格的奇妙世界,观众可扮演贾宝玉、林黛玉等角色,在情节片段中自由探索,每次观影都会产生不同的故事组合（图1-3）。此外,虚拟现实还催生了沉浸感美学、交互美学等新的美学范式。"沉浸感"（immersion）强调身临其境和感官包围,打破了传统美学讲究的"心理距离"。"交互美学"（interactive aesthetics）关注观者与虚拟对象的实时互动,挑战了艺术欣赏的"非功利性"原则。

综上,虚拟现实技术颠覆了传统美学的诸多预设,但也为美学理论的创新注入了新动力。在人与技术深度融合的语境下,后人文主义为反思主体性变迁提供了理论资源,拓扑学揭示了虚拟空间的非欧几里得特征,非线性叙事学彰显了读者的能动性,沉浸感和交互性催生了新的审美范式。在虚拟与现实的交织中,传统美学范畴遭遇解构,新的理论图景正在生成,展望未来,我们必须面对新技术图景,思考人在其中的位置,并为其提供批判性分析。唯有立足技术语境,直面数字时代的哲学困境,美学理论才能焕发新的生机。

三、虚拟现实中美学新观念的形成

虚拟现实技术的发展催生了一系列新的美学观念,如沉浸感、交互性（interactivity）、转换性（transformation）等。这些观念挑战了传统美学理论的诸多预设,为理解虚拟艺术现象提供了新的理论视角。

[①] Ryan, Marie-Laure.Narrative as Virtual Reality 2: Revisiting Immersion and Interactivity in Literature and Electronic Media. Johns Hopkins University Press. 2015:162—184.

"沉浸感"是虚拟现实美学的核心概念之一。N. 凯瑟琳·海勒（N. Katherine Hayles）将其定义为一种将用户的注意力完全吸引到电脑生成的环境中的心理状态。在沉浸式体验中，用户暂时遗忘外部现实，全身心投入虚拟世界。传统美学理论强调艺术欣赏需要保持"心理距离"（Psychological distance），即观者与艺术对象之间存在一种美学疏离。但在虚拟现实中，这种主客二分被打破，用户与虚拟环境融为一体。沉浸感改变了人的时空体验方式，使用户获得了一种"人造的临场感"。在VR装置中，观者戴上头盔，在一个抽象的景观中飘浮，呼吸的节奏控制着虚拟场景的变幻。作品营造了高度的沉浸感，模糊了现实与虚拟的边界，颠覆了传统的审美"距离"。

"交互性"是虚拟现实的另一重要特征。传统艺术强调作品的完整性和权威性，观者处于被动欣赏的地位。但在虚拟艺术中，作品不再是固定的对象，而是一个开放的过程。交互性使读者从旁观者变成行动者，故事在互动中生成。例如，杰弗里·肖（Jeffrey Shaw）的VR装置《可读的城市》（The Legible City, 1989）让观众在一个由文字构成的虚拟城市中"骑行"，城市景观随观者视角变换。这突破了传统艺术的"定型性（fixity）"观念，彰显了虚拟艺术的"过程性（processuality）"。

"转换性"意味着虚拟现实中身份的易变和游移。虚拟游戏允许玩家扮演"化身（avatar）"，自由切换身份，可以创造性地塑造自己的数字身份，性别、种族、阶层均可任意选择，这挑战了现实身份认同的本质主义预设，虚拟化身将模糊有机体与机器、自然与文化的界限，催生"后人类（posthuman）"的多元认同。

虚拟现实技术还催生了"共在（mitsein）"[①]、"超真实（hyperreality）"等新的美学观念。"共在"强调不同地点的用户在虚拟空间中产生面对面交流的感受；"超真实"指虚拟符号对真实的完全模仿，以至于二者无法区分。这些观念均反映了虚拟现实对传统时空观念、真实性概念的颠覆。

虚拟现实技术为美学理论注入了新的活力。沉浸感打破了审美"距离"，

---

①[法]让·保罗·萨特：《存在与虚无》，陈宣良等译，生活·读书·新知三联书店，2014，第504页。

交互性彰显了艺术的"过程性"，转换性则预示着身份认同的流动性。这些新观念挑战了亚里士多德"模仿说"等古典美学命题，呼唤美学理论范式的革新。克里斯蒂安妮·保罗认为数字艺术实践迫使我们重新思考美学的基本概念，如作者权、原创性、唯一性等。对新兴数字美学形式的探索将拓展艺术的疆域。[①]未来，在虚拟与现实的交织中，在人与技术的共生中，美学理论必将焕发新的生机，虚拟现实美学还需立足技术语境，在传统智慧和前沿科技的交叉点上开辟理论新境。

第三节　虚拟现实与美学的相互作用

一、虚拟技术如何改变美学理念

虚拟现实技术以其独特的非物质性、拟像性、离散性特征，对传统美学理念提出了挑战。这些特征深刻影响了艺术存在方式、真实性概念以及主体性构成，引发了美学领域的范式革命。

首先，虚拟现实解构了艺术创作与物质载体的必然联系。马丁·海德格尔（Martin Heidegger）在《艺术作品的本源》中指出，艺术作品总是一件制成品（Hergestelltes），它依赖物质材料而存在。但在虚拟艺术中，作品失去了物质性维度，转化为由数字信息构成的符号流。伊丽莎白·格罗斯（Elizabeth Grosz）认为，虚拟艺术标志着"身体的彻底非物质化"，实现了"形式对物质的超越"[②]。例如，VR作品《芙里尼》（Phryne）通过虚拟现实艺术探索了"超越和自我肯定"的主题，将静态的芭蕾舞演员转化为动态角色，突破了实体雕塑材质的物理属性局限。[③]VR作品《梦游紫禁城》通过VR技术实现了在

---

① [美]克里斯蒂安妮·保罗：《数字艺术：数字技术与艺术观念的探索》，李镇、彦风译，机械工业出版社，2021，第53页。

② Elizabeth Grosz. Architecture from the Outside: Essays on Virtual and Real Space. Cambridge: MIT Press. 2001:78.

③ 周雯：《虚拟现实艺术：基于四重维度的考量》，《中国文艺评论》2023年第8期。

紫禁城进行烟花爆竹表演的想象，突破了地理场域及实体空间局限。①

其次，虚拟现实模糊了艺术再现与现实的界限。让·鲍德里亚指出，后现代社会已从"再现的逻辑"过渡到"拟像的逻辑"，符号不再指涉真实，而是自我指涉，创造出"拟像真实"②。莫里斯·梅洛－庞蒂将身体视为知觉活动的本源，认为人们对世界的认识并非世界的"镜像"，而是由身体构造和身体感觉运动系统塑造出来的。③在虚拟艺术中，数字影像不再对应现实对象，而是构建自足的虚拟世界。例如，2017年推出的社区游戏平台VRchat，让用户扮演虚拟人物，在拟像的场景中生活。作品模糊了现实与虚拟的边界，挑战了艺术"模仿说"的真实性预设。

最后，虚拟现实重塑了主体性范式。传统美学理论预设了身心合一、自足统一的"笛卡尔主体"，但虚拟体验制造了身体感知与心智意识的分离。N. 凯瑟琳·海勒（N. Katherine Hayles）提出，虚拟现实标志着主体性从"体现（embodied）"范式走向"离散（disembodied）"范式，身体感知与心智意识相分离，意识在网络空间中自由漂移。④例如，VR短片《盲眼女孩》（Blind Vaysha）让观众以女主角Vaysha的视角体验她分裂的视线，左眼看见过去，右眼看见未来，意识在不同的时间线上遨游，身体则保持不动，二者实现分离，这凸显了虚拟现实对主体性内部统一的解构。⑤此外，虚拟现实还催生了分布式主体、游戏化身份等新的主体性形态。随着数字人技术和VR技术的结合，用户可以创造逼真的虚拟角色，并通过头戴式显示器和交互设备进入三维虚拟世界，与这些数字人进行自然和直观的交流。其间，网络主体呈现"去中心化"特征，现实身份与虚拟化身相互交错，主体性变得游移不定。正如雪莉·特克

---

① 蔡国强：梦游紫禁城：https://www.vivearts.com/zh-CN/projects/sleepwalkingintheforbiddencity。
② Jean Baudrillard. Simulacres et Simulation. Paris: Galileo Press.1981:10—11.
③［法］莫里斯·梅洛－庞蒂：《知觉现象学》，姜志辉译，商务印书馆，2001，第50页。
④［美］N. 凯瑟琳·海勒：《我们何以成为后人类：文学、信息科学和控制论中的虚拟身体》，刘宇清译，北京大学出版社，2017，第28页。
⑤ 陆斯嘉：《最新VR艺术中的虚拟现实，艺术还是工具？》，https://www.thepaper.cn/newsDetail_forward_2150423。

尔（Sherry Turkle）所言，"网络是后现代主体的完美寓所"，个人可以扮演多重身份，体验异质自我。①虚拟现实技术颠覆了物质性、再现性、主体性等传统美学预设，虚拟作品突破物质依赖，拟像符号自我指涉，主体意识游离于身体之外。这些变革呼唤美学理论范式的革新。正如马诺维奇所言，数字时代需要一种全新的美学来把握其复杂性，面对虚拟艺术，传统美学概念，如"光晕""表现""天才"等不再适用，非物质性、互动性、程序性等新的美学范畴应运而生。未来虚拟现实美学还需立足于技术语境，回应数字时代艺术生产方式和审美经验的深刻变革，在传统美学智慧和前沿科技思想的交汇处开辟理论新境。

二、 美学在虚拟环境中的新表现形式

虚拟现实技术为美学体验开辟了新的可能性空间。沉浸感、交互性、多感官性等特征重塑了审美活动的感知方式和参与机制，虚拟美学呈现出前所未有的立体化、动态化和社会化图景。

首先，沉浸感是虚拟现实美学的核心维度之一。奥利弗·格劳（Oliver Grau）在《虚拟艺术》一书中考察了从古罗马壁画到当代VR装置的沉浸式艺术谱系。他指出，虚拟艺术通过声、光、影、色等多重感官刺激，制造出包围式的审美情境，使观者获得"身临其境"的感知体验。②这种"人造的临场感（artificial presence）"打破了传统艺术欣赏的主客二分，实现了审美主体与审美客体的融合。例如，夏洛特·戴维斯（Charlotte Davies）的VR互动作品《Osmose》邀请观者佩戴头盔，在一个抽象的自然景观中"飘浮"，观者的呼吸频率控制着虚拟场景的变幻。作品营造的沉浸感模糊了现实与虚拟的边界，颠覆了传统美学理论强调的"心理距离"，沉浸感使艺术欣赏从"冷静的观照"走向"移情式的体验"，观者在感官与情感的双重层面参与到艺术世界中。

---

① Sherry Turkle. Life on the Screen: Identity in the Age of the Internet. New York: Simon & Schuster.1995:260.

② Oliver Grau. Virtual Art: from illusion to immersion. MIT press. 2003:13—14.

其次，交互性是虚拟现实美学的显著特征。尼葛洛庞帝在《数字化生存》中指出"多媒体即是本质上互动的媒体"①。传统艺术理论预设了作品与欣赏者的等级关系，强调艺术接受的"非功利性"，但在虚拟艺术中，观者不再是被动的欣赏者，而是积极互动的参与者。罗伊·阿斯科特（Roy Ascott）提出"互动美学（interactive aesthetics）"的概念，强调艺术意义在创作者与欣赏者的互动中生成，作品只是一个开放的"意义潜能"。②莎拉·甘纳威（Sarah Gannaway）以杰弗里·肖（Jeffrey Shaw）的互动装置"可读城市"为例，分析了交互性对传统艺术形式的革新。作品让观众在一个由文字构筑的虚拟城市中"骑行"，实时3D动画随观者视角变化。观者的身体动作直接介入作品叙事，每次互动都生成独特的空间路径。甘纳威指出，互动性打破了艺术与日常生活的界限，将审美体验还原到切身经验中，具有强烈的现实感和在场感。③

最后，虚拟现实开启了多感官综合的审美方式。传统艺术美学偏重视听感受，虚拟艺术则调动触觉、本体感、运动觉等多重感官参与美的体验。克里斯托夫·萨拉曼卡（Christophe Salomanco）曾论述了VR艺术中的触觉美学，认为触觉反馈增强了审美体验的真实感。詹姆斯·马尔（James Maher）进一步指出，运动感知在VR美学中扮演着关键角色，观者在虚拟空间中的移动轨迹本身就蕴含了动态的美感。当前的触觉技术开发已形成诸多技术成果，美国HaptX公司开发的触觉反馈手套HaptX Gloves能够模拟细微的触觉感受，如物体的质地和形状，以及力反馈，使用户在VR环境中能够感受到物体的存在，体验逼真的触感。Foldaway触觉界面设备装备有微型机械臂，能够提供三维控制杆的功能，通过机械臂的推力反馈，让用户感受到他们正在挤压的虚拟物体。Grabity触觉设备通过特定的振动，让人产生重量和惯性的错觉，增强用户对虚拟物体的感知。VEST触觉背心能够将声音转化为触觉，为VR体验提供

---

①[美]尼古拉·尼葛洛庞帝：《数字化生存》，胡泳、范海燕译，电子工业出版社，2017，第57页。

② Roy Ascott. Is There Love in the Telematic Embrace? .Art Journal, 1990:49（3），241—247.

③ Gannaway S.Interaction and Immersion in Jeffrey Shaw's The Legible City and EVE. The International Journal of the Image，2014:4（4），31—40.

身临其境的触觉反馈。SPA皮肤和触觉薄膜能够提供细腻的触觉反馈，模拟物体表面的粗糙度、硬度和光滑度，增强了用户在虚拟环境中的触觉体验。以强大的触觉反馈而闻名的Woojer Vest Edge背心拥有26个触觉反馈点，均匀分布在整个背心上，为用户提供了完全沉浸式的VR体验。此外，网络虚拟社区催生了"参与式美学"。和传统艺术作者与受众"一对多"的单向传播不同，网络艺术实现了"多对多"的美学互动。任何用户都能参与创作、分享作品、交流意见。个体通过创作和交流形成松散的情感联结。

虚拟现实技术拓展了美学体验的感知维度和参与方式。沉浸感打破主客二分，营造"人造临场感"；交互性强调美源于参与，提升现实感；多感官融合丰富了美的质性内涵，参与式美学则彰显了网络时代艺术生产的社会性。虚拟艺术实践预示了一种"泛美学"，审美活动突破艺术圈，渗透到社会生活的方方面面。可以预见，随着虚拟现实技术的日益成熟，艺术创作和欣赏方式将被重新"虚拟化"，催生出更多样化的美学图景。面向未来，虚拟现实美学需立足技术特性，回应数字时代主体性重构的种种议题，为人的感性生活提供更加丰富、深刻的体验。正如格劳所言："在可预见的未来，沉浸感将是虚拟艺术的决定性特征，它将开启前所未有的感官互动，拓展人类认知和情感的空间。"[1]

三、虚拟艺术中美学理念的实际应用

在当代虚拟艺术创作实践中，后现象学身体观、互动美学、人工生命美学等前沿理念得到了广泛应用。艺术家积极探索虚拟技术的美学潜力，以创新的方式诠释和拓展了这些理论视角。

首先，后现象学的身体观深刻影响了虚拟艺术的创作思路。唐·伊德（Don Ihde）在《后现象学：后现代语境中的论文》一书中提出，技术物本身具有能动性，它塑造了人的身体图式和知觉方式。[2] 在虚拟现实中，感知与技术的交织更为紧密，身体经由动作捕捉、数据手套等设备而"虚拟化"，意识则游离

---

[1] Oliver Grau.Virtual Art: from illusion to immersion. MIT press. 2003:13—14.
[2] Don Ihde.Postphenomenology: Essays in the Postmodern Context. Northwestern University Press. 1995:50—51.

于网络空间。作品体现了一种"后人类的身体美学",身体感知在人机交互中变得离散且不稳定。

在电影《源代码》中,美军上尉的身体已经死亡,但他的大脑被用于控制一个虚拟世界中的"搜索"程序,体验了一种身体与意识分离的状态。作品意味着"身体图式的数字化",肉身感知与意识发生分离,身体沦为符号化的信息。在《攻壳机动队》《终结者》《机械战警》等涉及人工智能题材的电影中,后人类身体美学呈现的是一种后人类时代的影像拟人形态,这体现了一种"体验的颠覆",身体不再是经验的稳定锚点,而是经由虚拟影像而破碎、糅合、重组的。这些电影中的后人类身体并没有完全脱离人类的身体感知,但已经开始探索身体感知的新形式。

其次,互动美学理念引导着虚拟艺术的参与性设计。埃德蒙德·科克(Edmund Couchot)提出"互动艺术(interactive art)"的概念,强调互动性使作品从"封闭物"转化为"开放过程",意义在人机协同中生成。[①]互动性打破了艺术家、作品、观众的等级界限。尼古拉斯·伯瑞里德(Nicolas Bourriaud)的"关系美学"进一步指出,后现代艺术应创造人与人的交往情境,而非完整作品[②]。互动美学体现了后现代语境下艺术生产方式的社会化转向。以目前专门针对VR的动作捕捉系统Perception Neuron为例,用摄像头捕捉观众动作,并实时生成抽象视听效果,观众的肢体动作决定了作品的视听输出,每次参与都可产生独特的作品版本。VR游戏《方寸幻镜》邀请观众以化身的形式进入一个虚拟大观园,触发房中物件可播放个人化观感的文化记忆片段,观众在虚拟空间中留下互动痕迹,共同缔造作品意义,由此体现了互动美学的参与性、偶然性和社会性特征。

最后,虚拟艺术还体现出人工生命美学的实验性创造。美国生物学家、仿生领域开创者之一的克里斯托弗·兰顿(Christopher Gale Langton)将

---

① Couchot E.Digital Hybridisation: A Technique, an Aesthetic. Convergence, 2002:8(4),19—28.
②[法]尼古拉斯·伯瑞里德:《关系美学》,黄建宏译,金城出版社,2013,第22—23页。

人工生命（artificial life）定义为"创造人工系统以模拟生命过程"[①]，其核心是演化、涌现、自组织等生物学原理。克里斯塔·索莫尔（Christa Sommerer）和劳伦·米尼奥诺（Laurent Mignonneau）将人工生命思想引入艺术创作。2019年，上海科技大学邀请伦敦大学威廉·拉瑟姆（William Latham）教授线上讲座，Latham教授的交互式进化设计著作《进化艺术与计算机》被广泛引用，其开发的HTC Vive Mutator VR艺术体验允许观众在虚拟空间中与有机形式的"生物"互动，观众的互动能够影响虚拟"生物"的形态和行为[②]。作品让观众触碰屏幕，人工绘制的"生物"会在触点处聚集，并相互吞噬、进化。观者成为"数字养殖者"，每次互动都催生不同的"物种"，体现了人工生命美学的生成性、进化性，打破了艺术家对作品的绝对控制，彰显了生命过程的偶然性和不确定性。

我们看到，在虚拟与现实的交织中，在技术与艺术的互动中，美学正经历着一场深刻变革。后现象学、互动美学、人工生命美学等理念为虚拟艺术创作提供了丰富的思想资源，通过技术实践，艺术家以创新的方式诠释了这些理念。后现象学揭示了虚拟化语境下身体感知的离散性，互动美学彰显了艺术生产的社会参与性，人工生命美学则开启了基于演化算法的生成性创作。在理论与实践的交织中，虚拟艺术不断拓展着美学体验的疆域。随着虚拟现实、人工智能等技术的迭代升级，虚拟艺术必将催生更多突破性的美学实验。在后人类时代，艺术不再聚焦个体的创造力，而是勾勒人与非人行动者的复杂关系网络。虚拟艺术正是这种"泛美学"实践的先锋。

---

① Chris Langdon. Artificial life and art. The Digital Phoenix： How Computers are Changing Philosophy. Wiley-Blackwell Press,2002:33—35.
② 搜狐网：《VR和艺术，教育，医疗及生物学的跨学科分享》，https://www.sohu.com/a/346086770_742063。

第二章　虚拟现实的审美文化形态变迁

虚拟现实技术的迅速发展，不仅改变了艺术的创作方式，也深刻影响了人们的审美文化形态。在虚拟环境中，感官模拟技术的进步、虚拟场景的设计以及虚拟艺术的呈现方式，共同塑造了新的审美体验和感受。审美文化在虚拟语境中发生着形态变迁。

第一节　虚拟环境中的审美感受与体验

一、感官模拟技术的进步与审美体验

虚拟现实系统通过对视觉、听觉、触觉、嗅觉等多通道感官信息的模拟，营造出逼真的感官体验，使用户获得身临其境之感。这种多感官的沉浸式审美体验深刻影响着人的感知方式和美学判断，引发了哲学和心理学的广泛讨论。

视觉是虚拟现实中最主要的感官通道。计算机图形学的快速发展，尤其是实时渲染、全局光照等技术的进步，极大地提升了虚拟场景的视觉真实感。在游戏引擎中，物理渲染技术（Physically Based Rendering，PBR）被广泛用于模拟真实世界的材质和光影效果，以达到接近电影级别的写实程度。[1]例如，VR游戏《原子之心》使用传统光栅渲染实现的光线效果仍然给玩家留下了深刻印象。国产Cocos引擎在其3.7版本中添加了对光照探针和反射探针的支持，这些功能使得开发者能够更轻松地还原自然真实的光影效果。Nanite、Lumen等革命性技术，能够渲染出细致入微的表面纹理和动态全局光照，使虚拟场景的视觉质感达到了前所未有的高度。这种高分辨率、高刷新率的VR显示能显著提升用户的临场感和享受度，高保真的视觉模拟极大地增强了虚拟现实的审

---

[1] 风闻网：《为什么"光照"对游戏开发如此重要，我们和引擎工程师聊了聊》，https://user.guancha.cn/main/content?id=944478.

美体验。这与格式塔心理学的"简单原则（The law of Prägnanz）"不谋而合（"简单原则"是指用最少的认知努力去感知视觉意义的能力）。因此，这一原则也被称为"优图原则（the Law of GoodFigure）"。为了避免信息过载，人类在复杂形状中寻求简单性，[1]即人倾向于将视觉刺激组织为简单、规则、对称的形式，虚拟现实中细腻、连贯的视觉呈现迎合了这一知觉偏好，从而引发审美愉悦。

听觉模拟技术的进步也显著提升了虚拟现实的沉浸感。头相关传递函数（HRTF）、动态混响等技术能营造出逼真的声音空间感，使用户感觉声音"环绕"。索尼公司的360 Reality Audio就采用了HRTF算法，根据人耳特性制作出全景声效，营造出身临其境的听觉体验。声音心理学研究表明，高保真的空间音频能引发更强的情绪反应和记忆唤醒。这与美学家朱光潜所说的"移情作用"[2]不谋而合，即人会将自己的情感投射到外部事物中，从而获得共鸣。虚拟现实中的环绕音效唤起了人的情感体验，强化了人的审美感受。

触觉反馈技术让虚拟物体变得可触摸，为审美体验增添了新的维度。例如，HaptX公司开发的VR触觉手套采用了微流体技术，能模拟物体的硬度、纹理、重量等触感。波士顿动力公司甚至研发出了全身触觉反馈服，通过施加触压让用户感受到虚拟物理碰撞。在这里，触觉、本体感受等信息与视觉协同，共同构建人的知觉世界，触觉反馈使虚拟事物获得了实在感，满足了人探索环境的主动需求，从而得到审美愉悦。此外，嗅觉模拟技术的引入使虚拟现实的多感官体验锦上添花。日本松下公司开发的VAQSO VR能根据场景释放香气，如虚拟咖啡馆中的咖啡香，气味能唤起情绪和记忆，其作用甚至强于视听感受，在虚拟现实中加入嗅觉元素，能使沉浸感更上一层楼。

多感官模拟技术的进步极大地丰富了虚拟现实的审美体验。写实的视觉模拟迎合了人的知觉规律，引发视觉愉悦；环绕音频唤起情感移入，制造心理共鸣；触觉反馈赋予虚拟事物以实在感，满足了探索环境的主动需求；嗅觉模拟则通过唤起记忆加强了沉浸感。审美愉悦源于感官的有序化，各感官形式达到

---

[1] 搜狐网：《数据可视化中的格式塔心理学》，https://www.sohu.com/a/458370679_120873246。
[2] 朱光潜：《文艺心理学》，中国文史出版社，2018，第185—188页。

和谐统一。虚拟现实中多感官刺激的协同，正是这种和谐统一的体现。虚拟现实代表了人机交互的全新形式，它将再次重塑人的感知方式和美学理念。随着脑机接口等超感官技术的发展，虚拟现实有望实现意识层面的沉浸，将审美体验推向更高境界。

二、虚拟环境设计对审美感受的影响

虚拟现实中的场景设计、色彩运用、光照布置等因素都会对用户的审美感受产生深刻影响。环境心理学和实验美学的研究表明，精心设计的虚拟环境能引发积极的情绪体验，改善用户的心理状态，提升审美愉悦感。

德国汉堡大学信息学系人机交互组 Fariba Mostajeran 等的一项研究比较了森林和城市虚拟环境对情绪、压力、生理反应的影响，结果显示森林环境对认知有积极影响，而城市环境对情绪有干扰作用。此外，与身临其境的 360 度视频相比，城市或森林环境的照片在减少生理唤醒方面都更有效。团队设计了一个虚拟森林环境，邀请实验参与者在其中散步。结果发现，相比在空白的虚拟空间中行走，在森林环境中散步能显著降低参与者的压力水平，提升积极情绪。[1] 这一发现印证了爱德华·威尔逊（Edward O. Wilson）的"亲生物性（Biophilia）"假说，即人类天生具有亲近自然的倾向，自然环境能引发积极的生理、心理反应。虚拟自然景观放松了人的神经系统，营造出宜人的审美氛围，以幻境般的自然风光帮助用户减压，加之其梦幻的丛林场景和悠扬的环境音乐具有强烈的审美感召力。

北京科技大学计算机与通信工程学院的一支团队开发了一个名为"沉浸式虚拟现实人际关系雕塑心理咨询辅助系统"[2] 的项目。在这个系统中，咨询者可以在虚拟环境中选择人物的电子雕塑，为他们描绘颜色，并扮演不同的人物形象。这个系统利用了"共情计算"的概念，尝试让机器与用户产生共鸣。通

---

[1] Fariba Mostajeran：《接触森林和城市环境的沉浸式视频和照片幻灯片的影响》，Scientific Reports（IF 4.6） Pub Date： 2021—02—17，https://www.x-mol.com/paper/1362182576111128576/t?recommendPaper=1307827542936489984。

[2] 荆祎澜、张子鑫：《新观察｜AI+心理学＝人工智能共情时刻？》，《中国科技信息杂志》2021年第4期。

过这种沉浸式体验，用户可以发现内心潜藏的"秘密"，并接受针对性的心理辅导。这表明虚拟环境能唤起特定的文化记忆和情感反应，熟悉的语境更容易引发共鸣。文化符号学家罗兰·巴特曾指出，艺术符号的意义建立在集体经验的基础上，接受者的文化背景决定了审美倾向。周宪在《视觉文化的转向》一文中提出："视觉性已成为文化的主导因素，广泛的视觉化深刻地改变了许多文化活动的形态。"[1] 由此可见，文化语境对虚拟环境审美至关重要。从审美体验角度来看，观众从 VR 电影中获得的视觉体验与现实生活中人眼的视觉体验基本相同，沉浸感增加了影像的"拟真性"，让观众产生身临其境的感觉。

游戏设计领域的研究发现，色彩明暗会显著影响玩家的情绪体验。明亮、高饱和度的色调让人感到积极、兴奋，昏暗、低饱和度的色调则让人感到消极、恐惧。这与色彩心理学理论相吻合。马克斯·吕舍尔（Max Lüscher）认为，色彩是情绪的外在投射，不同的色调唤起不同的生理反应和情绪联想。游戏设计师善用色彩来塑造情绪基调。例如，RPG 电脑单机游戏《艾萨克外传：阳光少年游》以其优秀的画面和美工、明快色调营造出欢快的冒险氛围，而《SXPD》以其黑白红画面带来的视觉震撼，创意十足，流程虽短但画面风格突出，为玩家提供了新颖的游戏体验。可见，色彩美学在虚拟环境设计中不可或缺。

光照设计也是虚拟环境美学的关键一环。恰到好处的明暗对比能突出空间的戏剧感，朦胧的光影能制造梦幻的氛围。明暗对比是视觉艺术的基本手段，能引导视线、渲染情绪。虚拟环境设计借鉴电影的灯光美学。例如，国产角色扮演游戏《新世界狂欢》（NUCARNIVAL）以其高画质和顶尖游戏引擎技术，提供了丰富的玩法内容和视觉体验，精妙的光影变幻制造了梦幻、悬疑的视觉意境，让玩家在探索过程中遇到各种 NPC，享受冒险的乐趣。此外，虚拟环境的声音设计也影响审美感知。荣格认为，音乐能唤起原型意象，具有塑造无意识情绪的力量。VR 音乐可视化工具 Raybeem 提供了不同的"主题"来响应音乐，创造了一个沉浸式环境。这些主题可以是现实或抽象的、交互或非交互的，为用户带来独特的音乐体验，唤起与音乐相关的情感和意象，其中的音画情绪同构增强了审美感受。

---

[1] 周宪：《视觉文化的转向》，《学术研究》2014 年第 2 期。

总之，虚拟环境的设计直接影响着用户的审美体验，是塑造虚拟审美文化不可忽视的因素。自然景观放松神经系统，唤起积极情绪；文化语境激发集体记忆，引发情感共鸣；色彩明暗规律增加情绪体验，渲染故事氛围；光影勾勒视觉意境，制造情绪张力；声音则触及无意识，塑造整体情绪。环境设计汇聚了诸多美学要素，成为虚拟艺术的"第二种语言"。正如鲍德里亚所言，后现代审美的本质在于"拟像（simulacra）"，臻于完美的人造环境取代了真实，成为塑造主体感知的"超真实（hyperreality）"。在这个意义上，虚拟环境设计构建起了数字时代人的"拟像家园"，深刻影响着人的情感和价值判断。展望未来，随着虚拟现实技术的日益成熟，环境设计必将进一步拓展虚拟审美的想象空间，为人们开启感官的新维度。

三、虚拟艺术中感官体验的展示

虚拟现实艺术创作十分注重多感官体验的呈现。借助虚拟现实技术塑造沉浸式、多通道的感官刺激，已成为当代虚拟艺术的显著特征。艺术家们积极利用头盔显示器、动作追踪、触觉反馈等设备，将视觉、听觉、触觉等感受巧妙糅合，创造出超越常规感知的审美新境界。

加拿大艺术家夏洛特·戴维斯（Charlotte Davies）的作品《Osmose》堪称虚拟艺术开创性的里程碑。戴维斯另辟蹊径，邀请观众穿戴头盔显示器和动作追踪设备，沉浸在一个半抽象的自然景观中，用观者的呼吸频率控制其在虚拟空间中上下飘浮。同时，景观画面随观者呼吸节奏的变化而变幻。这种将呼吸这一无意识的身体过程与视觉体验绑定的设计理念，在当时可谓开创性的尝试，通过将注意力从目标性的任务导向思维转移到身体感知上，沉浸者开始专注于存在本身。《Osmose》通过多感官协同，将观众带入一种冥想式的精神状态，开创了一种"体现虚拟（embodied virtuality）"[①]的美学范式。这种范式认为虚拟体验是通过身体与技术界面的交互而重新构想和塑造的，强调虚拟体验与身体经验的密切联系，提出了一种新的美学视角，其中身体不是被动

---

① Hayles, N. Katherine. "Embodied Virtuality: Or How to Put Bodies Back into the Picture." In Immersed in Technology: Art and Virtual Environments. Ed. M. A. Moser and D. MacLeod.

的接受者，而是积极地与虚拟环境互动，共同创造意义。因此挑战了传统的身体与技术分离的观念，挑战了笛卡尔的"心身二元论"。

唐·伊德（Don Ihde）的"多感官审美（multi-sensory aesthetics）"理念，强调不同感官形式在体验中的互译与协同。例如，国产VR游戏《古籍寻游记》通过多感官设计原则，如感官联觉，提供沉浸式体验和情境交互，增强用户的参与度和文化认知。在虚拟现实作品中，不乏以声音为主角，探索听觉美学的可能性。由Construct Studio开发的VR游戏The Price of Freedom，其音频总监张宥程分享了交互式VR体验的音频设计经验。游戏的音频设计强调了声音效果、音乐、氛围和对话四个元素的重要性，并通过精心设计的声音来引导玩家和丰富叙事体验。在第78届威尼斯电影节获奖的VR互动短片《心境》取材于《红楼梦》和中国神话，作品提供了一种视听体验，观众可以穿越到古代生活，体验御剑飞行等场景。再如，VR作品《窗》探讨了自闭症儿童的内心世界。该片导演邵晴提到，在VR创作中，声音引导是视线引导的重要方面，设计了全景声镜头，通过从四周传来的声音引导观众进入叙事。同样由邵晴导演的VR《黑色皮包》，通过声音和视觉的结合设计了视线引导，使用声音和视觉元素来吸引观众的注意力，创造了一种沉浸式体验。此外，一些虚拟艺术作品还尝试嗅觉体验的数字化再现。裂境工作室根据电视剧《风起洛阳》IP打造的沉浸式多感官VR作品，通过加入喷雾、风感、热感装置和气味发生装置等，模拟水、风、岩浆等自然环境体验。又如，比利时嗅觉艺术家彼得·德·库珀（Peter de Cupere）的作品Smoke Cloud，通过让观众感受被处理后注入的受污染的空气气味，传达大气污染的现象。[①] 嗅觉素来被视为最原始、最本能的感官，却常常被传统视听导向的艺术所忽视，将嗅觉纳入虚拟艺术，有助于塑造更全面、更深入的沉浸式体验。

虚拟艺术家积极利用虚拟现实的"魔力"，将多感官融合，挖掘感知体验的新维度。他们或交叉视听触觉，制造全身沉浸；或聚焦声音质感，拓展听觉想象；或尝试嗅觉再现，唤起本能记忆。这些作品颠覆了传统艺术"视听主导"

---

① 搜狐网：《发展中的嗅觉艺术：用气味直击心灵的感官体验》，https://www.sohu.com/a/749236434_120181749。

的感官等级，彰显了感知方式的可塑性。正如莫里斯·梅洛-庞蒂所言，我们感知世界不是以单一感官，而是以"身体图式（body schema）"的整体性方式。虚拟艺术通过多感官的协同，为"身体图式"的重塑开辟了新路径。随着脑机接口、感官替代等前沿科技的发展，感官体验的数字化再现或将成为虚拟审美的新常态。在人机交织的未来，感知将不再局限于自然之躯，我们将以全新的方式感受世界。虚拟艺术将引领这场感官革命。

虚拟现实中的多感官模拟、虚拟环境设计以及虚拟艺术的感官展示，共同构建起虚拟审美文化的感性基础。随着感官模拟技术的进步，虚拟现实将提供更加真实、细腻、多样的审美体验。同时，虚拟环境设计和虚拟艺术创作也在不断挖掘技术的审美潜力。在人与虚拟世界的交互中，在虚拟与现实的交织中，崭新的审美文化形态正在生成。

第二节　媒介融合与审美文化的变迁

随着计算机技术和数字媒体的发展，传统艺术形式与新媒体不断交织融合，催生出众多跨媒介的艺术实践。这些新的创作方式不仅拓宽了艺术表现的疆域，也对既有的审美标准提出了挑战。虚拟现实作为最前沿的媒介技术，为跨媒体艺术实验提供了理想平台。在虚拟与现实的交织中，在传统与新媒体的融合中，当代审美文化正经历深刻的变迁。

一、多媒体艺术与传统艺术的融合

国内跨媒介叙事研究学者龙迪勇指出："在艺术'分立'之后，特定媒介艺术的发展有两种主要方式，即求'纯'或求'异'。"同时指出："一切文学艺术作品都是艺术时空体，所谓跨媒介叙事无非是违反或背离艺术媒介的本质特性。"[①] 这里的求"纯"是通过强化媒介的本位特色来发展艺术的，求"异"则是跨界融合或跨媒介叙事。龙迪勇认为穆卡洛夫斯基的"前推"思想和雅各布森的"主导"思想是分析跨媒介叙事的重要理论工具。通过"前推"将艺术媒介中通常处于背景的元素变为主导元素，实现跨媒介叙事。20世纪60年代

---

① 龙迪勇：《跨媒介叙事研究》，四川大学出版社，2024，第1—14页。

以来，先锋艺术家开始打破传统艺术门类的界限，尝试将绘画、雕塑、音乐、舞蹈等不同艺术形式与新媒体技术相融合，创作出一系列多媒体艺术作品。这些作品挑战了传统美学理论关于艺术本质和界限的认知，引发了关于"媒介即讯息""后媒介美学"等命题的讨论。

"包豪斯"[①]流派的艺术家率先进行了多媒体艺术的探索。包豪斯的核心理念是将艺术与工艺结合起来，强调实用性、功能性和简洁的美学。它倡导"艺术与技术的新统一"，并致力打破艺术家和工匠之间的界限。2019年，北京歌德学院举办的"百年包豪斯"图书&VR互动展览，使体验者有机会利用VR技术走进1919年由瓦尔特·格罗皮乌斯在德国创办的包豪斯学校。通过VR，体验者可以进入包豪斯德绍时期（1925—1932）的完整校园，这个校舍后来被联合国教科文组织收录为世界遗产。体验者可以在虚拟环境中进入不同的空间并任意走动，拿起周围的物体了解它们的信息，甚至利用这些物体进行艺术创作。作品突破了传统建筑艺术"凝固性"的界限，体现出一种"动态构成主义（Dynamic Constructivism）"[②]的美学理念，强调在创作过程中动态元素的运用，如时间和运动，以及它们与空间的相互作用。以超现实主义的手法和激进的设计风格，不断探索独特的空间形式语言和表达手法，融合了动态元素与构成主义原则的艺术和设计方法，打破传统的静态表现形式，创造出更加生动、有活力和具有时间性的作品。

"偶发艺术（Happening Art）"和"行为艺术（Performance Art）"进一步推进了多媒体创作。偶发艺术先锋约翰·凯奇（John Cage）的作品《4'33″》由三个乐章组成，但音乐家在演奏时除了在房间里听4分33秒的声音外，什么都不做。凯奇以此表达音乐中的偶然性程序，将发现的声音、噪声和其他乐器的声音融入他的作品。凯奇的实验音乐探索对后来的行动派绘画和偶发艺

---

① 包豪斯（Bauhaus）是一个具有深远影响的德国艺术和设计学派，最初指的是20世纪初在德国成立的一所艺术和建筑学校，后来其理念和风格对全世界的艺术、建筑、工业设计等领域产生了广泛影响。包豪斯由瓦尔特·格罗皮乌斯（Walter Gropius）于1919年在德国魏玛创立，其名称"Bauhaus"在德语中意味着"建造房子"。

② 邱欣欣：《浅析扎哈·哈迪德与动态构成》，https://www.xdxd.cn/jxtd/jslt/2017/34647.html。

术、激浪艺术产生了深远影响，为艺术的跨媒介融合提供了新的可能性。赵潼的《当代中国水墨画的数字化实践与创新路径研究》讨论了当代中国水墨画的数字化实践与创新路径，展示了水墨艺术在现代技术中的创新应用，包括多媒体、AR/VR 技术在水墨艺术中的应用，这可能激发将行为艺术与水墨艺术结合的新方法。

进入数字时代，计算机取代电子器械，成为多媒体艺术创作的主要工具。MIT-IBM Watson AI Lab（麻省理工联合沃森人工智能实验室）开发的基于人工智能的音乐手势识别工具，使用身体运动来控制音乐的生成。腾讯音乐天琴实验室在音乐驱动领域最新开发的 Music XR Maker 系统，包括虚拟人舞蹈生成、歌唱表演生成、音乐灯光秀等，使用计算机视觉技术捕捉用户的动作，并将这些动作转化为音乐和视觉元素。此外，腾讯公司依托其企业微信提出基于数字化情境的"连接式共生"范式，强调数字化情境下组织连接式共生主要基于以消息等为基础的共生单元，并依赖数字化的共生环境实现主体、过程与功能的交互。[①] 这些技术的开发与应用体现出试图建立人与机器的"双向共生（symbiotic interaction）"，探索身体动作与数字图像、声音的映射关系。其中，互动性成为数字时代多媒体艺术的核心要素，改变了艺术创作与欣赏的模式，使作品不再是固定的对象，而是一个开放的过程，其意义在人机交互中生成。

总之，多媒体艺术打破了传统艺术门类的界限，将不同艺术形式与新媒体技术融合，创造出复合的感官体验和新的美学维度。无论是包豪斯的光雕塑，弗拉克斯的行为艺术，还是当代的数字互动装置，无不体现出"后媒介（post-medium）"的美学取向。在后媒介时代，艺术创作不再受特定媒介的限制，而是游走于不同媒介之间，创造出混杂的美学形态，多媒体艺术实践正昭示着这种泛媒介美学的兴起。

[①] 梅亮、陈春花、刘超：《连接式共生：数字化情境下组织共生的范式涌现》，《科学学与科学技术管理》2021 年 4 月第 42 期。

二、新媒体对审美标准的影响

新媒体艺术以其数字化、互动性、在场性等特征挑战了传统美学理论关于艺术作品的唯一性、原创性、永恒性等核心预设，促使人们反思技术语境下艺术的定义和边界。崭新的审美维度应运而生，交互性、参与性、偶发性等成为衡量新媒体艺术价值的重要尺度。

传统美学理论十分推崇艺术作品的唯一性。按照本雅明《机械复制时代的艺术作品》的观点，艺术的光韵源于作品"独一无二的存在"，机械复制产生的众多复制物取代了独一无二的存在，艺术品的光韵由此凋谢。数字媒体艺术彻底颠覆了作品的唯一性。数字作品以二进制编码的形式存储，可以无限复制而不损失品质。艺术作品从稀缺的经典变成了随处可得的复制品，其"光韵"不再依赖于物质性的唯一。当前互联网上有浩如烟海的数字艺术作品，观众只需点击链接即可欣赏作品，作品存在于无数台联网的数字媒体终端设备中，凭借"互联网+新媒体"技术，数字复制重塑了艺术的生产和传播方式。

原创性是传统艺术的另一项核心价值。浪漫主义美学推崇天才艺术家的独创性，视创作为表现内心情感的自我宣泄。但是，数字媒体的非物质性和互联网的开放性动摇了"原创性"概念。在线创作平台的兴起催生了"用户生成内容（user generated content）"文化，业余创作者的作品比比皆是。数字作品易于修改和演绎的特点也模糊了原创与抄袭、引用的界限，使用户轻松实现对其涂鸦、拼贴，创造出千奇百怪的视觉变奏。观众对作品的改写和再创作成为意义生成不可或缺的部分。"作者"概念变得模糊，取而代之的是开放、互动的创作生态。

此外，新媒体艺术还挑战了传统艺术的"永恒性"理念。传统美学将不朽视为艺术的理想归宿，艺术珍品被视为凝固的"永恒价值"的载体。但数字媒体艺术是短暂的、易逝的。早期的网络艺术因软硬件更新而难以保存，而交互性作品的体验是即时性的，其存在形式是观众参与的过程本身，无法永久固化。2020年由法国艺术家朱莉·斯蒂芬·陈（Julie Stephen Chheng）带来的增强现实（AR）作品《后窗狸—森林精灵的苏醒》在成都和巴黎进行双城联展，作品引导观众在虚拟空间中即兴创作，但每次体验都是独特的、不可复制的。

传统审美标准无法评判这些新媒体艺术的短暂性特征。

新媒体艺术还体现出强烈的交互性和参与性。尼古拉斯·伯瑞里德在《关系美学》中指出，后现代艺术的价值不再在于作品的物质性存在，而在于其激发的人与人之间的互动。互动性使艺术从静态的审美对象转变为动态的社交媒介。例如，在喻红的 VR 作品《她曾经来过》中，观众可以体验一个女性从出生到死亡的生命历程。每个场景的细节均为艺术家手绘，他们将艺术语言带入虚拟现实世界，让观众沉浸在一个充满诗意的环境中，引发观众对人生和生命意义等问题的思考。在此，艺术不再是封闭的象牙塔，而是联结他人、映照现实的开放系统。

总之，新媒体艺术动摇了"唯一性""原创性""永恒性"等传统审美范畴，折射出数字时代艺术生产和传播方式的深刻变革。非物质性、互动性、在场性等新的美学价值浮现。互联网催生的开放式创作生态更是颠覆了"天才艺术家"的浪漫主义神话。在后现代语境下，艺术不再是凝固的经典，而是流动的过程；不再是作者的独白，而是观者参与的对话；不再囿于美术馆的围墙，而是渗透到日常生活的方方面面。阿瑟·丹托在《艺术的终结》一文中提出，艺术的概念已经自内部耗尽，艺术不再能继续对我们产生震撼，从而暗示艺术已经超越了物质性的阶段，转而成为一种哲学命题。若由此观察当下的新媒体艺术，传统审美标准已然逐渐失去原有的效用，新的理论话语亟待建构，以回应数字时代艺术范式的全面转型。

三、虚拟现实中的跨媒体艺术实践

虚拟现实技术以其沉浸感、交互性、多感官体验等独特优势，为传统艺术形式的数字化转型提供了广阔空间。艺术家积极探索虚拟现实与绘画、雕塑、行为艺术、舞蹈等领域的融合，创造出一系列富于想象力的跨媒体作品。这些实践不仅增强了各艺术门类的表现力，也催生出虚拟现实艺术的崭新样态。

绘画艺术是最早受到虚拟现实技术影响的领域。谷歌的 VR 绘画应用 Tilt Brush 提供了油墨、油漆、雪、火等多种笔触效果，并将绘画过程置入虚拟空间，用户可在全方位的虚拟空间中进行绘画创作，观众戴上 VR 头盔，利用手柄在虚拟画布上即兴作画，完成后还可以走进自己笔下的风景，与数字笔触互动。目前，国内已出现毛思懿、企鹅妈妈 Alice 等知名 VR 画师，通过 VR 绘画创作了具有国风古韵、非遗文化等元素的多件作品。这打破了绘画与绘画对象的界限，实现了画家与画作空间的同一。加斯东·巴什拉在《空间的诗学》中，通过对空间形象的诗意观照，建构出栖居的诗学观，强调空间不仅是物质意义上的载体，更是人类意识的幸福栖居之所。VR 绘画开启了"栖居绘画（inhabiting painting）"的崭新范式，使二维平面获得空间性维度，绘画行为与绘画观照融为一体，为绘画艺术注入了交互性和沉浸感，昭示着数字时代绘画语言的无限可能。

雕塑艺术在虚拟现实中同样焕发出新的生机。2020 年，由《雕塑》杂志社主办的"无中生有——雕塑家四人 VR 创作营·2020"活动，雕塑家使用 VR 手柄在虚拟空间中自由创作三维雕塑，手势动作被动作捕捉系统实时转化为数字模型，呈现出黏土雕塑的质感。作品挑战了雕塑艺术与物质材料的依存关系，以虚拟的方式重现了雕塑创作的肌理感。3D 造型工具 SculptrVR 允许玩家在 VR 环境中创作精细的 3D 模型，并通过 3D 打印技术在现实世界中复现这些作品。该工具强调创造、凿刻和分享精致的雕像模型，同时具备社交功能和放大细节的能力，使用户可以进行细节调整。虚拟雕塑打破了雕塑的物质性和不可渗透性，它让我们以一种全新的方式思考人、空间与身体的关系，彰显了 VR 雕塑的独特诗学，既摆脱了材料的束缚，又保留了塑造形体的动感和力度。

舞蹈艺术与虚拟现实技术的结合，更是开辟了身体表现的新维度。在 2018 年的圣丹斯电影节和威尼斯电影节上展出的 VR 舞蹈作品《VR_I》允许体验者在虚拟空间内与舞者的数字分身实时互动。体验者会进入一个特定的区域，佩戴虚拟现实头显和四肢记录仪，通过红外摄像机捕捉动作，实现虚拟和现实的实时互动。BBC 英国广播公司将混合现实技术和动作捕捉技术融入舞蹈节目《舞动奇迹》。Unlimited Motion 项目专注于将表演数字化、对演员动作进行捕捉、3D 扫描和虚拟制作，利用 Xsens 的动作捕捉技术创造了 metallic robots 舞团，结合了运动图形和虚拟制作。这打破了舞蹈表演的时空局限，也重塑了舞者与观者的关系。交互式数字媒体将舞蹈从再现范式引向体验范式，舞蹈不再是舞台上的视觉对象，而是一个开放的、身体互动的过程。在 VR 舞蹈作品中，观者不再是被动的欣赏者，而是舞蹈体验的主动参与者，肢体在虚拟与真实的界面上游移。这开启了舞蹈美学的崭新向度。

行为艺术与虚拟现实的跨界则催生了复合的感官体验和交互仪式。玛莉娜·阿布拉莫维奇（Marina Abramović）的 VR 作品《Rising》是她首次尝试使用虚拟现实技术进行艺术创作的。在《Rising》中，体验者佩戴 VR 设备进入一个虚拟空间，与虚拟的阿布拉莫维奇面对面。在体验过程中，艺术家被置于一个逐渐被水淹没的玻璃缸，水从她的腰部逐渐上升至颈部。这个虚拟的艺术家形象会向体验者挥手，并邀请他们进行交流。同时，体验者会发现他们被极地冰川融化的场景包围，这象征着全球气候变暖的紧迫性。作品《Rising》使观众有机会感同身受地体验气候变化带来的影响，并促使他们思考自己对环境的影响以及可能采取的行动。阿布拉莫维奇通过这件作品探讨了现代技术如何帮助传播人与人之间的能量，以及技术对增强人类同情心的潜力。行为艺术旨在消解艺术家、作品、观众的边界，开启身体的社会互动空间；虚拟现实技术赋予行为以隐喻性和仪式感；触觉交互则成为重塑人际关系的媒介。

总之，虚拟现实与传统艺术形式的跨界实践，开辟了数字时代艺术创作的崭新疆域。绘画突破二维平面，获得空间感和沉浸感；雕塑摆脱物质材料，呈现数字塑造的力度感；舞蹈突破时空限制，开启身体互动的体验维度；行为艺术以虚拟隐喻重塑现实关系，激发"共在"的社会意识。在虚拟与现实的交织中，在互动、沉浸、多感官体验的共同作用下，观者的身份从欣赏者转变为参与者、共创者，艺术经验变得前所未有地主动、直接、立体。交互性使得观者成为艺术作品的共同作者，虚拟现实则将交互性体验提升到全感官的沉浸。虚拟现实与更多艺术门类的跨界融合，必将极大拓展数字时代艺术表达的可能性空间。在挑战传统艺术边界的同时，虚拟艺术实践也昭示着一种"泛美学"景观的来临——艺术不再囿于特定媒介，而是自由泛滥于虚拟与现实之间；感官体验不再分门别类，而是趋向整合与交融。在技术与艺术的互补中，虚拟现实正在重新定义 21 世纪的艺术想象力。

第三节　虚拟与现实界限的美学探讨

虚拟现实技术的发展使虚拟与现实的边界日益模糊，二者相互渗透、交织融合，形成了一个崭新的美学空间。这种虚实交融不仅体现在技术层面，也体现在艺术创作实践中。虚拟现实艺术与传统艺术形成对话，实验艺术家积极探索虚拟与现实之间的创造性张力。审美感知在虚实之间自由游移，催生出独特的美学体验。

一、虚拟与现实审美界限的模糊化

虚拟现实技术的发展使得虚拟与现实的审美边界日益模糊，二者相互交织渗透，形成了一种混杂的感知体验。这种虚实边界的消解，既体现为技术层面对感官刺激的精准模拟，也体现为艺术创作对真实性概念的有意挑战。其结果是传统二元对立的认识论范式被瓦解，一种虚实共生的"混合现实"美学应运而生。

在技术层面，高度逼真的感官模拟使虚拟体验与现实感知的分界变得模糊难辨。梅尔·斯莱特（Mel Slater）提出了"存在感（Presence）"概念，即用户在虚拟环境中产生"此时此地真实在场"的主观感受。Slater 认为，存在感是虚拟现实系统的关键性指标，它决定了用户能在多大程度上将虚拟世界当作真实环境。[①]虚拟场景的写实程度与用户的存在感呈正相关关系，越逼真的视听触觉模拟越容易诱发身临其境之感，从而对用户的情绪和行为产生真实影响。当存在感达到一定程度时，用户的主观感知将与客观现实环境部分脱钩，进入一种亦真亦幻的心理状态。这与法国哲学家吉尔·德勒兹（Gilles Deleuze）所谓的"晶体影像（crystal-image）"概念类似，现实与虚构的影像互相渗透，分界难明。[②]虚拟现实创造了一个介于现实与虚构之间的"中间介质"，在这个中间介质中，虚拟事物与真实事物并置，感知主体在二者间无

[①] Maria V. Sanchez-Vives，Mel Slater.From presence to consciousness through virtual reality，Nature Reviews Neuroscience（IF 34.7） Pub Date：2005-04-01.

[②] 董树宝：《德勒兹的晶体－影像：时间与影像的双重变奏》，《文艺研究》2023 年第 8 期。

缝切换，对"真实"的判断变得不确定。例如，VR游戏《工作模拟器》（job simulator）让玩家在虚拟办公室工作，模拟细致的物理交互使得虚拟劳动与真实劳动的体验界限变得模糊。玩家难以断言，自己是在娱乐还是在工作。这种虚实混杂的"中间介质"是虚拟技术的独特美学效应，它挑战了主客二元对立的现代性认识论。后现代理论家鲍德里亚的"拟像"概念在此语境下获得新的意义。当虚拟拟像达到以假乱真的程度，主体对真实的感知将陷入彻底的不确定状态。

从艺术创作的角度看，诸多虚拟现实作品有意识地模糊虚拟与现实的边界，挑战观者习以为常的真实感知。例如，Ian Cheng（郑曦然）的VR作品"Emissaries（使者）"三部曲之一的《Emissary Forks At Perfection》构建了一个自主演化的虚拟生态系统，其中的数字生命体按照一定的行为规则出生、进化、死亡，形成了一个与现实世界平行的生命循环。[①]作品借此提出对"生命本质"的哲学质疑：究竟是碳基生物才算生命，还是数字生命体也具有生命属性？他的作品模糊了虚拟生命与现实生命的界限，挑战了人们对"生命真实性"的常识性判断。

中国艺术家曹斐的VR作品经常探索现实与虚拟之间的界限，在她的"红霞"项目中，虚拟现实和增强现实作品与科幻电影长片《新星》及纪录片《红霞》一起，构成了对北京酒仙桥社区历史和变迁的深入探究。曹斐的艺术创作经常使用影像、戏剧、虚拟现实技术和装置等多元媒介，通过超现实的表现手法反映时代变迁和个体生活的影响。她的作品在探讨虚拟人生和现实生活之间的关系方面具有先锋性，以另一种方式介入虚实辩证，试图在虚拟与现实之间建立多重关联，用"镜像"的方式重新审视感知真实性的问题。类似的创作还有《孤声》（Lone Echo），玩家扮演一名宇航员在太空中进行探险和解谜，游戏的物理引擎非常出色，提供了非常逼真的太空探险体验。游戏《亚利桑那阳光》（Arizona Sunshine）让玩家在末日世界里与僵尸展开生存竞争，探索城市、寻找资源，提供了紧张的氛围和沉浸式体验。这些作品中的观者一方面沉浸在虚拟的超现实空间中，另一方面时刻察觉到头盔的物理存在，虚拟假象与现实

---

① Emissaries，http://iancheng.com/emissaries.

感受的冲突制造出一种不安的悬置状态。

值得一提的是，随着虚拟现实技术的成熟，虚实边界的模糊更进一步，呈现出"混合现实（Mixed reality，MR）"的特征。MR将数字信息直接叠加到真实环境中，使真实物体与虚拟事物在同一感知平面上共生。2023年，亚洲最大规模MR混合现实数字艺术展"图灵花园——沉浸交互MR数字艺术大展"在天津美术馆推出，利用空间算法识别技术、全息影像技术、人机交互技术和传感技术等，打破了现实与虚拟的界限，提供了多维度空间和多感官交互体验。展览通过MR混合现实技术，为观众提供了一个全新的意识探索空间。展览包含多个独立主题空间，如"意识种子库""造物生""新月空间"等，观众可以通过MR技术体验现实与虚拟的融合。国内首个汇聚虚拟现实（VR）、增强现实（AR）和混合现实（MR）技术的艺术项目iCUBE Museum，邀请了九位国际知名艺术家、团体，他们在展览空间中共同创建了一个"即将到来的新世界"。在MR作品中，观者难以分辨眼前的景象哪些是真实的，哪些是数字虚幻。因此可以预见，随着MR艺术的发展，现实与虚拟的审美融合将更加彻底，形成无缝交织的感知图景。

虚拟现实技术发展使得虚实审美界限变得越发模糊，现实与虚拟在感知中交织融合，形成了介于二者之间的"中间现实"。让·鲍德里亚在拟真（拟像）逻辑框架中提出了"超真实"概念，指出"超真实之所以超越了再现（参照利奥塔尔《活的艺术》），这仅仅是因为它完全处在仿真中"。[①] 这里"超真实"是完全的模拟，指"真实"与"非真实"之间的界限已模糊不清。媒介的"拟像"和"超真实"使真实与虚拟之间的界限消除，最终可能导致的严重后果是意义的虚无。存在感理论揭示了虚拟体验对主体感知真实性的影响，拟像理论则反思了虚实边界模糊的后现代语境。在具体艺术实践中，虚拟现实作品有意识地挑战真实性的固有概念，用生成性、交互性等方式重塑感知真实的判据。随着MR等新技术的成熟，虚实融合将成为常态，传统二元对立的"真实／虚构"范式将让位于多元混杂的感知图景。在这一语境下，哲学与艺术要重新思考"真实性"这一命题，探寻后人类时代主体构建意义的新坐标。

---

① [法]让·波德里亚：《象征交换与死亡》，车槿山译，译林出版社，2012，第98页。

二、虚拟现实艺术与传统艺术的对话

虚拟现实技术的兴起为传统艺术形式注入了新的生命力，推动了新旧媒介的交流对话。传统艺术形式借助虚拟现实技术获得了新的表现维度，而虚拟现实艺术也从传统艺术中汲取营养，在创作中融入经典元素。这种跨媒介的审美互鉴开辟了数字时代艺术创新的广阔空间。

一方面，虚拟现实技术为传统艺术形式提供了新的展示舞台。绘画、雕塑、戏剧、舞蹈等门类的艺术家开始尝试将虚拟现实作为创作媒介，将艺术作品从物理介质转移到数字空间。在VR语境下，绘画艺术从视网膜的平面感受转向身体运动中的空间体验。例如，VR绘画应用Tilt Brush可以在全方位的虚拟空间中绘画，将传统绘画从二维平面拓展到三维虚拟空间。法国艺术家Anna Zhilyeva通过VR绘画在卢浮宫现场表演，重新创作了世界名画《自由引导人民》，打破了绘画欣赏与画框的界限，让绘画获得了空间感和临场感。随着VR绘画的流行，国内已经出现了毛思懿、企鹅妈妈Alice等知名VR画师。他们在社交平台上分享自己的作品，如国风古韵、非遗文化等主题，赢得了大量用户的喜爱。类似地，歌剧、音乐剧等表演艺术也开始使用虚拟现实技术进行创作。观众可以在Varjo Aero头显中观看芬兰国家歌剧院和芭蕾舞团（FNOB）的VR歌剧《图兰朵》，体验歌剧表演的逼真尺寸和视觉外观（图2-1）。北京国际音乐节的VR音乐体验剧《捌》（Eight），由荷兰作曲家米歇尔·范德阿创作，结合了音乐、剧场艺术、视觉艺术和虚拟现实技术。观众通过VR装置进入虚拟空间，体验一场白日梦般的高级定制音乐。2021年由英国皇家歌剧院推出

图2-1 VR歌剧《图兰朵》舞台镜像

的世界首部VR歌剧作品Current, Rising,提供了一种全新的沉浸式观看体验。相比传统歌剧把观众隔离在舞台之外,VR歌剧提供了更加身临其境的审美感受,打破了现场表演的物理局限,创造出无边无际的想象空间,舞台在这里获得了全新的可塑性。

除了作为创作媒介,虚拟现实还被用于传统艺术的展示和传播。例如,Woofbert基于VR做了一个虚拟艺术品展览馆,几乎1:1复制了高更、马奈、莫奈等大师的作品。Gear VR上一款名为"The Night Cafe: An Immersive Tribute to Van Gogh(夜咖啡馆:向凡·高的沉浸式之作致敬)"的APP,将凡·高的重要作品还原在一个凡·高画风的虚拟咖啡馆中,观众可以在虚拟全景中看到《夜晚的咖啡馆》《向日葵》《自画像》《星空》等名画。虚拟现实让传统艺术作品突破传统展览空间的桎梏,触达更广泛的受众,这些尝试拓宽了美术馆的展示形式,为传统艺术注入了新的传播活力。

另一方面,虚拟现实艺术在创新探索中,也借鉴吸收了传统艺术的精华。许多虚拟现实艺术家有意识地在作品中融入古典美学元素,用数字技术重新演绎经典。

蔡国强的VR作品《梦游紫禁城》,展现了艺术家想象中的六百多年前紫禁城建成时的白天烟花仪式,将传统美学与现代VR技术相结合(图2-2)。南京大学的师生将中国传统山水画大师的艺术作品通过AI技术在数字屏幕上再现,复原了黄公望、沈周等大师的笔触和艺术气韵,并通过新媒体艺术装置提供多感官体验。故宫博物院与凤凰卫视合作,利用8K超高清数字技术和4D动感影

图2-2 VR《梦游紫禁城》玩家镜像

像技术,让《清明上河图》等国宝级文物以全新的形式焕发光彩,实现了经典艺术作品的数字化演绎。敦煌莫高窟数字展示中心利用现代数字技术,通过"数字敦煌"与"虚拟洞窟"展示莫高窟的历史文化背景和精美的洞窟艺术,使游客能够全方位、近距离地接触敦煌艺术,同时保护了历史文物。这些案例展示了虚拟现实艺术家如何有意识地在作品中融入古典美学元素,使用数字技术重新演绎经典,为传统文化的传承和发展提供了新的思路与方法。通过VR、AI等技术,艺术家不仅将古画以更加生动的形式呈现给观众,也为古画的保护和研究提供了新的途径。

总之,虚拟现实为传统艺术形式开辟了全新的展示空间,也为古典艺术元素的创造性转化提供了可能。在虚拟与现实的交织中,在传统与现代的对话中,艺术正焕发出勃勃生机。未来,随着虚拟现实技术的日益成熟,与传统艺术的融合必将更加深入,催生出更多突破性的美学实践。在后数字时代,艺术创新不应局限于特定媒介,而应游走于虚拟与现实、历史与当下的界面之中。传统艺术与数字艺术将交相辉映,共同开启想象力新的疆域。

三、实验艺术在虚拟与现实中的表现

实验艺术家敏锐地捕捉到虚拟现实技术的颠覆性潜力,并积极利用这一新媒介探索感知真实、虚实界限等哲学命题,创造出一系列突破常规、挑战感官的前卫作品。这些作品充分彰显了虚拟现实技术在当代艺术语境中的实验性和批判性价值。

首先,一些实验艺术家试图利用虚拟现实技术打破个体感知的隔阂,构建主体间性的美学体验。比利时艺术家劳伦斯·马尔斯塔夫(Lawrence Malstaf)的作品包括复合装置和表演艺术,其VR作品通常介于视觉艺术和舞台艺术之间,专注于创造沉浸式的感官体验。2019年在北京798艺术区推出的"临时演员:劳伦斯·马斯塔夫黑匣子参与式艺术展"上,作品《指南针02005》(COMPASS 02005)利用电磁力场影响观众的移动方向,《尼莫的温室》(NEMO OBSERVATORIUM)等作品通过使用聚苯乙烯泡沫颗粒和强力风扇创造了一个暴风旋涡的环境,让观众体验风眼中的平静与安全。在大多数作品中,观

第二章　虚拟现实的审美文化变迁

众分别沉浸在相似但细节有异的不同虚拟空间中，当一位观众在虚拟空间中移动或触碰物体时，他的动作会实时反馈给另一个空间中的观众，产生错位感和不确定感。马尔斯塔夫试图通过"感知差异的同步（synchronization of perceptual differences）"来打破个体感知的隔阂，唤起人们对主体间性的反思。这与当代哲学家让-吕克·南希（Jean-Luc Nancy）的"共在（being-with）"[①]概念不谋而合。南希认为，主体间性先于个体性而存在，自我意识依赖于与他者的互动。马尔斯塔夫的作品以互动的方式重构主体间性，将南希的哲学思辨转化为感性的美学经验。

其次，一些实验艺术家利用虚拟现实技术对主流意识形态和权力话语进行解构。"实验艺术"是一种先锋性质的艺术实践，它强调创新和探索，常常挑战传统艺术形式和观念的界限。这种艺术形式可能包括多种媒介和技术，如装置艺术、行为艺术、数字艺术等。实验艺术家经常使用非传统材料和方法，创造出新颖的艺术表达方式，以反映当代社会、文化和政治议题。中国艺术史学家巫鸿在2002年首届"广州当代艺术三年展"上提出了"实验艺术"的概念，"实验艺术"统摄了边缘的、前卫的、革命性的和个体的维度，试图形成一种包容中国在地复杂的社会政治情形和个体经验的、区别于西方的讨论。巫鸿的这一艺术史实践兼具身在西方形成的经验和对中国在地情境的冷静观察，以一种积极的语调，辨析和联结中西两种语境中的文化诉求。此外，复旦大学现当代艺术现场虚拟仿真-ilab实验项目通过虚拟仿真、交互式实验，为现当代艺术作品的全方位的、沉浸式的知识体验提供了平台。其中，项目一期计划首先完成超现实主义艺术虚拟仿真部分内容，通过3D VR技术，可以沿着超现实主义原作的想象力推理出更大量的信息，满足艺术活动对超现实主义作品更丰富的理解需求。这种艺术形式试图形成一种包容中国在地复杂的社会政治情形和个体经验的、区别于西方的讨论，这在某种程度上也可以看作对主流意识形态的一种挑战和解构。

最后，一些实验艺术家着意探讨虚拟化语境下人的主体性问题。美国艺术家雷切尔·罗辛（Rachel Rossin）的VR作品Boohoo Stamina通过将绘画与

[①] Jean-Luc Nancy. Being Singular Plural. Stanford University Press,2000:30—42.

全息显示、VR 和 AI 等新技术融合，探讨了技术在情感耐力构成中的作用。作品通过数字渲染和环境创作，以及对 VR 固有的无身体感和身体的情感记忆的探索，提出了在现实转化为模拟以及模拟再转化为现实的过程中我们失去了什么的问题。在人机互动中，现实自我与虚拟他者相互映照，主客体界限变得模糊。罗辛借虚拟化身这一隐喻，思考人工智能时代人的主体性危机。这呼应了后人文主义理论家凯瑟琳·海勒的洞见。海勒在《我们如何成为后人类：文学、信息科学和控制论中的虚拟身体》认为，在人机交互日益频繁的语境下，人的主体性正变得离散化、程序化，现实自我与虚拟化身相互交织，共同构成后人类主体。罗辛的作品以感性的方式呈现了这种"人类中心主义"的终结，唤起人们对后人类语境下主体性的焦虑和反思。总之，"后人类"艺术超越了人文主义的限制，在人与非人、主体与客体的互渗中开辟新的空间。当代实验艺术家以虚拟现实为媒介，积极挖掘其颠覆性的美学潜力，有的聚焦主体间性，试图打破感知隔阂，有的则用解构主义策略，对主流意识形态发起挑战，还有的探讨虚拟语境下主体性的危机，映照后人类处境。在他们的创作实践中，虚拟与现实相互渗透、彼此交织，二元对立的界限变得模糊，常规感知和伦理判断被打破，艺术由此获得了新生。在这个意义上，实验艺术对虚拟现实的创造性利用既推动了数字时代美学实践的革新，也为重新思考人的存在状态带来了启发。

　　虚拟现实技术的发展使虚拟与现实的界限变得模糊，二者相互交融，形成虚实共生的崭新美学空间。无论是沉浸感、存在感带来的感知模糊，还是虚拟现实艺术对真实性的质疑，抑或新旧媒介之间的交流对话，以及实验艺术对虚实界限的颠覆，无不彰显了一种虚实交融的美学图景。在这一图景中，传统的二元对立被瓦解，感知在虚实之间自由游移，经典艺术形式焕发新的生机，先锋艺术实践突破创作边界。虚拟与现实的美学张力必将进一步拓展艺术表现的疆域，催生出更加多元、包容的艺术生态。

第三章 虚拟现实审美文化特征和美学范式

虚拟现实技术以沉浸感、互动性、构想性重新定义人文与数字环境的关系，开启了一场深刻的美学转向，打破物理法则，创造超越现实的体验，模糊艺术与生活的边界，挑战传统艺术范式，拓展美学体验的可能性。在人机共生的时代浪潮中，虚拟现实正在重塑我们的身份认同和社会关系，因此数字美学研究需以开放和批判的精神，直面技术、文化、伦理、意识形态等问题，探寻虚拟现实技术语境下美学转型的深层内涵，为虚拟现实艺术的审美文化实践与理论话语构建提供思想基础。

第一节 虚拟空间的美学原则

虚拟现实技术营造了一个感知环境，其设计理念深刻影响着用户的审美体验。虚拟空间的塑造不仅是技术问题，更关乎人的感知方式和存在理解，因此需要在技术向度和哲学向度进行双重思考。

一、虚拟空间美学的基本元素

虚拟空间美学设计的核心在于塑造沉浸感、交互性和叙事性，三者相互交织，共同形成独特的审美体验。其中，沉浸感是虚拟美学的灵魂，交互性是虚拟艺术的本质，叙事性则赋予虚拟世界以意义和秩序。

"沉浸感（Immersion）"是指用户全身心投入虚拟世界的主观感受，沉浸感的形成依赖于多种感官信息的协同，以及感知觉与运动觉的实时反馈。Slater 和 Wilbur 首先提出了"沉浸感"的概念，并归纳了沉浸感的三个维度：感官广度（感官通道的数量）、匹配度（感官信息与用户行为的一致性）、包围度（感官信息对用户的环绕程度）。Schubert 等认为它包括空间认知（沉浸）和注意力（参与）两个方面，并确定了虚拟环境中存在感的三个维度：

（1）空间存在感，即人在物理上处于虚拟空间中的感觉。（2）参与，即人们将注意力集中在虚拟刺激上而忽略竞争性不一致信息的程度。（3）真实性，即虚拟刺激与真实刺激的期望相吻合的程度。这表明，沉浸感不仅需要视、听、触等外部感官的逼真模拟，还需要前庭觉、本体感觉等内部感官的参与，以及"感知——动作"循环的及时响应。[①]沉浸感是一种强大的心理和生理现象，它能够改变个体对现实世界的感知和反应，为各种体验增添深度和丰富性。从这方面来看，"沉浸感"是一个多维度的综合体验，涉及感官体验、情感投入、认知参与、时间感知的改变、空间感知等多个方面，而在艺术、娱乐和VR等领域，沉浸感是一个重要的概念。在VR技术中，沉浸感是通过创建一个360度的虚拟环境来实现的，用户可以通过头戴显示器和交互设备完全沉浸在这个环境中。在艺术和表演领域，沉浸式艺术作品通过使用多媒体、声音、光线和空间设计创造出一种全方位的体验，使观众感觉自己是作品的一部分。在电子游戏和其他互动娱乐形式中，沉浸感是通过故事情节、角色发展、游戏机制和视觉／声音效果来实现的。随着技术的发展，沉浸感的应用领域也在不断扩大。

交互性是虚拟艺术区别于传统艺术的本质特征。迈克尔·海姆指出，虚拟现实的要义在于创造人与信息环境的"交互仿真"[②]。交互性意味着用户不再是被动的欣赏者，而是主动构建虚拟世界的参与者，这种角色转换对传统美学理论提出挑战。交互叙事（interactive narrative）是一种叙事形式，它允许用户或观众在故事的展开过程中进行一定程度的互动和参与。这种叙事方式与传统的线性叙事不同，它提供了多种可能的故事线和结局，取决于参与者的选择和行为。交互叙事通常被定义为一种能够激发用户在故事世界中改变情节走向的叙事方式。它结合了行为模式理论、人工智能以及计算机技术等学科，可以作为一种描述叙事虚构的外部存在模式、内部结构和情节发展的文本动力学。交互叙事可以分为嵌入式叙事（embedded narrative）和涌现叙事（emergent

---

[①] 朱艺璇、李林、宋静静等：《虚拟现实环境中存在感的产生及影响因素》，《心理技术与应用》2021年第9期。

[②] [美] 迈克尔·海姆：《从界面到网络空间——虚拟实在的形而上学》，金吾伦、刘钢译，上海科技教育出版社，2000，第11页。

narrative)[1]。嵌入式叙事是预先设计好的故事，用户无法改变剧情；涌现叙事则允许用户通过与故事世界的交互演绎出新的情节。交互叙事为人类信息的认知提供了别样的体验，并进入一个新的维度。在交互叙事作品中，存在交互与叙事的矛盾，需要把握交互与叙事的平衡。随着技术的发展，具身交互技术开始影响叙事形态，特别是在智能时代，具身交互叙事作为一种体验性阐释，强调了身体交互感知的重要性。

叙事性赋予虚拟事件以逻辑因果，塑造人物性格，烘托情感氛围，使虚拟世界获得完整的时空秩序和意义脉络。虚拟叙事打破了传统叙事的线性结构，呈现出互动性、非线性、开放性等特征。历史上有记载的第一个故事写作程序，是1973年由Sheldon Klein开发的叫作Novel Writer的程序。[2]这个程序使用FORTRAN语言编制，能够生成2100个单词的谋杀悬疑故事。Mateas和Stern提出了"程序叙事（procedural narrative）"[3]的概念，通过设计人工智能角色和生成性事件，让故事在人机互动中动态展开，他们开发了类似于编程语言的"故事编写语言（A Behavior Language，ABL）"[4]，这个语言的语法类似于Java，也有用Java编写的编译器，能够被编译成可以在游戏中指挥三维模型动作和游戏变量变化等的控制程序。这应用在了他们的试验性交互式叙事游戏代表作《Façade》中，这个实验性的交互式戏剧展示了程序叙事的潜力，玩家通过与游戏内角色的互动来体验故事。优秀的虚拟空间设计应把握叙事的张力结构，设置悬念、冲突、高潮等情节节点，引导用户在探索互动中获得沉浸式的故事体验。Mateas和Stern对程序叙事的未来发展持乐观态度，

---

[1] 於水：《交互叙事在结构上的几种可能性及应用前景》，《北京理工大学学报（社会科学版）》2010年第1期。

[2] Klein S.（1973）. Automatic Novel Writing: A Status Report. University of Wisconsin-Madison Department of Computer Sciences.

[3] Indienova：《故事工程学：人工智能和程序化叙事生成》，https://indienova.com/indie-game-development/procedural-narrative-generation-and-ai。

[4] Mateas M, Stern A. A Behavior Language: Joint action and behavioral idioms [M]//Life-Like Characters. Springer Berlin Heidelberg, 2004: 135—161.

他们认为这一领域有潜力成为强大的媒介形式，并希望推动更多极端的故事生成。①

综上，沉浸感、交互性、叙事性是虚拟现实美学设计的三大基本元素，三者协同塑造出独特的审美体验。沉浸感突破感官局限，创造身临其境之感，交互性颠覆主客二分，实现参与式审美；叙事性赋予虚拟世界逻辑和情感的张力。虚拟艺术实现了"超媒体（hypermediacy）"和"直接感（immediacy）"的辩证统一，既彰显媒介的能动性，又追求感官的真实感。在此意义上，沉浸感、交互性、叙事性正是虚拟空间的"第二自然"，引领着数字时代艺术范式的革命。

二、虚拟环境设计的艺术性与技术考量

虚拟环境的设计需要在艺术想象力和技术可能性之间寻求平衡。一方面，设计师要发挥创造力，塑造独特的美学风格和意境；另一方面要考虑技术实现的可行性，在画质、性能、交互等方面进行权衡。艺术与技术的融合是虚拟环境设计的关键课题。

从艺术层面看，虚拟环境设计应体现出鲜明的当代美学风格和创意构思。史蒂文·霍尔茨曼（Steven Holtzman）在《数字咒语：抽象和虚拟世界的语言》②一书中指出，数字艺术创作本质上是一种"信息雕塑（information sculpture）"，即用数字技术塑造概念、形式、过程，创造出新的美学语汇。虚拟环境设计师如同"数字解构主义者"，利用算法、程序、交互等手段，突破物理世界的惯性思维，创造出超越现实的奇幻空间。霍尔茨曼综合了不同学科的思想，为数字时代的创造力提出了一种新的哲学。他从音乐、计算、艺术和哲学等领域提取思想，结合传记和历史逸事，提供了思考计算机如何融入创作过程的新方法，展示了计算机将如何改变我们的创造方式，并揭示了全新表达形式的潜力。书中关注了计算机在语言、音乐和艺术中构建抽象和虚拟世界

---

① Behind Façade: An Interview of Andrew Stern and Michael Mateas, elmcip.net.
② Steven R. Holtzman.Digital Mantras: The Languages of Abstract and Virtual Worlds.MIT Press, 1995.

第三章　虚拟现实审美文化特征和美学范式

的方法，并调查了人工智能先驱特里·温诺格拉德、作曲家戈特弗里德·迈克尔·科尼希和伊阿尼斯·泽纳基斯以及艺术家哈罗德·科恩的创作等，为理解数字时代艺术和创造力的新形式提供了深刻的见解，并为探索计算机如何扩展我们的表达能力提供了丰富的资源。

此外，虚拟环境的色彩、光影、音效设计也是塑造美学风格不可或缺的元素。莫里斯·梅洛－庞蒂在《知觉现象学》中指出，身体是理解人类知觉的关键，强调身体主体性，认为身体不仅是物理存在，也是我们与世界互动的媒介，人对世界的感知首先是一种"前反思（pre-reflective）"的身体经验，而非理性认知。视听触觉等感官通道，在塑造空间体验中扮演关键角色。早在1955年，电影制作人莫顿·海利希（Morton Heilig）就描述了他对多感官影院体验的愿景，并于1962年推出设备全传感仿真器（Sensorama），可以在广角视野中显示立体3D图像，并融入了身体倾斜、立体声、风声、香味等元素。[①] 2021年，全新沉浸式多感官体验馆 Illuminarium Experiences 在亚特兰大 BeltLine 开馆，通过结合视觉、听觉、嗅觉、味觉和触觉来提供一种全新的体验，观众不仅能看到非洲野生动物的高清影像，还能听到动物的声音，闻到草原的气味，感受到地面的震动，这种多感官的融合极大地增强了沉浸感（图3-1）。Feelreal 面罩设备可以与 VR 头戴设备组合，不仅能散发气味，还能制造振动、热量、风和薄雾效果，从而提供更加全面的感官体验。另外，封闭式感官体验舱 SENSIK 可通过结合温度、空气、声音、气味

图 3-1 多感官、沉浸式的裸眼 VR 主题体验馆
Daytime safari attractio 镜像

---

① Anne Corning:《创造全感官体验：AR/VR/MR/XR 技术的未来》, https://www.radiantvisionsystems.com/zh-hans/blog/creating-full-sensory-experiences-future-ar/vr/mr/xr。

—55—

和视觉刺激，创造出一种完全沉浸式的虚拟体验。由此可见，感官要素的节制与协同，是塑造沉浸感体验的关键。

从技术层面看，虚拟环境设计需要在渲染质量与系统性能间进行权衡。被誉为"虚拟现实之父"的杰伦·拉尼尔（Jaron Lanier）指出，虚拟现实的首要技术挑战是实时渲染，即在每一帧画面生成过程中完成所有图形计算。[①]若渲染速度跟不上头部运动速度，就会产生画面延迟，引发眩晕不适。因此，设计师需注重场景的低多边形建模，减少顶点、纹理等图元信息，从而降低 GPU 负荷。例如，使用 VRayToon 环境效果和材质设置来创建卡通渲染效果，在 3ds Max 和 V-Ray 等软件中实现卡通渲染效果等，这种"去写实化"的设计理念在 VR 游戏中十分常见。同时，需要考虑的是，虚拟现实的目标是创造出与真实世界难以区分的视觉效果，这要求设计师在建模时兼顾形体、材质、纹理、光照等方面的精细刻画，以营造出逼真的视觉质感。此外，LED 墙等新一代 VR 显示技术的出现，也为兼顾画质与性能提供了可能。

由此可见，虚拟环境设计需要在艺术想象力和技术约束间寻求平衡。一方面，设计师要发挥"数字解构"精神，用程序化思维突破物理限制，创造出独特的美学空间。同时要"取法自然"，在色彩、光影、音效等感官要素上精雕细琢，制造身临其境之感。另一方面，要考虑渲染优化、刷新率等技术指标，在视觉质量与交互性能间进行权衡。只有在创意和工程的良性协同中，虚拟环境设计才能真正实现技术与艺术的完美融合。当前，随着元宇宙（Metaverse）概念和技术的发展，虚拟现实的终极目标是创造出一个现实与虚拟无缝衔接、美轮美奂的仿真世界。在其中，人的想象力将被无限拓展，艺术将焕发出前所未有的生机。

三、设计原则在虚拟艺术作品中的应用

沉浸感、互动性、叙事性作为虚拟空间美学设计的三大原则，在当代虚拟艺术创作实践中得到了广泛运用。艺术家巧妙利用虚拟现实技术的特性，在作

[①] Lanier J & Biocca F.An insider's view of the future of virtual reality. Journal of communication,1992:42(4), 150—172. https://doi.org/10.1111/j.1460—2466.1992.tb00816.x.

品中构建出独特的感官体验和艺术语言，彰显了虚拟美学的创造力。

自然主题 Nature Treks VR 的参与者可以在 VR 中以第一人称视角体验自然景观，使用手柄控制树枝运动，从而提升了人与自然的联系和沉浸感。利用呼吸作为直接控制界面的 BreathVR，通过呼吸控制来增强沉浸感，让玩家通过呼吸与虚拟环境进行互动。此外，一些虚拟艺术作品还积极探索沉浸感、互动性、叙事性的创新表达。国内首部青春爱情题材的 VR 影片《时光投影里的秘密》，通过 360 度全景视角和多线叙事，让观众在男女主角的记忆场景中自由探索、切换视角，获得主观化的沉浸体验。爱奇艺原创 VR 互动电影《杀死大明星》，在多线叙事的剧情片基础上，融合了当下热门的密室和剧本杀，提供了新颖的叙事体验。沉浸式 VR《遗愿》，延续了 360 度全景多线叙事结构，用户可以通过 VR 交互随时切换场景，对故事进行自由探索。这些作品以创新的设计理念拓展了虚拟艺术的表现力。

互动性为叙事艺术开辟了全新的可能性。2022 年在深圳推出的朱利安·奥培 VR 展览，通过 VR 技术将现实世界中的作品转化为虚拟现实中的体验，探讨了现实与虚拟现实之间的界限，以及艺术作品在不同维度中的呈现。上海东方明珠的"云美术馆"项目运用 VR 和 MR 技术打造了全数字化地标美术馆。游客可以身临其境地体验到《千里江山图》和《富春山居图》等名画所描绘的山水世界，甚至"走进"《百骏图》与画中的骏马互动。这种体验打破了传统艺术作品的观赏方式，使观众成为艺术作品的一部分，参与到作品的动态生成中。通过 AR 技术，豫园"山海奇豫记"小程序允许游客在现实世界中召唤虚拟的"神兽"，并与它们互动。这种体验将传统艺术与现代科技相结合，创造了一种新型的互动艺术形式，挑战了传统艺术作品的固定性和被动性。这些案例展示了 VR 和 AR 技术如何为艺术作品带来新的生命力，使观众不再是被动的观赏者，而是能够参与到艺术创作和表达的过程中，体验艺术作品的动态生成。游走其间，观众对虚拟空间的探索过程本身就构成了一种诗性体验。互动性在此与叙事性深度交融，开启了数字叙事的新维度。

沉浸感、交互性、叙事性在当代虚拟艺术创作中得到了丰富而创造性的运用。艺术家利用虚拟现实的技术特性，将观者引入前所未有的感官体验维度，重塑了审美主体与审美对象的关系。在沉浸感方面，VR 艺术将生理节奏与影像韵律相协同；在互动性方面，VR 艺术以动态生成的文本空间颠覆传统的叙事逻辑；在叙事性方面，VR 影像以碎片化的记忆博物馆挑战线性时空。同时，非西方美学资源的引入，如"云美术馆"的系列 VR 作品对中国山水意境的创造性转化，也为虚拟艺术开拓了新的想象空间。随着人工智能、脑机接口等前沿科技的发展，艺术家或将探索意识层面的沉浸，将交互从行为层面升级为认知协同，将叙事从支离破碎走向流动生成，进一步丰富拓展沉浸感、互动性、叙事性的美学内涵。

整体上，沉浸感、互动性、叙事性构成了虚拟空间美学设计与审美的三大原则。这三大原则相互交织，共同塑造了虚拟审美体验的独特意蕴。虚拟环境设计需在感官刺激、人机互动、情节张力等方面进行精心策划，并在艺术想象力和技术条件之间寻求平衡。审视当代虚拟艺术创作实践，设计原则已得到广泛运用和创新表达。随着虚拟现实技术的日益成熟，艺术家将进一步拓展虚拟空间的美学表现力，为人类感知经验开辟新的维度。

第二节 社会文化影响下的虚拟审美

虚拟现实作为新兴的文化形态，正在数字社会中催生独特的审美趣味和美学话语。网络社交平台、虚拟社群、角色扮演游戏等数字文化空间成为虚拟审美生成的重要场域。虚拟审美反映了现实社会的文化语境，又对现实文化形态产生反作用。

一、虚拟社交空间的文化与审美形态

随着数字化生活方式的深入，网络社交平台已然成为虚拟审美文化最为活跃的场域。社交媒体用户在内容生产和传播中形成了独特的美学范式，这些范式折射出数字时代审美趣味的系统性转型。从哲学层面看，社交媒体催生了"网络美学（network aesthetics）"的时代图景，即艺术生产和传播不再依赖中心化的权威机构，而是通过网民的草根实践建构起分散的、去中心的审美形态。

从国内来看，虚拟社交空间的文化与审美形态是一个不断发展和演变的领

域，随着互联网技术的不断进步，特别是移动互联网、虚拟现实、增强现实等技术的应用，虚拟社交空间已成为人们日常生活的重要组成部分。虚拟文化空间生产包含科技要素、文化资源要素和文化空间要素，这些要素相互作用，推动社会文化空间向数字化、信息化、网络化与智能化方向发展。[1] 在虚拟社交空间中，用户可以通过技术获得视觉、听觉、触觉甚至嗅觉的体验感，这种感官沉浸的体验正是目前发展火热的"元宇宙"的最大吸引力。用户在"元宇宙"中可以创建自己的虚拟分身，这些虚拟人物不仅具有原创性，还可尝试通过打造"虚拟分身"来拓展多元身份价值。当下，在"Z世代"文化风潮的环境下，从QQ秀到Zepeto，再到"啫喱社交"APP，以捏脸换装和虚拟互动为特点的虚拟社交产品深受用户喜爱，反映了用户对个性化和新鲜感的追求。虚拟形象社交游戏满足了用户自我呈现、形象塑造的理想期待，身份的匿名性为用户提供了更多自由发挥的空间。同时随着VR技术的成熟，虚拟社交正逐步靠近"元宇宙"的想象空间，提供了更加沉浸式的社交体验。需要关注的是，虚拟社交空间也面临着隐私风险、行为规范问题等挑战，需要平台和监管机构共同努力，以保护用户的人身安全和数据隐私。这其中需要审美形态的引导，在自媒体空间中，建立核心价值观和传统文化的审美架构，利用移动互联网及新媒介平台，塑造健康的审美意识形态。国内虚拟社交空间的文化与审美形态正在不断发展，它不仅反映了技术进步带来的新体验，也提出了对现有社会规范和价值观念的挑战与思考。

另外，社交媒体加速了"注意力经济（attention economy）"的崛起，使个性化、情感化的表达方式成为"吸睛利器"。国内诸多品牌商利用《传闻中的陈芊芊》等热播剧的IP效应吸引观众的注意力，并通过小程序一键转化的形式，吸引用户到小程序购买同款产品，实现了从注意力吸引到交易转化的过程。或是通过双IP合作的形式，聚合电竞和品牌两大流量圈层用户的注意力，让品牌触达更广泛的年轻消费者群体，并通过跨界深入兴趣圈层，与年轻消费者进行深度沟通。或采用"社交突围"路线，以腾讯社交生态为根据地，通过

---

[1] 陈波、宋诗雨：《虚拟文化空间生产及其维度设计研究——基于列斐伏尔"空间生产"理论》，《山东大学学报（哲学社会科学版）》2021年第1期。

朋友圈广告和小程序直链购买的组合玩法，在社交场景中赚足声量，实现有效的广告植入。或利用小程序直播推出相关课程，以与品牌紧密相关的话题为核心吸引粉丝注意力，并通过微信支付平台实现即看即下单的操作，打通了直播互动与商品销售的闭环。

社交媒体中数字情绪的传播也是目前人们比较关注的方式。社交媒体中的数字情绪具有趣味性、暧昧性、可操控性、社会实践性的特征，成为由"情绪"触发的传播游戏，激发了个体联结的潜力。再者，便是利用主流媒体在短视频情境中的"人格化效应"，通过语言符号人格化和空间呈现人格化引发受众情感共振与关系认同。研究聚焦于社交媒体文本的情感分析与立场挖掘问题，探究用户个性化信息在情感分析中的应用，并研究话题信息对多方立场挖掘的作用。虚拟社交媒体通过个性化和情感化的表达方式来吸引与维持用户的注意力，进而推动了注意力经济的发展。随着社交媒体平台功能的不断丰富和创新，出现了更多新颖的营销和传播策略。

哈贝马斯认为传媒具有准公共领域的特征，梅罗维茨则认为"媒介使私人情境和公共场所的分界变得模糊"[1]。新媒介带来新场景的建构，新场景又建构了人的社会行为。公共情感的变迁既与社会转型息息相关，也与"媒介"形态的演变有关。媒介作为情感生产的重要主体，能够将情感从私人情感转换为公共情感。[2] 社交网络催生了一种新的公共领域，其中情感化的交流方式（如点赞、emoji 等）构建了新的文化和美学话语。情感化的表达体现出后现代语境下审美趣味的转向，即从理性、崇高、深度转向感性、通俗、肤浅。此外，短视频平台的兴起催生了"极简主义美学（minimalist aesthetics）"。由于移动端小屏幕的限制，短视频创作者不得不砍掉一切与主题无关的视听元素，力求在几秒钟内抓住用户的注意力。有学者指出："通过日常化的自觉审美参与，以狂欢化的海量视频文本完成新审美范式的建构：日常、实用、感性、轻盈、多元、草根等新时代审美趣味融合了短视频虚拟社交属性和大众群体化特

---

[1] 万蓉：《媒介化沟通：结构、系统与功能》，中国政法大学出版社，2021，第 98 页。
[2] 丁东恩：《社交媒体时代微博在公共舆论中的情感唤起研究》，《今传媒》2019 年第 8 期。

性。"①这种审美基调与当下用户的情感诉求不谋而合。正如波兹曼在《娱乐至死》一书中说的那样："在这里，一切公众话语都日渐以娱乐的方式出现，并成为一种文化精神。我们的政治、宗教、新闻、体育、教育和商业都心甘情愿地成为娱乐的附庸，毫无怨言，甚至无声无息，其结果是我们成了一个娱乐至死的物种。"②社交媒体正是这种审美倾向的重要孵化器。需要指出的是，社交媒体美学并非纯粹源于数字技术的结构性特征，同时也受到商业利益的驱动。例如，"网红经济"的兴起促使美颜滤镜、炫富拍摄等内容泛滥，体现了"景观社会（the society of spectacle）"的消费主义逻辑。社交媒体上标准化的美和成功学"鸡汤"，则制造出"循规蹈矩"式的价值观。这些现象表明，数字资本正利用算法推荐等手段规训用户的审美趣味和价值判断。

纵观网络社交平台的审美文化生态，模块化、情感化、碎片化、商品化等特征凸显。这体现了数字时代图像生产和传播方式的系统性转型。传统的中心化、精英化艺术生产模式让位于分散的、草根的创作实践。审美趣味在算法推荐的驱动下变得个性化与同质化并存。这一切昭示着在"万物互联时代"，审美文化正经历范式革命。伴随着移动互联、人工智能等新技术浪潮，未来的网络社交空间必将进一步重塑大众的感性生活，催生更加去中心、沉浸化、混合现实的审美体验。马诺维奇指出："21世纪的文化研究应关注软件如何规范人类行为，编码又如何反过来被社会形塑。唯有如此，我们才能揭示新媒体的美学维度和意识形态内涵。"③从人文社科研究层面，需要立足数字人文的理论视角，深入剖析算法、商业、政治等多重力量交织下的社交媒体文化，探寻后现代语境下感性解放的可能性。

二、虚拟身份与文化认同的构建

虚拟社群和网络游戏为用户提供了自由塑造数字身份、探索多元文化认同

---

① 江志全、范蕊：《"走向日常生活美学"——社交短视频的时代审美特征》，《文艺争鸣》2020年第8期。
② [美]尼尔·波兹曼：《娱乐至死·童年的消逝》，章艳、吴燕莛译，广西师范大学出版社，2009，第5—6页。
③ Lev Manovich.Software takes command. Bloomsbury Academic Press, 2013:21.

的空间。用户在角色扮演和虚拟社交中展演出丰富的身份想象,这些身份实践既映射出现实政治、文化语境的深刻影响,也呈现出网络原生的独特文化景观。从哲学视角看,虚拟身份的构建过程体现了主体性的数字化转向,即"自我"从启蒙时代的理性、统一、自足走向后现代语境下的碎片化、去中心化、流动性。[1]

网络空间为个体提供了一个身份实验室,允许其扮演多重身份,体验不同生活。与现实身份的稳定性、同一性不同,网络身份呈现出变幻莫测的多样性、匿名性。例如,在网络论坛中,用户可以随意切换昵称和头像,游走于不同的兴趣社群。这种身份的易变性和流动性,解构了主体性的本质主义预设,此时的身份是一种"表演性建构",通过不断的展演和重复形成。网络空间的匿名机制则进一步强化了这种表演游戏,用户在角色扮演中获得自我实现的快感。

网络游戏中的化身系统为身份表演提供了更加丰富的资源。游戏玩家通过自定义化身的性别、种族、职业等,在虚拟世界中获得第二人生。在2002年上线的虚拟世界游戏"第二生命(Second Life, SL)"中,玩家可以通过与可运动的虚拟化身进行互动,体验许多现实生活中的活动,如吃饭、跳舞、购物、唱歌、开车和旅游等。它是一个网络游戏、社交网络和Web 2.0的组合体,提供了一个与现实社会平行的虚拟社会环境。这一方面反映了个体对身份越界和异化体验的向往,另一方面制造出"理想自我"的数字投射。但是,虚拟化身的设计同时受限于程序预设的身份模板,难以完全摆脱社会性别、族裔的刻板印象。例如,游戏中的女性化身往往身材窈窕、容貌姣好,男性化身则肌肉发达、阳刚威武,这强化了现实语境对性别的定型化想象。

但是,虚拟社群也孕育出抵抗主流话语的亚文化群体。国内虚拟社群中不乏利用新媒介技术,如虚拟现实、增强现实等构建自己的文化空间和社交方式。例如,弹幕网站哔哩哔哩(bilibili,B站)是国内二次元文化、鬼畜文化的重要聚集地。B站有着独特的准入门槛,新用户需要通过答题考试才能成为正式会员,这种考试主要是关于ACG(动画、漫画、游戏)方面的知识。亚文化群体在虚拟社群中通过建立自治公约来实现自我管理,规避非理性行为给社群

---

[1] Mark Poster. What's the Matter with the Internet? University of Minnesota Press, 2001:103—106.

带来的负面影响，维护社群的正常和良性发展。这种创造性的文化方式彰显了青年群体的话语能动性，亚文化身份由此获得了象征性资本。游戏空间成为青年亚文化的"第三空间"，现实与虚拟在其中交织，主流与非主流在其中博弈。

网络社交平台、虚拟游戏等数字文化空间为身份表演和文化认同提供了前所未有的舞台。用户在塑造虚拟形象的过程中，一方面实现了对身份的想象性突破，挑战同一、稳定的现代性身份观；另一方面难以彻底摆脱社会文化语境的规范，性别、族裔等现实身份秩序仍潜隐其中。虚拟身份实践同时催生出网络原生的亚文化群体，他们创造性地挪用主流符号资源，实现身份的象征性。在虚拟与现实的交织中，主体性图景变得越发混杂、充满张力。网络文化研究需要兼顾线上线下语境，考察技术、文化、话语等多重力量在虚拟身份建构中的复杂作用。总之，后人类时代的主体性是一个多维度的复合体，既有机器增强的层面，也有话语建构的向度。唯有跨学科的批判性分析，才能揭示其错综复杂的话语逻辑，而身份认同作为虚拟现实美学探究的核心议题，亟须在数字人文的语境下获得新的诠释路径。

三、虚拟社交网络中的艺术与美学实践

随着 Web 3.0 时代的来临，社交媒体平台已然成为新媒体艺术实践的重要阵地。艺术家们积极利用社交网络进行创作、传播、讨论，构建起草根性的艺术生态系统。这一方面体现了数字文化语境下参与式美学的兴起，另一方面揭示了当代艺术介入社会、重塑公共领域的新路径。从美学视角看，互联网艺术实践催生了关系美学的崛起，即将社会关系本身视为一种美学形式。在这个意义上，社交媒体不仅是艺术传播的平台，也是塑造人际互动模式、建构集体认同的关键场域。

社交网站诞生了大量"网红艺术家"，他们善于利用算法推荐、数据传播等机制提升作品曝光度，引发公众参与，并逐渐形成一种"参与式美学"，即用户不仅是艺术作品的消费者，也是其生产者和传播者。在虚拟网络社区中，用户的角色不再局限于消费者，他们也成了艺术作品的生产者和传播者。例如，国内大型网络社区平台哔哩哔哩的用户不仅可以观看视频，还可以上传自己的

创作内容，包括动画、游戏、音乐、舞蹈等多种形式。"UP主"们通过创作和分享，形成了一个活跃的创作者社区。抖音是一个短视频平台，用户可以创作并分享自己的短视频，这些视频涵盖各种主题，许多创作者通过平台获得了大量粉丝，成了网络文化的生产者和传播者。在"知乎"问答社区，用户可以提出问题，也可以回答问题。在这个平台上，用户通过分享自己的知识和经验，成了知识的生产者和传播者。"微博超话"是围绕特定主题的讨论社区，用户可以发布帖子，评论和分享相关内容。在这个社区中，用户不仅是信息的接收者，也是信息的创造者和传播者，他们通过互动和分享，形成了基于共同兴趣的社交网络。贴吧是百度推出的一个基于关键词的社区服务，每个贴吧都围绕一个主题展开讨论。用户在贴吧中发布帖子、回复他人，形成了丰富的内容生态，贴吧中的许多热门主题都由用户自己发起和推动。这些虚拟网络社区为用户参与艺术作品的创作、分享和传播提供了广阔的平台。尤其是用户对作品的点赞、转发、评论构成了一种集体创作，艺术家与受众的界限趋于模糊。社交网站作为现代传播技术的产物，不仅改变了人们的交流方式，也重塑了文化的生产和消费模式，对青年亚文化的形成和发展起到了关键作用。

回顾前述，目前 Web 3.0 也被称作去中心化互联网，是互联网发展的一个新阶段。它基于区块链技术，为用户提供去中心化的通用数字身份体系和数据所有权。Web 3.0 的核心技术框架已逐渐清晰，并正在演变为若干创新赛道。互联网的飞速发展，从相对性的文化意义来说，与部分学者提出的"后网络时代"概念不谋而合。"随着泛在技术与虚拟现实技术的发展，网络社会逐渐走向成熟。后网络时代是一种以网络泛在、网络主题生活化、网络群体社区化为特点的网络社会发展阶段。"[①]融合了开放共创、平等共享特质的虚拟社交网络依然成为全新发展的"互联网+新媒体"艺术实践的重要场域。艺术家们利用社交媒体进行创作、传播、讨论，构建起草根性的艺术生态，彰显了互联网时代参与式美学的兴起。网络行为艺术则借助社交网络的动员力，发起社会实验和集体狂欢，将个人诉求转化为文化诉求，批判不公正的话语权力结构。后互联网艺术聚焦社交媒体对艺术生产和主体性建构的影响，揭示了数字媒体文

---

① 孔少华：《后网络时代的信息行为研究》，《图书馆学研究》2013年第1期。

化的运作逻辑。在参与和介入、狂欢与反思的张力中，互联网艺术实践重塑着当代文化图景。需要深入分析数字语境下艺术生产的新机制、新形态，探讨互联网美学的社会意蕴，在后互联网时代，艺术不再自外于日常生活，而是渗透、嵌入、改造着日常生活的方方面面。美学研究要直面这个事实，思考数字文化到底孕育了一种怎样的生活形式。

虚拟社交平台、网络社群、角色扮演游戏等数字文化空间催生了独特的虚拟审美形态。虚拟审美反映了数字时代视觉文化范式的转变，折射了现实社会的身份辨识和文化关系，并为新媒体艺术实践提供了新的可能性。虚拟与现实的文化互动持续发酵，必将进一步丰富虚拟现实的审美内涵。

第三节 新媒体艺术与虚拟现实的共生

新媒体艺术与虚拟现实技术共享数字化、交互性、沉浸性等特征，两者在理念和实践层面存在诸多契合点。虚拟现实技术为新媒体艺术提供了前所未有的创作可能，而新媒体艺术的探索也深化了虚拟现实的人文内涵。两者在共生中碰撞出美学的火花。

一、新媒体艺术的发展与虚拟现实的关系

新媒体艺术的先锋理念和实验实践为虚拟现实技术的发展奠定了美学基础。从20世纪60年代的计算机艺术到90年代的网络艺术，再到21世纪的虚拟现实艺术，新媒体艺术家以其颠覆性的创造力，不断拓展数字艺术的领域，推动了虚拟现实从技术走向艺术的进程。从美学哲学视角看，新媒体艺术实践体现了后现代语境下"媒介即讯息"[1]的范式革命，即艺术创新不仅源于内容，更源于媒介形式的变革。在此语境下，虚拟现实技术为艺术表达开辟了全新的媒介维度。

早在20世纪60年代，先锋艺术家们就开始尝试利用计算机进行创作，挑战传统艺术的物质性和权威性。迈克尔·诺尔（A. Michael Noll）和弗里德·奈

---

[1] [加]马歇尔·麦克卢汉：《理解媒介：论人的延伸》，何道宽译，译林出版社，2011，第19页。

克（Frieder Nake）都是计算机艺术和数字艺术领域的先驱人物。Michael Noll 是计算机图形学的先驱之一，也是计算机艺术的早期实践者。Noll 于 1962 年在贝尔实验室工作时，使用当时最先进的计算机技术创作了第一批计算机生成的艺术作品。Frieder Nake 是德国艺术家和计算机科学家，在 20 世纪 60 年代开始使用计算机进行艺术创作，作品包括计算机生成的图形、图像和动画。Nake 被认为是数字艺术的早期理论家之一，他对计算机艺术的美学和技术潜力进行了深入的探索与讨论。此后，计算机艺术开始走向系统化和交互化。国际新媒体艺术先驱罗伊·阿斯科特（Roy Ascott）致力研究数码和远程通信网络对意识的影响，并开拓了国际互联网在艺术领域的应用，被誉为"国际新媒体艺术之父"。他于 1980 年提出"远程艺术（Telematic art）"的概念，强调艺术应利用计算机网络连接不同地域的观众，实现分布式创作，创造性地将控制论、电信学引用到多媒体艺术创作中。这种艺术形式强调了艺术与科技的结合，以及艺术作品与人的互动性，在艺术和技术的交叉领域中有着深远影响。

20 世纪 90 年代，随着互联网和多媒体技术的兴起，网络艺术、软件艺术、虚拟社区艺术百花齐放。互联网为艺术家提供了一个全球化的创作平台和传播渠道。艺术家利用 HTML、Java 等编程语言，创作出动态、开放、互动的网络艺术作品。1994 年，荷兰艺术家琼·海姆斯克（Joan Heemskerk）和德克·帕斯曼斯（Dirk Paesmans）组成的二人组"Jodi"[1]，创作了一系列解构性的网络艺术作品，例如"错误 404"故意利用代码错误，生成无序字符，挑战网页浏览的常规体验。Jodi 的作品体现了网络艺术的"反美学"倾向，即通过破坏传统的图像秩序，揭示互联网媒介的矛盾性。

理论家 Cornock 和 Edmonds 在 1973 年提出"动态—交互系统（Dynamic-Interactive Systems）"的艺术概念，同时 Edmonds 创造了第一个"通信游戏（Communications Game）"，并将"通信游戏"描述为一种概念艺术，认为艺术不应该是审美的物理对象，而是可以以许多不同的形式实现的，即艺术是"机器在行动"，强调新媒体艺术应打破作品与观者的主客二分，后者应

---

[1] JODI, https://www.eai.org/artists/jodi/biography.

通过实时互动参与作品意义的生成。① 这一理念在 20 世纪 90 年代的虚拟社区艺术中得到体现。艺术家 Douglas Davis 在 1994 年发起的项目 The World's First Collaborative Sentence② 是一个在线的文本和图形表演，允许用户贡献到一个永无止境的句子中。这个项目预示了今天的博客环境和持续的帖子。作品体现了互联网艺术的协作、多声道、多语言和无限的特性，成为一个微观的网络世界本身。作为一个明显的低技术多用户环境，它允许文本、视觉和听觉组件的组合，是一个集体空间，在广泛的声音和主题中，实现了从平凡到崇高的流畅过渡。Douglas Davis 的这一作品，通过协作性和互动性，打破了传统艺术作品与观众之间的界限，让每个参与者都成为作品的一部分，共同创造和体验艺术。这种参与式的创作方式，强调了观众在艺术创作中的重要作用，体现了新媒体艺术特有的互动性和开放性，将互联网空间塑造为一个去中心化的写作平台，体现了集体智慧的力量。这些互动性和参与性范式为后来的虚拟现实艺术实践奠定了美学基础。

进入 21 世纪，虚拟现实技术的成熟为新媒体艺术创作提供了革命性的平台。格劳指出，虚拟现实是新媒体艺术的最新进化形态，它继承了数字艺术的互动性、沉浸性、程序性等特征，同时将其推向极致，带来超越以往的身心体验。③ 美国学者格里戈雷·布迪亚（Grigore Burdea）和法国学者菲利普·柯菲特（Philippe Coiffet）在 1993 年提出了虚拟现实应具备的三个要素：沉浸性（Immersion）、交互性（Interaction）、想象性（Imagination），简称为虚拟现实"3I 特性"④，后来他们又在《Virtual Reality Technology》一书的修订版中加上了第四个"I"：洞察力（Insight）。其中，沉浸性让观者获得临场感，互动性赋予观者介入作品进程的能动性，想象性则强调虚拟技术

---

① Sean Clark, Sean Carroll.Rebuilding Ernest Edmonds' Communications Game, Proceedings of EVA London 2022, http://dx.doi.org/10.14236/ewic/EVA2022.12.

② Douglas Davis.The World's First Collaborative Sentence, https://whitney.org/artport/douglas-davis.

③ Oliver Grau.Virtual Art: from illusion to immersion. MIT press. 2003:3—6.

④ [美] 格里戈雷·布迪亚、[法] 菲利普·柯菲特《虚拟现实技术（第 2 版）》，巍迎梅、李悉道等译，电子工业出版社，2005，第 2 页。

对现实的超越。

德国美学家汉斯·罗伯特·耀斯（Hans Robert Jauss）在《审美经验与文学解释学》中提出，审美经验包括生产、接受和交流三个环节，分别对应审美快感的创造、感受和净化三个范畴[1]，这三个环节相互作用，共同构成了完整的审美过程。

虚拟现实技术通过沉浸性、交互性和想象性三个维度，影响和改变了人们的审美经验，与耀斯审美经验论的三个范畴和环节不谋而合。耀斯的审美经验论强调了审美活动是一个动态的、互动的过程，而虚拟现实技术的3I特性提供了实现这种动态互动的新平台。通过沉浸性，用户能够获得更深层次的审美体验；通过交互性，用户能够参与到艺术作品的创作过程中；通过想象性，用户能够发挥自己的想象力，创造出新的艺术形式。在研究中，这种结合不仅拓展了传统审美经验的范畴，也为审美活动带来了新的可能性和发展方向。

新媒体艺术是虚拟现实技术发展的先导。从计算机艺术强调程序创作，到互联网艺术推崇互动参与，再到虚拟社区艺术实践强调集体想象，新媒体艺术范式的变迁昭示了从物质性到非物质性、从封闭到开放、从中心到分散的美学转向，为虚拟现实艺术奠定了"互动—沉浸—想象"的理论框架。艺术不仅要拥抱技术，更要引导技术，使其走向自由而理性的未来。随着5G、人工智能等新兴技术的发展，虚拟现实艺术或将迎来更大突破，成为艺术与科技跨界融合的典范。在虚拟与现实交织的语境下，人类的感知方式和存在理解都将发生深刻变革。对此变革保持哲学反思，探讨虚拟美学的社会意蕴和伦理边界，正是当代美学工作者的紧迫课题。

二、虚拟现实中的艺术创新与美学挑战

虚拟现实技术为艺术创作开辟了全新的媒介空间和表现语言，也对传统美学理论提出了一系列挑战。物质性的消解、互动性的兴起、沉浸感的张力等新特征，正在重塑艺术存在的方式和观看的逻辑。从美学哲学角度审视，虚拟现

---

[1][德]汉斯·罗伯特·耀斯：《审美经验与文学解释学》，顾建光、顾静宇、张乐天译，上海译文出版社，2006，第23—41页。

实艺术实践折射出数字时代艺术范式的深刻转型。

首先,虚拟现实艺术挑战了作品存在的物质性依赖。传统美学理论认为艺术必然依托物理介质而存在,黑格尔定义"美就是理念的感性显现"[①],强调艺术形式对感性材料的塑造。但在虚拟现实中,作品变成由数据和算法构成的信息空间。虚拟艺术打破了艺术即人工制品的物质性预设,数字作品以非物质(immaterial)、非对象(non-object)的形态存在。尼葛洛庞帝在《数字化生存》中认为,"信息的DNA"正在迅速取代原子而成为人类生活中的基本交换物,信息传播从单向推送变为个人化的双向交流。20世纪60年代,计算机科学家和数字艺术家开始探索如何将计算机技术与艺术创作相结合,创造了"比特艺术(Bit Art)",推崇开放性和自由创新精神,推动了数字文化的快速发展,并通过开发开源软件、共享知识和信息,影响了整个社会,展示了它们在技术发展和文化变革中的重要性。这种"数据本体论(data ontology)"[②]取代了传统艺术的物质本体论。

在数字艺术中,算法和程序性确实常常用来创造非物质化的艺术作品,特别是在虚拟现实艺术领域。上海艺仓美术馆举办的虚拟现实艺术展《RoomV 第五空间》(2018),展出了来自不同国家和地区的艺术家的VR作品。这些作品包括虚拟实境影院、艺术装置、游戏等形式,提供了沉浸式的体验,让观众走进数字媒介中的故事。艺术家张周捷的VR作品《轩尼诗星际快递》通过算法引入艺术性互动,将观众带入一个沉浸式的科幻银河系之夜。作品本身具有互动性,观众的触碰会引发作品的变化(图3-2)。在数字媒体艺术家Reva看来:"算法或

图3-2 右图为VR《轩尼诗星际快递》镜像,左图为虚拟星际火箭结构示意

---
① [德]黑格尔:《美学》,朱光潜译,商务印书馆,1997,第147页。
② Ari Joury.How Ontology and Data Go Hand-in-Hand,https://builtin.com/data-science/ontology.

者计算机的思维模式创作出来的东西很多时候可以超越人的想象。"①Reva 使用算法创作的艺术作品往往具有程序性和动态性，在 VR 环境中可以提供独特的体验，让观众感受到算法和程序性在艺术创作中的应用。这些作品以算法取代实体，以程序性取代永恒性，体现了数字艺术的非物质逻辑。

其次，虚拟现实重塑了艺术家、作品和观众的关系。传统艺术遵循"作者中心主义"创作模式，作品从构思到呈现皆由艺术家一手包办，观众则扮演被动欣赏的角色。但在虚拟现实中，作品成为一个开放的、动态生成的系统，观众通过实时互动参与作品意义和形态的塑造。因此，创作者与欣赏者的界限变得模糊。尼葛洛庞帝认为"大众"传媒正演变为个人化的双向交流，信息不再被"推给（push）"消费者，相反，人们（或他们的计算机）将把所需要的信息"拉出来（pull）"，并参与到创造信息的活动中。②保罗认为，新媒体艺术从根本上动摇了作者、作品和观者的稳定关系。作品不再是固定的对象，而成为一个变化的过程，作者也不再拥有绝对的权威。③混合现实 MR 作品《幻墟 13 号梦境》，为观众复刻了《红楼梦》的太虚幻境。观众在数字景观中重历幻墟梦境，体验从"入梦—梦中 出梦"的流程，直面自己的内心情感和精神需求。作品打破了艺术创作的单向逻辑，建构了一种集体参与的"修辞情境"。在这里，作者成为互动的设计者，作品成为开放的意义平台，观者则转变为意义的主动缔造者。

最后，虚拟现实对传统审美体验形式提出挑战。传统美学理论强调艺术欣赏需要保持"心理距离"。爱德华·布洛（Edward Bullough）的"心理距离说"认为在审美态度中存在的心理距离，是一种非理性的带有浓厚感情色彩和个性

---

① 凡琳：《数字进行时：他们用算法做艺术，寻找机械背后的诗性与永恒》，数艺网，https://www.d-arts.cn/article/article_info/key/MTIwMDA0NzYyOTmDuXlkr4a0cw.html。

② [美] 尼古拉·尼葛洛庞帝：《数字化生存》，胡泳、范海燕译，电子工业出版社，2017，第 79 页。

③ [美] 克里斯蒂安妮·保罗：《数字艺术：数字技术与艺术观念的探索》，李镇、彦风译，机械工业出版社，2021，第 68—69 页。

特征的人情的关系。①也即唯有超脱现实利害,才能获得纯粹的审美愉悦。但在虚拟现实中,沉浸感取代了审美距离,观者全身心地投入虚拟场景,获得身临其境之感,虚拟现实追求打破艺术与生活的界限,让审美体验回归感性生活,沉浸感正是消除二者距离的关键。但沉浸感也可能削弱批判性思考。当观者被完全代入虚拟场景时,现实与虚构的边界变得模糊,理性判断可能被情感体验所掩盖。因此,虚拟艺术需要在沉浸感和反思性之间取得平衡。中国艺术家喻红的VR作品《她曾经来过》,通过虚拟的方式呈现了第二种现实,引发了观众对虚拟与现实之间界限的思考。在韩国MBC电视台制作的VR作品《遇见你》中,一位母亲通过头戴式虚拟现实设备与已故女儿的"对话",展示了虚拟现实艺术在情感联结方面的力量,也提出了关于虚拟与现实情感体验的哲学和意识形态问题。这些作品在感性投入和理性距离间制造张力,迫使观者反思虚拟现实的意识形态内涵。

虚拟现实艺术对物质性依赖、作者权威、审美距离等传统美学命题形成解构,折射出数字时代艺术范式的转型。艺术作品从实体对象转变为信息空间,创作从个人行为转向集体建构,欣赏则从超然物外走向参与介入。这些变革昭示着,在人机交互日益频繁的语境下,艺术正经历从物质到信息、从封闭到开放、从中心到分散的转型。虚拟艺术实践预示了一种泛美学图景,即审美活动溢出艺术圈,渗透到技术和日常生活的方方面面。数字时代的美学理论必须直面这一事实。站在新的历史方位,我们需要在数字人文的视野下反思虚拟艺术的价值和局限,既要看到其激进创新的力量,也要警惕其消解批判性的风险。在后人类主义的语境中,审美将不再只是人的特权,而是涉及人与智能机器的复杂互动。从存在论层面思考人机共生的伦理意蕴,正是虚拟现实美学需要担当的使命。

三、具体艺术项目中的技术与美学融合

近年来,新媒体艺术家们积极探索虚拟现实与电子游戏、戏剧、舞蹈等艺术形式的跨界融合,创造出一系列突破性的作品。这些实践不仅增强了虚拟艺

---

① 朱立元:《艺术美学辞典》,上海辞书出版社,2012,第476页。

术的表现力，也为传统艺术形式注入了新的生命力。从美学视角看，这种泛虚拟化趋势反映了数字时代艺术创作的混合逻辑，即不同媒介形式和美学原则在虚拟空间中交织融合，生成独特的"数字化身（digital embodiment）"的体验。

在虚拟现实游戏领域，诸多作品因其创新性、沉浸感和游戏体验而被认为是经典之作。美国维尔福（Valve）公司发行的《半衰期：爱莉克斯》（Half-Life: Alyx）作为经典游戏"半条命"系列的最新作品，提供了沉浸式的环境与物理互动，是 VR 游戏的杰出代表作。《节奏光剑》（Beat Saber）是一款热门音乐游戏，玩家用光剑击打飞向自己的音符方块，随着音乐的节奏感受游戏的快感。《燥热》（SUPERHOT）以时间为武器，在慢动作的世界中展开战斗，具有创新的游戏机制和独特的视觉风格。《上古卷轴 5：天际 VR》（The Elder Scrolls V: Skyrim VR）是"上古卷轴"系列的 VR 版，让玩家在虚拟现实中体验史诗般的冒险。BONEWORKS 具有创新的物理系统，让玩家在虚拟世界中自由探索、战斗，解开谜题。《节奏特工》（Pistol Whip）使观者身临其境地体验枪战，与敌人展开激烈交火。这些游戏代表了 VR 游戏领域的多样性和丰富性，从动作冒险到音乐节奏，再到解谜和模拟，为玩家提供了广泛的选择和难忘的体验。

虚拟现实 VR 音乐剧是一种新兴的艺术形式，它将音乐剧的传统元素与虚拟现实技术相结合，为观众提供了一种全新的沉浸式体验。《交响曲》（Symphony）由音乐大师杜达梅尔（Dudamel）组织，来自 42 个国家的 100 名音乐家合作拍摄的 VR 音乐剧。这部作品融合了贝多芬、伯恩斯坦和马勒的音乐，通过虚拟现实技术向青少年传播古典音乐。《捌》由荷兰作曲家范德阿创作，是一部"私人定制"的虚拟现实音乐体验剧，观众通过 VR 眼镜和头戴式耳机，跟随虚拟的音乐剧主角，走进音乐剧主角的内心世界。《Non-Player Character》是由美国演员、导演、制作人 Brendan Bradley 创作的 VR 音乐剧，在 Queensland XR 电影节上获得了最佳交互式 VR 体验奖。观众可以进入游戏世界，为一个 NPC "重新编程"。《All Kinds of Limbo》由英国国家剧院制作，入选圣丹斯电影节的 VR 音乐剧，是一种融合了戏剧、电影和游戏元素的新形式。这些 VR 音乐剧通过结合虚拟现实技术，提供了独特的艺术体验，让观众以全新的

第三章　虚拟现实审美文化特征和美学范式

方式感受音乐和故事。

　　虚拟现实技术在戏剧领域的应用为传统戏剧注入了新的活力，并提供了全新的沉浸式体验。2023年9月，全球首部VR版豫剧《七品芝麻官》上线，该剧使用VR技术重新打造，通过三维空间合成真实地还原了六百年前的浚县古县衙，为观众提供了180度自由切换的视野和沉浸式的体验。孟京辉导演的元宇宙沉浸式戏剧《浮士德》亮相北京2023年全球首届元宇宙戏剧节，作品通过VR技术为观众提供了一种全新的观看体验，使观众仿佛置身于一个无边无际的迷宫阵。VR戏剧《Typeman》使用VR元宇宙服务"VRChat"，动作演员以typeman化身实时表演，观众可以在表演过程中从任意角度观看，与演员进行"对话"。《The Under Presents》是一款结合了游戏与戏剧的作品，作品重现了莎士比亚的《暴风雨》，为观众提供了一种沉浸式戏剧体验。这些VR戏剧创造出全新的艺术形式和观看体验，打破了传统舞台与观众之间的界限，使观众能够更加深入地参与和体验戏剧艺术。

　　舞蹈艺术领域也出现了虚拟现实创作的新尝试，为舞蹈艺术提供了全新的表现形式和观演体验。瑞士著名编舞Gilles Jobin利用VR技术，探索了舞蹈与科技的结合，创作了沉浸式虚拟现实当代舞蹈作品《VR_I》。该作品提供了一种独特的感官体验，由五位佩戴VR设备的体验者与虚拟舞者共舞，实时探索互动体验。章达明导演的VR舞蹈短片《眼眶》，将戏剧手法转化成VR内容创作，探索了VR体验中的注意力引导，并为舞者和全景相机设计动作轨迹。VR游戏《舞力全开VR》允许玩家在虚拟现实中尽情跳舞，享受舞蹈的乐趣。VR技术为舞蹈艺术带来了创新，提供了沉浸式体验，并改变了传统的舞蹈表演和观赏方式，打破了舞台与观众席的界限，实现了身体、数据、算法的融合。

　　虚拟现实与电子游戏、戏剧、舞蹈等艺术形式的跨界融合，催生出诸多颠覆性的作品。游戏性与批判性、移情与社会参与、具身性与数据性在虚拟艺术中交相辉映，打破了物理与数字、在场与缺席的二元对立。一种混合的、流动的美学正在兴起。在后媒介时代，任何媒介都不再独立存在，它们在文化软件的调配下融为一体，而后媒介美学的核心就在于异质元素的混合。在这个意义上，技术与艺术的交叉融合正是重新理解数字时代美学的关键。未来虚拟现实或将成为泛虚拟艺术趋势的中心平台,在其上集结电影、绘画、雕塑、行为等多元实践,生成更加宏阔奇异的艺术景观。数字美学的真正意义或许正在于此,即在 1 和 0 的背后,打开通往一个更为宏大的想象世界的入口。

新媒体艺术与虚拟现实在理念和实践层面紧密交织,形成了"技术—美学"的双向激荡。一方面,新媒体艺术家以先锋理念和实验性创作助推虚拟现实的人文化进程;另一方面,虚拟现实技术为新媒体艺术开辟了前所未有的创作空间,推动了艺术表现形式的革新。可以预见,在后媒介时代,技术与艺术的界限将愈加模糊,新媒体艺术与虚拟现实必将加速融合,催生出更多具有突破性的美学实践。

第四章　虚拟现实审美主体的精神结构

虚拟现实技术构建了一个人造的感知环境，其中用户以虚拟化身的形式沉浸其中，获得身临其境之感。这种"具身化"的体验方式使主体在虚拟空间中获得新的身份认同和审美感受。用户在角色扮演和自我塑造中展开丰富的美学实践，虚拟与现实身份互相交织，形成复杂的主体间性。探究虚拟现实中审美主体的精神结构，有助于理解人在数字时代的自我认知和价值追求。

第一节　虚拟身份与审美自我

一、虚拟身份的构建与美学自觉

虚拟身份是个体在数字空间中呈现自我的方式，涵盖昵称、头像、签名等多重表征符号。这些符号不仅反映了主体的自我概念和人格特质，也蕴含着主体对理想自我的想象与价值追求。从美学哲学视角看，虚拟身份的精心塑造体现了一种"自我美学化"倾向，即将生活方式和个人形象提升为审美对象与表达媒介。在此意义上，网络空间成为主体进行自我设计和展演的舞台。

心理学家Asimina Vasalou等通过分析论坛用户的头像选择，发现头像风格与用户的人格特质、社会身份密切相关。外向型用户更倾向于选择明亮、友好的卡通形象，而内向型用户偏爱阴郁、抽象的图案。这表明虚拟形象是自我概念的视觉隐喻，折射出主体在现实中的性格气质。文化人类学家迈克尔·韦施（Michael Wesch）在对社交媒体和数字技术对全球社会的影响研究中，将社交媒体比作数字化的面具（mask），用户通过选择性地展示内容，在保护隐私的同时塑造理想人设。这种印象管理行为背后，是主体对自我形象的反身性构建。

从身份认同理论来看，虚拟形象的塑造深受现实身份的影响，其自我认同感来自个体将自己视为特定社会角色和群体成员的主观体验。例如，大型多人在线游戏《第二人生》（Second Life），玩家可以创建自己的虚拟形象，购买虚拟土地，建造房屋，甚至开展商业活动，玩家经常花费真实货币购买虚拟物品来装扮自己的形象和住宅。《星战前夜》（EVE Online），玩家可以定制自己的飞船与角色外观，这些定制选项往往需要游戏货币，有时玩家会投入大量时间和金钱来获取。《动物森友会》（Animal Crossing），玩家可以设计自己的角色、服装和住宅岛屿，游戏内的时尚与室内设计成为玩家表达个性和文化认同的方式。"模拟人生"系列（The Sims series），玩家可以设计自己的模拟市民，选择他们的服装、发型和家居装饰。游戏中的"模拟市民"可以反映出玩家的个人品位和社会地位。Roblox 是一个用户生成内容的平台，玩家可以创建自己的游戏和虚拟世界。在 Roblox 中，玩家经常购买虚拟服装和配饰来装扮自己的角色。在虚拟现实化身实践中，玩家对虚拟形象的装扮投入了大量时间和金钱，甚至超过对游戏任务的投入。服饰风格、住宅装修、家居陈设等细节选择无不彰显着主体的阶层归属和文化认同。

同时，虚拟身份的塑造也折射出主体对现实身份的反叛冲动和变革想象。以青少年在虚拟社区中的化身行为看，不少用户试图用与现实自我截然不同的形象探索身份的多种可能性，如将性别、阶层等身份标签模糊化。这种身份游戏（identity play）挑战了现实身份的稳定性和同一性，昭示着主体对身份解放的向往。身份并非先验存在，而是通过展演和重复建构的，网络空间为主体提供了一个身份实验室，使其能够演绎另一种生活。

整体而言，虚拟身份的精心塑造体现了主体对现实自我的反思和对理想自我的追求，折射出一种自我美学化的倾向。用户在虚拟社区中展演着想象的自我，表达着对生活的诗意想象。同时，虚拟身份深受现实身份文化的浸染。阶层、性别等结构意识规训着主体的审美趣味，但也为主体的身份游戏提供了变奏的基础。从这个意义上说，虚拟身份是现实身份在赛博空间的延伸和置换，映射出数字时代自我呈现的复杂图景。

对虚拟身份的反思，有助于我们深入理解互联网语境下主体性建构的新路径。传统哲学将自我视为统一、自足、先验存在的理性主体，强调自我对身份的绝对把握。但网络空间的匿名机制、文本交互、角色扮演等特点将自我体验变得支离破碎、不确定和多元化，身份认同感变成一个动态协商的过程。数字时代的主体是一个有节奏的存在，其身份感建立在不同虚拟社区、数字平台之间游走的韵律中，既非稳固地域化，亦非纯粹游牧化，而是以一种韵律型游牧方式流变。在此语境下，"自我"概念面临解构。

随着虚拟现实、增强现实等技术的发展，身份体验将从二维界面走向沉浸式空间，从文本互动走向具身交互，虚拟化身将与现实身体形成更为紧密的感官回路。对人的主体性构建而言，这意味着新的张力和悖论。技术赋予主体以超越物理限制的能力，但也可能加剧自我异化，在无数虚拟分身的背后，真实的自我正日渐模糊。在人文主义视角下理解技术发展，正视虚拟身份实践的社会伦理意蕴，重构人与技术的和谐关系，是数字时代美学素养母题中的应有之义。

二、虚拟角色与现实自我的美学互动

大型多人在线角色扮演游戏（MMORPG）等虚拟社区为用户提供了一个身份实验场，玩家可以通过扮演不同的虚拟角色，探索自我认同的多种可能性。这种角色扮演行为折射出玩家现实身份与虚拟身份之间的复杂互动，体现了一种反身性的审美实践。从美学视角看，虚拟角色扮演模糊了现实自我与虚构自我的边界，挑战了主体性的同一性预设，构建起一种"拟像化自我"。

尼克·耶（Nick Yee）等学者考察了 MMORPG 玩家的角色扮演行为，发现玩家在性别、种族、职业等方面的选择，深受线下身份和社会规范的影响。例如，男性玩家更倾向于选择男性战士角色，而女性玩家偏好女性魔法师角色。这种倾向性一方面反映了玩家将性别刻板印象移植到虚拟角色中，另一方面强化了现实的性别角色规范[①]。MMORPG 成为再现和再生产性别不平等的空间。同时，也有不少玩家试图用虚拟角色的性别置换来挑战现实身份的束缚。尼克·耶发现，近半数的男性玩家曾尝试扮演女性角色，他们部分出于对女性形象的好

[①] Nick Yee.The Proteus Paradox： How Online Games and Virtual Worlds Change Us—and How They Don't, https://www.researchgate.net/publication/263235472_The_Proteus_Paradox_How_Online_Games_and_Virtual_Worlds_Change_Us-and_How_They_Don't.

奇和性吸引，部分则是为了获得游戏中的特殊待遇。这种性别置换行为体现了玩家在认同边界上的试探性游走。

随着虚拟现实技术的发展，虚拟世界成了人类日常生活中不可或缺的一部分，对人的思想、情感和行为产生了不同程度的影响。[①]虚拟角色扮演过程中，现实自我与虚构身份之间形成了一种辩证关系。一方面，玩家在角色扮演中展现出自我的分裂（split），虚拟角色成为现实自我的分身，承载着主体在现实中无法实现的欲望投射；另一方面，玩家将角色扮演视为一种假装游戏（make-believe play），现实身份意识始终若隐若现，虚拟角色无法彻底替代真实自我。由此，虚拟角色扮演成为现实自我与虚构自我反身性互动的过程，二者相互映照，又相互渗透。例如，在《魔兽世界》（World of Warcraft）中，玩家需要在部落（Horde）和联盟（Alliance）两大阵营中选择效忠。这两个阵营分别代表了野蛮与文明、自然与理性的对立隐喻。玩家对阵营的认同往往与其现实文化立场相关联。保守主义者更倾向于选择代表传统价值的联盟，而自由主义者更认同反抗强权的部落。阵营认同成为玩家价值观的隐喻性表达。但同时，游戏叙事又不断质疑阵营对立的合理性，两大阵营需要联手抵御共同的外部威胁。游戏体验促使玩家反思现实的意识形态对立。由此，角色扮演演变为一种价值协商过程。

吉尔·德勒兹（Gilles Deleuze）提出"分裂主体"（split subject）的概念，通常与"边缘性（marginality）"或"边界性（liminality）"有关，"既完全处于这个群体之中，但同时又彻底置身其外，远离于它：身处边缘"[②]这种状态体现了个体在社会结构中的流动性和复杂性，以及他们在身份认同与社会归属感上的模糊性。虚拟角色扮演正是分裂主体的典型呈现，玩家在游戏中展演着自我的诸多分身，在不同欲望间切换。现实身份压抑的冲动在虚拟角色中得到释放，虚构身份的体验又反过来重塑着现实自我认知。在此意义上，

---

① 彭凯平等：《虚拟社会心理学：现实，探索及意义》，《心理科学进展》2011年第7期（第19卷）。

② [法]吉尔·德勒兹、费利克斯·加塔利：《资本主义与精神分裂 （卷二）千高原》，姜宇辉译，上海书店出版社，2010，第40页。

游戏主体是一个"欲望在场"的存在,这与传统美学理论预设的自恒、统一的"理性主体"形成鲜明对比。需要指出的是,虚拟角色扮演的主体性建构过程并非中性的,而是深受意识形态和权力话语的浸染。VR游戏开发者预设的角色模板、玩家共同体的文化规范都在塑造和规训着角色扮演的空间,个体对文化符号的使用反映了既定的权力结构。例如,游戏中的性别刻板印象、身份阶层意识等现象无不折射出现实社会的文化矛盾与张力。

总之,MMORPG等虚拟社区为主体性建构提供了一个复合的美学空间。玩家在虚拟角色扮演中上演着现实自我与虚构身份的反身性互动,虚构身份既投射着主体的无意识欲望,又受到社会规范的规训;既挑战着既有认同边界,又难以彻底摆脱意识形态的渗透。在此过程中,传统哲学预设的"统一、自恒"主体被解构,一种流动的、分裂的后现代主体性应运而生。剖析虚拟角色扮演的社会心理机制,探讨其蕴含的美学悖论,有助于我们深入理解人的主体性在数字时代的复杂图景。"VR的临场感作为'感受力'的维度,将会强烈冲击到那些'文本化'了的艺术。"[①] 菲利普·什米尔海姆进一步指出:"(全球化的)数字本体论深刻地改变了我们的生活方式,改变了我们对世界的经验方式。"[②] 我们在屏幕上表演,在现实中生活,在表演和生活之间创造出一种新的存在方式。虚拟角色的出现标志着这一存在方式的诞生。

三、虚拟身份中的自我表达艺术展示

虚拟空间为用户提供了自我表达和创意展示的舞台。越来越多的网民将虚拟身份视为一种美学资源,通过角色扮演、形象创作等方式表达个性、传达价值观。各类虚拟社区、亚文化群体蓬勃发展,形成了独特的艺术生态。从美学视角看,虚拟身份的创意表达实践折射出主体性的转变,即从"自足型自我(self-contained self)"走向"展演型自我(performing self)"。在数字时代,自我呈现与他者评价成为主体建构认同感的关键路径。

[①] 胡传彦:《戏剧的启发:VR临场感到底是什么?》,36氪,https://www.36kr.com/p/1721171312641。

[②] Philipp Schmerheim, Skepticism Films: Knowing and Doubting the World in Contemporary Cinema, PhD Dissertation, University of Amsterdam, 2013: 257.

图 4-1 虚拟社区"第二人生"镜像

"第二人生(Second Life)"等虚拟社区为用户提供了展示自我的多样化平台,鼓励"居民"创造虚拟资产,包括化身、服饰、建筑、艺术品等。社区成员将这些数字创作视为真实的私有财产,他们不仅在虚拟美术馆、画廊中展示作品,还通过拍卖行进行交易。这种创造性劳动一方面满足了主体的表现欲望,另一方面服务于虚拟世界的经济系统(图4-1)。在此语境下,虚拟身份和创作物被视为作者性的投射,成为彰显个人才华和品位的符号资源。游戏电影(Machinima)和角色扮演(Cosplay)等亚文化群体则利用虚拟角色进行叙事创作和角色扮演表演。游戏电影(Machinima)[①]指利用游戏引擎制作的电影,创作者通过操纵游戏角色上演各类故事情节。Cosplay则指口头创作游戏、动漫、影视作品中的角色服装,进行角色扮演。Machinima作为一种表演性的游戏改造,参与者既是游戏玩家,又是叙事作者;而Cosplay是一种身份扮演的艺术,通过精心塑造角色形象,参与者表达对虚构人物的情感认同,在此语境下,虚拟身份超越了游戏工具的意义,成为表达想象力、塑造认同感的美学媒介。"Hatsune Miku(初音未来)"现象更是虚拟偶像崇拜的典型案例。Hatsune Miku首次发布于2007年8月,是角色声音系列的首位成员,原本是Crypton Future Media公司开发的语音合成引擎虚拟歌手,后来逐渐被塑造成蓝绿色头发的萌系少女形象。这一虚拟形象一经推出便迅速风靡全球,歌迷们自发创作大量原创歌曲、音乐录影、同人漫画、游戏等作品,在虚拟与现实之间建构起庞大的美学象征系统。目前Hatsune Miku已经成为虚拟偶像和创作文化的代表,"她"的存在不仅改变了音乐产业,

---

① JerwoodVisualArts.Machinima - Definition,Examples,History & More - Digital Art And Technology Glossary.https://jerwoodvisualarts.org/digital-art-and-technology-glossary/machinima.

也影响了艺术、技术和流行文化，成为参与式文化的典范。歌迷创作行为反映了亚文化群体对文化工业的创造性挪用，虚拟偶像超越了商业符号的意义，成为粉丝情感投射和价值表达的精神寄托。

随着数字文化的深入发展，虚拟身份日益成为主体进行自我表达和创意展示的重要资源。无论是"第二人生"中的虚拟资产创作、Machinima 和 Cosplay 亚文化中的叙事改编，还是初音未来现象中的粉丝生产，无不体现出主体借由虚拟形象进行美学建构的愿望。在此语境下，自我呈现与他者评价成为个体获得认同感的关键路径，展示性消费和符号操纵成为塑造身份的重要机制。虚拟社区成员、亚文化群体积极利用数字化身传达价值追求，抒发情感寄托，建构集体归属。这种展演型自我挑战了传统美学理论对自足型自我的设定。需要指出的是，虚拟身份的创意表达实践并非纯粹自发的过程，而是受制于技术平台的约束和商业逻辑的引导。例如，虚拟社区提供的化身系统、创作工具等在很大程度上决定了用户的表现方式和想象空间。此外，数字创作生态与现实权力结构的关系也值得我们审慎对待。例如，初音未来现象一定程度上强化了对女性形象的物化想象，而 Cosplay 实践则可能掩盖阶层差异，制造消费主义幻象。虚拟身份的美学表达空间依然受制于主流意识形态的渗透。对此，学界呼吁从批判理论视角剖析虚拟文化生产的政治经济逻辑，反思其中蕴含的权力运作机制。唯有直面虚拟身份实践的社会文化语境，我们才能深入把握主体性建构的复杂图景。在理想与现实的辩证中，在创造与规训的张力中，数字时代的自我或将呈现出更加多元、立体的面貌。

综上，虚拟身份构建和角色扮演反映了个体在数字时代的自我认知与价值追求。用户对虚拟身份的精心雕琢体现了一种美学自觉，而虚拟角色与现实自我也在互动和切换中完成反身性的美学建构。此外，虚拟身份还成为主体进行艺术创作和美学表达的媒介，展现出自我实现的诉求。总的来看，虚拟现实中的化身体验正在深刻影响着人的存在方式和价值取向。

第二节　沉浸式体验与个体心理的互动

虚拟现实的一大特征是沉浸感（immersion）。即用户全身心投入虚拟世界的主观感受。沉浸感不仅塑造了独特的审美体验，也对用户的情绪、认知、行为产生复杂影响。沉浸感与个体心理的互动是虚拟现实美学的核心议题之一。

一、沉浸感与审美体验的心理学分析

沉浸感通常指个体在进行某项活动时的深度投入状态，这种状态使个体感到完全投入并过滤掉所有不相关的知觉。沉浸感是虚拟现实体验的核心特征，其形成机制和心理效应备受心理学界关注。研究者从认知、情感、注意等多个维度剖析了沉浸感的内在结构，揭示了其与审美体验的复杂关联。整体而言，沉浸感既依赖于虚拟系统的客观特性，也受到用户主观心理的调节，对审美反应具有显著的促进作用。

沉浸体验理论（Flow Theory）由 Csikszentmihalyi 在 20 世纪 70 年代提出，强调个体在活动中获得的愉悦感和不愿重复同样活动的感觉。Witmer 和 Singer 提出了一个多维度的沉浸感概念模型，他们认为，沉浸感由感官隔离（isolation）、感知丰富性（sensory richness）、注意力聚焦（attentional focus）等因素构成。[①] 其中，感官隔离指虚拟环境对现实外部世界的信息屏蔽程度，感知丰富性指虚拟环境对各感官通道的信息饱和程度，注意力聚焦则指用户对虚拟事件的专注投入程度。这三个维度相互促进，共同塑造沉浸感。例如，头戴式显示器（HMD）可隔绝外界视听干扰，全景影像、环绕声也提供了丰富连贯的感官流，二者协同引导用户将注意力转移到虚拟世界，获得身临其境之感。Mel Slater 进一步区分了沉浸感与临场感这两个容易混淆的概念，他指出，沉浸感强调虚拟系统的客观特性，如显示范围、分辨率、追踪延迟等，而临场感指用户产生的主观在场感受。二者存在因果关联但不能画等号，

[①] Witmer, B. G., & Singer, M. J. Measuring presence in virtual environments: A presence questionnaire. Presence: Teleoperators & Virtual Environments, 1998:7 (3), 225—240. https://doi.org/10.1162/105474698565686.

感是临场感的必要但非充分条件[①]。Slater 认为，临场感还受到用户的认知涉入（involvement）和情绪反应（emotion）的影响。例如，恐怖游戏常用突然袭击（jump scare）制造惊吓，引发用户强烈的情绪唤醒，增强了临场感。由此可见，沉浸感对审美体验的影响受到用户心理调节的中介。Jennett 等人则从认知吸收（cognitive absorption）理论出发，提出了一个囊括认知、情感和行为多个层面的沉浸感模型。他们通过对电子游戏的实证研究发现，沉浸感呈现出六大特征：时间失真（temporal dissociation）、注意力聚焦（focused immersion）、高涉入感（heightened enjoyment）、控制感（control）、好奇心（curiosity）和情境感知（situational awareness）。[②] 其中，时间失真和注意力聚焦属于认知维度，反映沉浸感对感知的影响；高涉入感属于情感维度，反映了沉浸感与愉悦体验的关联；控制感、好奇心和情境感知则属于行为意向层面，反映了沉浸感对主体能动性的激发。这一模型揭示了沉浸感的多维性质，为我们理解其与审美体验的复杂互动提供了框架。

近年来，随着虚拟现实技术在艺术领域的应用日益广泛，心理学家开始实证考察沉浸感对艺术鉴赏的影响。Makowski 等人针对虚拟现实艺术的研究发现，沉浸感与审美愉悦（aesthetic pleasure）、情绪唤醒（emotional arousal）、艺术鉴赏力（art appreciation）等反应呈显著正相关。[③] 这表明，沉浸感能显著促进审美体验，引发我们更强烈的情感共鸣和认知理解。Makowski 进一步指出，沉浸感让审美活动从景观模式（landscape mode）转向身临其境模式（embodied mode），用户不再是超然物外的欣赏者，而是切身投入艺术情境中，情感体验因此变得强烈而直接。吴秀冬等人考察了虚拟现

[①] B. Tarr, M. Slater, E. Cohen.Synchrony and social connection in immersive Virtual Reality, Scientific Reports, 8, Article 3693.http://doi.org/10.1038/s41598-018-21765-4.

[②] 张慕华、祁彬斌、黄志南等：《沉浸式虚拟现实赋能学习的内在机理——沉浸感和情感体验对学习效果的多重影响》，《现代远程教育研究》2022 年第 6 期。

[③] Makowski, D., Sperduti, M., Nicolas, S., & Piolino, P. (2017). "Being there" and remembering it: Presence improves memory encoding. Consciousness and Cognition, 53, 194—202.https://doi.org/10.1016/j.concog.2017.06.015.

实美术馆的沉浸感设计对参观体验的影响。他们发现，视角转换、空间互动、多感官反馈等沉浸感设计能显著提升参观者的临场感知、情绪体验和艺术理解。参观者沉浸在具身化的空间叙事中，在视觉、听觉、触觉的多模态感知中获得沟通、参与、探索的能动性体验。[①]2023年上线的"寻境敦煌"VR沉浸展利用VR技术首次再现了敦煌莫高窟的第285洞窟壁画。沉浸式的三维空间再现、自由视角的切换漫游，配合声音光影的渲染，让参观者仿若置身于千年前的石窟殿堂，在宏大庄严中体味佛教艺术的瑰丽。这些研究和作品表明，沉浸感正在重塑艺术鉴赏的心理过程，为审美体验开辟新的可能空间。

总的来看，沉浸感是虚拟现实美学体验的基石。它既依赖于虚拟系统的感官模拟、信息饱和、追踪延迟等客观特性，也受到用户的认知投入、情绪反应、控制感等主观心理因素的调节，对审美愉悦、情绪唤醒、艺术理解等反应具有显著的促进作用。沉浸感使审美活动从景观模式转向身临其境模式，塑造出更加强烈、直接、立体的美学体验。这标志着审美心理学研究范式的重大转向，即从静态、单向、个体化的审美观转向动态、互动、情境化的体验观，从而开启了一种交互美学和体验美学的崭新图景，为探讨人在复合现实语境中的感性生活提供了理论支点。

二、虚拟体验与情绪反应的相互作用

虚拟现实不仅能生动再现现实场景，也能诱发强烈的情绪反应。这使其成为研究情绪心理学的重要工具。个体对环境的主观解释决定了其情绪反应，虚拟现实通过模拟特定情境，激活与之相关的认知图式和情绪记忆，引发相应的情绪体验。从美学角度看，虚拟情境与情绪体验的关联反映了技术媒介对人的情感塑造力。这种情感塑造力一方面源于虚拟系统的沉浸感设计，另一方面则依赖于主体的认知投射。

虚拟现实技术能够诱发情绪反应，其心理机制可以从以下几个方面进行理

---

① Wu, X, Lin, Y., Chen, G.& Zhang, S.（2022）. Examining the influence of multi-modal interaction on the usability of a virtual reality art gallery. Multimedia Tools and Applications，81（11），15413-15435. https://doi.org/10.1007/s11042-021-11712-3.

解：沉浸感、身体图式（Body Schema）、情感认同与共鸣。首先是沉浸感，VR 技术通过提供 360 度的全景视觉和立体声音效果，使用户感觉自己真正处于一个不同的环境之中，这种沉浸感是诱发情绪反应的关键因素之一，沉浸感越强，用户的情绪体验越深刻。[1] 其次是身体图式，在 VR 环境中，用户的身体图式会被激活，即用户对身体位置和运动的认知，这种身体觉知的变化可以增强情绪唤醒度。[2] 例如，当用户在 VR 中看到自己的虚拟手臂移动时，这种视觉信息与大脑中的身体图式相结合，会引发更强烈的情绪体验。最后是情感认同与共鸣，在 VR 体验中，用户会对虚拟角色或情境产生情感认同，这种认同感会导致情绪共鸣。当用户在虚拟环境中与角色或情境产生共鸣时，他们的情绪反应会更为强烈，这有助于形成更深层次的情绪体验。[3]

此外，还有一些其他的心理机制可能与 VR 诱发情绪有关。情绪感染：在 VR 环境中，如果设计有其他虚拟角色表现出强烈的情绪，用户会受到这些情绪的影响，从而产生相似的情绪反应。例如，VR 作品《星际穿越》让人在虚拟与现实中达成了无缝连接。戴上 VR 眼镜，观众看到的是无数悬浮于空中的机器人，随着观众移步，机器人会发生移动、坠落，观众手持一只手柄，可触碰机器人，这种交互体验增强了观众的沉浸感。认知评估：用户对 VR 环境中事件的认知评估也会影响情绪反应。如果用户认为某个虚拟事件是积极的或消极的，这种认知评估将影响他们的情绪体验。《解冻 Defrost》展现了一个冰冻三十年后醒来的女性与家人团聚的故事，通过 360 度的拍摄，观众能够以主角的视角体验这个重聚过程，感受到时间流逝带来的变化，以及主角的复杂情绪。生理反馈：VR 体验可能伴随生理上的变化，如心跳加速或皮肤电反应，这些生理变化可以反馈给大脑，增强情绪体验。虚拟化身的外貌和行为可以影响用户的认知与情绪状态，这种现象被称为普罗透斯效应（Proteus

---

[1] 吴素梅、卢宁：《沉浸体验的研究综述与展望》，《心理学进展》2018 年第 10 期。
[2] 沈夏林、张际平、王勋：《虚拟现实情感机制：身体图式增强情绪唤醒度》，《中国电化教育》2019 年第 12 期。
[3] 张洛嘉：《围观、认同、沉浸：不同情绪传播过程中游戏行为的探究》，《新闻研究导刊》2023 年第 13 期。

effect）[1]，用户通过化身在虚拟环境中的互动，会体验到与化身特征一致的情绪和行为倾向。虚拟化身成为现实自我的数字化延伸，触发具身性情绪反应，这些心理机制相互交织，共同塑造了虚拟现实中复杂的情绪体验。

值得注意的是，虚拟现实引发的情绪反应可能超出想象领域，影响现实心理。一方面，生动的虚拟情境能制造强烈而持久的情绪记忆。有研究者设计了能够操纵用户情绪的"情感虚拟现实（Emotional VR）"，通过动态"快艇"模拟等形式，评估和解释情绪反应对人类参与和"沉浸感"的影响，发现这种情感 VR 的设计在一周后回顾时，仍然能够唤起用户的情绪体验。[2] 这体现了 VR 情绪体验的延时效应。另一方面，习惯性的 VR 情绪反应模式可能迁移到现实交往中。VR 暴露疗法（VRET）作为一种治疗焦虑症的方法，相关研究显示，患者在 VR 环境中逐渐和反复接触引发焦虑的模拟环境，这种情绪反应的模式可能会在现实生活中遇到类似情境时被唤起。[3] 沉浸式 VR 体验若频繁暴露于极端情绪情境，如暴力、色情等，可能降低现实情绪调节能力，漠视他人感受，VR 与现实情绪的迁移效应值得警惕。

虚拟现实通过沉浸感、身体图式、情感认同与共鸣三种机制诱发情绪反应，塑造独特的情感体验。虚拟场景提供了情绪的感官触发、认知语境和行为表达通道，这种沉浸式的情绪体验一方面为情绪心理学研究开辟了新路径，另一方面对个体的情绪调节机制提出挑战。未来，随着情感计算、脑机接口等技术发展，虚拟现实或将进一步深化对人类情感体验的塑造。在人机共生的语境中反思 VR 情感体验的伦理内涵，是虚拟现实美学研究的重要使命。虚拟现实不应让人沉沦于数字化的情感牢笼，而应唤醒人对真实情感的觉察和对生命意义的

---

[1] 卞玉龙、韩磊、周超等：《虚拟现实社交环境中的普罗透斯效应：情境、羞怯的影响》，《心理学报》2015 年第 3 期。

[2] Moghimi, Robert Stone, Pia Rotshtein, Neil Cooke.Influencing Human Affective Responses to Dynamic Virtual Environments, PRESENCE: Virtual and Augmented Reality（IF 1.1），2016-11-01.

[3] 李圣蓉：《在"元宇宙"中疗愈身心：虚拟现实如何改变心理健康赛道》，澎湃网，https://www.thepaper.cn/newsDetail_forward_16833051。

追问。在此意义上，虚拟现实美学的终极旨归，或许正在于走出纯粹感官欢愉的局限，走向情感教养和心灵升华的彼岸。

三、虚拟现实艺术作品中的沉浸式体验

沉浸感是虚拟现实艺术区别于传统艺术的核心特征。通过多感官刺激、自然交互、360度视角等手段，虚拟艺术创造出身临其境的感官体验，将观者带入虚拟世界，引发其情感共鸣和观念反思。沉浸感不仅革新了艺术表现和体验的方式，更开启了想象力与移情力的新维度，彰显了虚拟现实美学的独特魅力。

沉浸感是虚拟现实艺术的核心特征，它打破了传统艺术中主客二分的审美模式，营造出身临其境的感官体验。正如美国学者珍妮特·莫瑞（Janet Murray）在《网络时代的哈姆雷特——赛博空间叙事的未来》一书中指出的"沉浸感意味着身体和心理上完全投入一个虚构的世界，并将其视为真实。这种体验之所以愉悦，是因为它调动了我们专注、主动参与的能力，同时激发了我们的想象力[1]"。可见，沉浸感不仅涉及感官层面的临场感，更关乎心理层面的代入感和情感投射。法国VR全景纪录片《700鲨》记录了700只饥饿鲨鱼的群居生活，为观众提供了一次深海探险的沉浸体验。通过调动多重感官参与叙事，创造了一种具身化的沉浸感。《虚拟弗拉德》（Virtual deLahunta）由艺术家Quayola与编舞家Wayne McGregor合作创作，该项目使用VR技术捕捉了舞蹈动作，并将其转化为一种动态的数字雕塑。《无尽之境》（The Infinite）结合了自然和人工智能生成的虚拟花园，观众可以在其中自由漫步并探索。克里斯·米尔克（Chris Milk）的VR纪录片《云端之上》（Clouds Over Sidra）则运用360度全景视频，记录了12岁叙利亚难民女孩Sidra的生活。观众跟随Sidra的视角，走进约旦边境的难民营，目睹战乱流离的苦难。《Clouds Over Sidra》的目标是让观众感觉自己身临其境，并与那里的生活产生共鸣，以一种艺术的方式呈现，旨在通过视角转换塑造体验者视角，引发强烈的移情反应，激发观众的同情心和理解。

---

[1] Janet H. Murray. Hamlet on the Holodeck: The Future of Narrative in Cyberspace. New York: Free Press. 1997:98.

虚拟现实艺术通过视听触觉等多重感官刺激、自然交互等手段，塑造出全新的沉浸式审美体验。沉浸感不仅意味着感官的临场感，更关乎想象力、代入感、移情等心理层面的体验。《犬之岛》VR结合了虚拟动画与真实人物场景，为观众提供了一次与柏林国际电影节获奖影片《犬之岛》制作过程中相关的截然不同的观影体验。VR《姑苏城》幻境视界正在用VR技术还原《乾隆南巡图》里的第六卷"驻跸姑苏"，让观众能够置身清代苏州，感受历史氛围。这些作品从具身叙事，到身心合一，再到引发的移情，以创新的表现形式拓展了沉浸美学的维度。沉浸感成为虚拟现实美学有别于传统艺术的本质特征，代表了审美体验的范式转变，挑战了传统艺术史的线性模式，开启了互动参与的多感官美学。

总之，沉浸式体验是虚拟现实美学的核心要素，其塑造机制涉及感官隔离、注意力聚焦、认知吸收等多个心理过程。虚拟体验不仅能引发强烈的情绪反应，也可能对现实心理产生潜移默化的影响。审视当代虚拟艺术创作，艺术家显然已敏锐地把握了沉浸感的深层机理，并将其作为开拓心灵疆域的利器。随着虚拟现实技术的突飞猛进，人们或将在极致的沉浸感中重新发现自我、他者和世界。

第三节 认知与情感在虚拟审美中的角色

虚拟现实不仅提供视听等感官刺激，也深刻影响用户的情绪体验和认知加工。情感与认知是审美体验的两大基石，二者在虚拟现实中交织互动，共同塑造独特的美学感受。深入探究认知与情感在虚拟审美中的作用机制，有助于我们理解虚拟艺术的心理学基础。

一、虚拟环境中的情感调节与认知变化

虚拟现实技术不仅提供了新的艺术创作和体验媒介，也为情感调节和认知干预开辟了新路径。从美学视角审视虚拟环境对用户心理的塑造作用，有助于我们理解技术与主体性、理性与感性的复杂关系。认知科学家唐纳德·诺曼在《情感化设计》一书中指出，人与科技的互动始终受到情感因素的调节，好的设计应在无意识层面讨人喜欢，同时设计会引导人的思维方式，改变我们对世

第四章　虚拟现实审美主体的精神结构

界的认识和看法。[①]这一洞见颇具前瞻性地揭示了情感和认知在人机交互中的核心地位。

心理学家班杜拉提出的交互决定论（reciprocal determinism）[②]，强调人与环境是相互作用的，人通过自己的行动创造环境条件，这些条件又以交互作用的方式对人的行为产生影响，进一步具化了虚拟环境中的情感调节机制。虚拟环境就像一个情感蓄水池，用户在其中体验不同的情绪状态，这取决于环境中的情绪诱发线索。例如，阴郁的光照色调、压抑的背景音乐等负性线索容易唤起悲伤，而明快的颜色、欢快的节奏等正性线索有利于愉悦感的产生。英国牛津大学教授费里曼（Prof. Daniel Freeman）的研究表明，通过VR技术可以有效治疗有广场恐惧症的焦虑症患者。研究团队在虚拟实境里建构出日常场景，并鼓励病患在一个明显虚构的空间中，完成无法克服的恐惧。[③]这表明，虚拟环境作为一个情感容器，能主动塑造用户的情绪体验。认知神经科学的最新发现也佐证了虚拟场景对情绪的调节作用。杏仁核是情绪脑的核心区域，其活跃度与个体的唤醒水平和情绪强度密切相关。[④]可见，虚拟现实技术能够通过调节关键脑区的活动，在神经水平上改善人们的情绪状态。

与此同时，沉浸式虚拟体验也深刻影响用户的认知方式。Jeremy Bailenson教授探讨如何通过"视角采纳"（perspective-taking）改变人们与艺术作品的互动方式。他提出，虚拟现实技术可以让人们以全新的方式体验

---

① [美]唐纳德·诺曼：《情感化设计》，付秋芳、程进三译，电子工业出版社，2005，第19—20页。

② 林崇德、杨治良、黄希庭：《心理学大辞典》，上海出版社，2003。

③ 阿娴：《新型心理治疗手段是VR？我和奶牛的日常焦虑症或许有救了》，澎湃网，https://www.thepaper.cn/newsDetail_forward_21828436.

④ Phelps, E. A.& LeDoux, J. E.Contributions of the amygdala to emotion processing: From animal models to human behavior. Neuron, 2005:48（2），175—187. https://doi.org/10.1016/j.neuron.2005.09.025.

艺术，如通过改变经典场景中的元素或为静态雕塑添加动态效果。① 在探讨虚拟体验如何改变人格的概念时，Bailenson教授的研究指出，通过沉浸式体验，人们可以在虚拟环境中模拟和体验不同的角色和情境，这种体验可以影响他们在现实世界中的思想和行为。② 例如，通过在虚拟世界中体验他人的生存状态，可以增强参与者的同理心，并可能使他们在现实世界中更愿意帮助那些需要帮助的人。正如莫里斯·梅洛-庞蒂（Merleau-Ponty）所言，人的意识总是"具身的"，主体性依赖于现实身体对环境的感知。③ 虚拟现实则为这种具身认知提供了新的可能性。用户在虚拟环境中扮演的角色，会内化为认知图式，纳入自我概念。

但认知重构的双刃剑效应值得我们警惕。虚拟环境若充斥着误导性信息，则可能引导认知偏差。一款名为《坏消息》（Bad News）的网页游戏，让玩家扮演虚假新闻的制造者，通过不实标题、断章取义等手段散布谣言，以期用谎言的亲身体验教育公众警惕虚假信息。尽管该游戏试图以此方式提高公众的媒介素养，但在没有足够辨识力的情况下，角色代入仍可能强化人们认知中的偏见。

总之，虚拟环境通过精心设计的感官线索和叙事情境，营造特定的情感体验，同时角色扮演又触发新异的认知图式，引导思维变化。情感和认知的塑造力凸显了虚拟现实作为一种心智技术的特性。这种潜移默化的主体性建构，既彰显了虚拟艺术的感染力，也呼唤人们对其伦理内涵的理性审慎反思。在情感泛化、后真相泛滥的时代，虚拟现实美学不能止步于技术拓新，更应担负起重塑人文价值、唤醒批判意识的使命。毕竟，虚拟与现实的分野从来就不那么泾渭分明，感性体验背后的认知地图，更需要理性之光的引领。

---

① Jeremy Bailenson.A Conversation on VR and its Potential for the Arts，https://west.stanford.edu/sites/west/files/media/file/bailenson_interview_0.pdf.
② 范旭、黎谨睿：《斯坦福大学开设"元宇宙第一课"：人类成为现实与虚拟世界的两栖物种》，腾讯网，https://new.qq.com/rain/a/20211217A0CVE900。
③ [法] 莫里斯·梅洛-庞蒂：《知觉现象学》，杨大春、张尧均、关群德译，商务印书馆，2021，第84—86页。

二、情绪与认知在虚拟艺术体验中的互动

虚拟艺术创作巧妙运用情感与认知的交互作用，营造出独特的审美体验。这种交互作用一方面体现在叙事设计上，另一方面则凸显在身临其境的沉浸感中。"认知媒体理论"（cognitive media theory）[①]为理解虚拟艺术中的情感认知互动提供了重要洞见。认知媒体理论的核心在于理解媒体内容如何与人类的认知结构相互作用，以及这种互动如何影响学习、记忆、情感和行为。该理论突破了将认知和情感割裂开来的传统心理学观点，强调二者的协同作用。叙事认知与情感体验的良性循环是优秀互动艺术的标志，艺术家应通过设计线索、节奏、转折等，为用户搭建意义解释的阶梯，唤起共情和移情，最终实现沉浸感。例如，沉浸式戏剧《不眠之夜》，通过微观社会学理论分析互动体验方式，强调了身体共同在场、局外人屏障、相互关注焦点和情感状态共享等互动要素，为观众提供了积极的互动体验。

具体而言，互动叙事首先通过视听线索激活用户的图式，引导其对人物、事件作出因果推理和道德判断。在此基础上，生动的人物塑造唤起情感投射，使用户产生设身处地的代入感。随着情节推进，用户逐渐内化人物的动机和心路历程，完成从感同身受到融为一体的心理旅程。这一过程体现了认知向情感的递进，情感和认知体验在此交织升华。例如，《宿命：无声的誓言》（Fated: The Silent Oath）这款以维京神话为背景的第一人称冒险游戏，为玩家提供了一种独特的叙事体验。游戏设计让玩家在体验过程中经历一系列情感高潮和低谷，从而深入了解角色的内心世界与他们之间的关系。玩家以第一人称视角完全沉浸在故事中，体验角色的冒险和挑战。游戏以维京神话为背景，为玩家提供了一个充满神秘色彩和文化特色的故事世界。在游戏中，观众可以扮演一个勇士，同时是丈夫和父亲，这种角色设定增加了玩家的情感投入与责任感，通过动作和选择影响故事的进展与结局。通过 VR 技术，玩家可以更真实地体验角色的情感和心理状态，从而产生共鸣，以全新的方式体验故事，探索角色的情感深度，并与游戏世界产生深度联结。这种体验超越了传统游戏的界限，

[①] Nannicelli T.Taberham P., Cognitive media theory, Routledge, 2014.

为玩家带来了一种全新的互动娱乐形式。

移情反应在情感认知互动中扮演关键角色。在沉浸式虚拟现实环境中，移情体验通常被认为具有三个层次：认知移情（cognitive empathy）、情感移情（emotional empathy）、行为移情（behavioral empathy）。[1]认知移情指的是用户对虚拟角色或情境的理解和识别，能够从认知上把握角色的心理状态与需求。认知移情是移情体验的起点，它帮助用户建立起对虚拟情境的基本理解。情感移情是指当用户感受到虚拟角色的情绪时，就进入了情感移情的层次。这种体验涉及情绪共鸣，用户的情绪状态会受到虚拟角色情绪表现的影响，从而产生一种情感上的联结。行为移情指的是用户在情感共鸣的基础上，可能会采取行动来帮助或支持虚拟角色。这种层次的移情不仅停留在感受层面，还可能转化为具体的行为表现。这些层次反映了用户从认知理解到情感共鸣，再到行为反应的逐步深入过程。在VR环境中，由于高度的沉浸感和身体化的体验，用户更容易产生强烈的移情反应。研究表明，通过360度视频在头戴式显示器上体验新闻故事，可以增强用户的自我定位和共处感，进而产生情感共情和同情感。此外，沉浸式虚拟环境也被证实能够提升学习者的心流体验和移情能力，从而提高学习成绩。这些发现凸显了设计师在设计沉浸式媒体时，考虑移情的多维结构的重要性。

值得注意的是，VR移情也可能带来伦理风险。有学者提出了"移情疲劳（empathy fatigue）"[2]的概念，指出过度移情可能引发情绪失控、认知过载等问题。[3]因此，VR艺术在追求沉浸感的同时，也需适度把控情感强度，给观者留出反思空间。例如，VR动画《Dear Angelica》讲述一位母亲与女儿的

---

[1] James J Cummings, Mina Tsay-Vogel, Tiernan J Cahill, Li Zhang.Effects of immersive storytelling on affective, cognitive, and associative empathy: The mediating role of presence, New Media & Society, 2021-02-02.

[2] Christian Vaccaro, Melissa Swauger, Shayna Morrison, Alex Heckert.Sociological conceptualizations of compassion fatigue: Expanding our understanding, Sociology Compass, 2020-12-08.

[3] Christian Vaccaro, Melissa Swauger, Shayna Morrison, Alex Heckert.Sociological conceptualizations of compassion fatigue: Expanding our understanding, Sociology Compass, 2020-12-08.

生离死别，影片在感人场景适时穿插诗意的独白，引导观众走出情感旋涡，开启生命感悟。艺术的意义不止于感动，更在于唤起内在觉知。

虚拟现实艺术创作巧妙利用认知与情感的交互，营造出沉浸式的移情体验。互动叙事塑造认知判断，引发情感投射，而 VR 的沉浸感将代入体验推向极致，唤起同情共鸣。移情体验在此被激活、强化、升华，实现从认知到情感，再到社会觉醒的递进。这一过程体现了虚拟艺术的独特审美机制。但过度移情的伦理风险值得警惕。优秀的 VR 艺术应在感性刺激和理性反思间把握分寸，唤起情感共鸣的同时，为观者提供思考空间。毕竟，艺术的终极指归不在于感官欢愉，而在于激发人性的善意，照亮心灵的皓月。

三、认知与情感互动在虚拟艺术中的应用

认知与情感的交互作用是虚拟艺术的重要创作资源。当代虚拟艺术家正在有意识地利用认知心理学、社会心理学等跨学科知识，设计巧妙的互动体验，塑造观者的情绪反应和价值态度。这种体验设计的理念，标志着虚拟艺术创作范式的重要转向。正如学者凯瑟琳·海勒所言，沉浸感设计不仅要考虑技术可能性，更要从人的认知情感需求出发。虚拟艺术不应止步于感官刺激，而应关注人的意义建构过程。这要求艺术家深谙人机互动的心理机制。[①]

在行为艺术家玛丽娜·阿布拉莫维奇创作的 VR 艺术作品《Rising》中，观众佩戴沉浸式耳机进入私密的虚拟空间，与艺术家的虚拟化身进行交互。作品通过让观众意识到自己被极地冰盖融化的戏剧性场景包围，促使观众重新思考他们对周围世界的影响，并选择是否通过支持环境保护来拯救艺术家免于溺水。作品展示了虚拟现实艺术如何通过沉浸式体验促进认知与情感的互动，使观众不仅成为艺术的欣赏者，还成为参与者和创作者。通过这种互动，虚拟现实艺术作品能够激发观众的共情能力，促使他们对呈现的主题有更深刻的理解和情感体验。

巴纳比·斯蒂尔（Barnaby Steel）与伦敦沉浸式艺术团体 Marshmallow

[①] [美] N. 凯瑟琳·海勒：《我们如何思维：数字媒体与当代技术创新》（英文版），外语教学与研究出版社，2023，第 102—103 页。

Laser Feast（MLF）团队一起，探索了使用 VR 技术可以创造的东西，以及互动和沉浸式体验如何重塑我们看待世界的方式。"创造戏剧性的视角转变和讲述其他媒体无法实现的故事的能力是我们正在做的事情的基础[①]"。MLF 的首批 VR 作品之一《看不见的森林避难所》（Sanctuary of The Unseenn Forest）展现一个交互式激光森林，该森林通过声音和光线对人类触摸做出反应。斯蒂尔的作品《进化者》（EVOLVER）被描述为"形而上学层面的沉浸式体验"。该作品允许观众在虚拟身体中导航，体验静脉、心脏和肺部的交互式空气、血液和水元素。他的另一组作品《在动物的眼中》（In The Eyes of The Animal），允许人们以各种昆虫和动物的身份探索森林。此外，在 2019 年圣丹斯电影节的"甜蜜之梦"项目中，他们创造了一种戏剧性的 MR 混合现实体验，戴着耳机的观众可以吃喝真实的食物，以便在遍布美味的虚拟美味之地中前进。作品旨在解决暴饮暴食、过度消费和可持续性等主题，作品中标志性的惊奇和奇思妙想，以及虚实相间的美味感使体验变得轻松有趣。斯蒂尔创造了一个自主生成的抽象空间，挑战观者习以为常的时空感知。其虚幻朦胧的意象激发无尽遐想，是数字时代的浪漫主义诗学。这种交互式抽象打破了具象叙事，转而依托随机算法生成惊喜，诱发观者在不确定性中主动建构意义，使认知投射与情感体验在此水乳交融。

VR 艺术作品通过隐喻互动和沉浸式体验来引导玩家反思社会偏见。美国密歇根州立大学 MSU 推出的 VR 应用程序"A Mile in My Shoes（穿我的鞋子走一英里）"，玩家可在作品中化身各种日常场景角色，作品意在使人们能够与日常生活中的微攻击和偏见的真实场景进行互动，以帮助提高对他人的认识和同理心。加拿大动画"Blind Vaysha（盲眼女孩）"VR 版短片中的少女 Vaysha 左眼只能看见过去，而右眼只能看到未来，这种分裂的视线让她无法处于当下，象征着人们常常被过去或未来所困扰，而忽视了现在。这部作品的每一帧画面都是精彩的版画，集合起来刺激观众的视觉神经，引发观众内心深处的共鸣。《解冻 Defrost》讲述琼·加里森在 2045 年解冻醒来后与变化了

---

① VR Innovators Exploring the Essence of Reality，xpland，https://www.xp.land/xlist/xlistings/barnaby-steel.

的家人团聚的故事，提供了一个全角度的视角。观众可以坐在与影片中主角相同的轮椅上，体验主角的视角，感受时间流逝带来的变化和陌生感。当代虚拟艺术家开始有意识地利用认知与情感的互动机制，创造寓教于乐的沉浸式体验。他们或利用视角转换引发移情，或利用抽象意象挑战既有认知，或利用隐喻互动揭示无意识偏见。这些作品的共同特点：将认知与情感巧妙编织，在感性愉悦中引发理性反思。这种沉浸式互动塑造的体验自我，具有独特的教化功能。这或许昭示了虚拟艺术的一种新的道德想象力，即通过设计交互情境，在娱乐中启发认知，在享乐中唤醒良知，最终实现人文关怀。好的交互设计教给我们一种新的思考方式。它以吸引人的方式呈现复杂的观念，引导我们获得更深刻、更细腻的理解。从这个意义上说，认知与情感的互动，已成为虚拟现实艺术最具创造力的美学策略。

认知与情感在虚拟审美体验中扮演关键角色。一方面，虚拟环境可用于调节用户的情绪状态，引导其形成特定认知模式；另一方面，虚拟艺术创作常利用情感与认知的交互作用，通过移情、代入、内化等心理机制塑造沉浸式美学体验。虚拟艺术创作进一步利用认知心理学、神经科学等前沿成果，深度挖掘虚拟现实打动人心的奥秘。在理性与感性的双重滋养下，虚拟审美将会绽放更为奇异的艺术光彩。

第五章　虚拟现实技术的人文表征

虚拟现实作为一种崭新的技术形态，正在深刻影响人类的生活方式、行为模式和文化样态。技术不再是冰冷的机器，而是日益融入人类生活，成为我们感知世界、表达自我的延伸。探究虚拟现实技术的人文表征，有助于理解人与技术的共生图景，以及技术进步对人性的塑造作用。

第一节　人与技术的共生关系

唐·伊德"人—技术—世界"的现象学分析框架指出，技术作为人与世界的中介，塑造了人的感知方式和存在理解。[1]在虚拟现实语境下，这种人机共生关系变得更加紧密而复杂。

一、虚拟现实技术与日常生活的融合

虚拟现实技术正以前所未有的速度融入人们的日常生活，重塑着人与环境、人与人、人与自我的关系。这一趋势不仅反映了科技的进步，更折射出人类生存方式的深刻变迁。后现代哲学家让·鲍德里亚曾以"拟真"（simulacra）的概念描述这种变化。他指出，当代社会正从"再现的逻辑"过渡到"拟像的逻辑"，虚拟符号不再指涉真实，而是创造出一种自指涉的"超真实"（hyperreality）[2]。在虚拟现实语境下，"拟真"成为日常生活的主导性范式。

VR 社交平台的兴起为人际交往和自我认同带来新的可能性，用户在虚拟空间中构建化身，体验不同的社会角色与文化身份。发展心理学家 Erikson 提出"建立自我认同感是个体发展的核心，也是公共文化发展的关键"。毫无疑问，个体的自我发展与其所处的文化环境相互联结、交织，同时映射社会文化

---

[1][美]唐·伊德：《技术与生活世界：从伊甸园到尘世》，韩连庆译，北京大学出版社，2012，第23-33页。

[2][法]让·波德里亚：《象征交换与死亡》，车槿山译，译林出版社，2012，第98页。

环境。[1]Facebook 推出的 VR 社交应用"Horizon Worlds"支持用户自由创作虚拟形象和互动场景。这种虚拟社交不再受物理距离和身份属性的限制,但也面临着真实性和隐私安全的风险。正如雪莉·特克尔所言,"网络时代的人际关系变得零散化,自我认同变得多元化。我们在现实和虚拟间游走,体验不同面具背后的自我。"[2]在拟真社交中,现实身份和角色扮演的边界亦变得难以厘清。

保尔·利科在《虚构叙事中时间的塑形:时间与叙事》中提出"叙事身份"(narrative identity)的概念,认为自我认同建立在连贯的生命叙事之上。[3]但虚拟社交中的自我呈现是破碎化的,个人在不同虚拟场景中扮演不同角色,难以形成统一的叙事。杰伊·大卫·博尔特由此提出"分布式自我"(distributed self)的概念,指出数字时代的身份认同变得碎片化、游移不定。[4]虚拟社交固然为自我表达提供了新的舞台,但也可能加剧后现代语境下自我的离心化趋势。自 2020 年以来,虚拟会议和远程办公崛起,VR 平台在其中扮演着日益重要的角色。Meta 公司推出的"Horizon Workrooms"让用户以虚拟化身参与会议,提供逼真的体态语言和空间音频,营造仿若亲临的沉浸感。这种虚拟共现在一定程度上缓解了人际隔阂,维系了社会交往。但长期的虚拟互动也可能带来疏离感和身体健康问题。正如唐·伊德所言,"人机共生描绘了后现代科技乌托邦的前景,但其负面效应也值得警惕。身体退隐的沉浸感可能带来知觉异化。"[5]在这个意义上,我们需要在虚拟参与和现场互动间把握平衡,在科技辅助与人

---

[1] [美]琳恩·阿奈特·詹森:《跨文化发展心理学》,段鑫星、刘茜、吴瑞译,科学出版社,2018,第 149 页。

[2] [美]雪莉·特克尔:《群体性孤独:为什么我们对科技期待更多,对彼此却不能更亲密?》,周逵、刘菁荆译,浙江人民出版社,2014,第 11—15 页。

[3] [法]保尔·利科:《虚构叙事中时间的塑形:时间与叙事(第 2 卷)》,王文融译,生活·读书·新知三联书店,2003,第 118—120 页。

[4] Jay David Bolter.Reality Media: Augmented and Virtual Reality, The MIT Press, 2021: 11.

[5] [美]唐·伊德:《技术与生活世界:从伊甸园到尘世》,韩连庆译,北京大学出版社,2012,第 110—112 页。

性延续间寻求共生之道。

诚然，虚拟现实技术为日常生活注入了拟真的维度，开启了人机共生的新篇章。艺术文化、虚拟社交等领域的 VR 应用彰显了其赋能现实的潜力，但同时对人的存在方式提出挑战。对拟真生活所引发的认识论、伦理学问题，我们尚需更多哲学反思。正如鲍德里亚所言，"在真实被虚拟绑架的时代，对超真实保持警惕至关重要。我们要以批判的眼光看待滋生拟像的数字逻辑。"[1] 在此意义上，虚拟现实技术与日常生活的融合，不仅是工具理性的进步，更需要人文价值的引导。唯有如此，我们才能在错综复杂的拟真迷宫中把握自我，在人机共生的数字化生存中彰显人的价值与尊严。

二、虚拟现实中的交往行为与文化表现

虚拟现实为人们提供了一个自我表达和文化构建的新空间。在这个空间中，现实生活的行为规范和文化逻辑被打破与重构，形成了独特的"拟真文化"（simulated culture）生态。汤姆·博埃尔斯托夫在其经典著作《重塑论》（Coming of Age in Second Life）中指出，虚拟世界是人类文化在数字领域的延伸，它复刻了现实生活的诸多面向，但又呈现出虚拟性、匿名性等"网络原生"特征。[2] 虚拟网民在其中形成了新的人际交往模式、身份认同方式和价值观念体系。

网络虚拟社区作为一种新的文化形态，正在形塑网络公民的集体认同。数字时代的文化生产呈现出草根性、社群性特征，普通用户通过生产和分享文化内容获得归属感和影响力。例如，《我的世界》玩家自发形成了"游戏内创造共享"（creative collaboration）的文化规范，玩家在游戏中创作的建筑、机制、皮肤等衍生内容构成了社区文化的基石。这种集体创造反映了数字文化的开放性、互联性特征。同时，虚拟社交平台也形成了独特的人际交往仪式和话语体系。VRChat 平台的社交互动中，用户在虚拟聚会中形成了特定的对话模式和

---

[1] Jean Baudrillard.Simulacra and simulation. University of Michigan press. 1994，pp.1—6.
[2] Boellstorff, T. Coming of age in Second Life: An anthropologist explores the virtually human. Princeton University Press. 2015:17—31.

肢体语言，如击掌、拥抱等。这些仪式性互动有助于用户在匿名环境中建立信任和归属感，"在急剧城市化、人际关系原子化、频繁城乡城际人口流动的语境下，都市人逐渐对陌生人去敏感性，在移动应用上渴望与陌生人交流。"① 我们称之为"熟络陌生人"现象，即虚拟社交中的用户在分享隐私的同时，又对彼此的现实身份保持陌生，这种亲密性与匿名性的并存成为网络人际关系的重要特征。

值得注意的是，虚拟社区的文化规范既植根于现实人文传统，又呈现出数字原生特质。网络社群遵循开放、共享、互助等伦理原则，这与现实社会的契约伦理有相通之处。"虚拟与现实的伦理关系网络伦理是一种虚拟伦理，但由于参与虚拟空间交往活动的人是现实社会的人，因此，网络伦理本质上是现实社会伦理的反映，只是反映的方式和形式不同而已。"② 但虚拟伦理也呈现出去中心化、流动性、包容性等后现代特征。用户在不同虚拟社区间游走，文化认同变得多元和临时。齐格蒙特·鲍曼指出，在一个流动的世界里，社会纽带变得脆弱，身份认同变得摇摆不定。③ 虚拟社区文化在一定程度上反映了这种后现代性。

虚拟现实中的人类行为和文化表现体现了虚实交织、主客互构的复杂性。用户在虚拟世界中重塑自我认同，建构集体归属，形成新的人际关系与价值观念。这种拟真文化生态既传承了人类文明，又呈现出数字原生的独特性。从形而上的视角看，虚拟社群的道德想象反映了人类在科技时代的生存困境，即在虚拟与真实、个体与共同体之间寻找平衡。网络人类学的使命，正是要探究人性在拟真语境下的延续和升华。正如迈克尔·海姆所言，在网络空间漫游，我们重新审视了人的境遇。虚拟现实技术为我们提供了一面镜子，映照出后现代

---

① 许德娅、刘亭亭：《强势弱关系与熟络陌生人：基于移动应用的社交研究》，《新闻大学》2021年第3期。
② 鲍宗豪：《网络伦理》，河南人民出版社，2002，第39页。
③ [英]齐格蒙特·鲍曼：《流动的现代性》，欧阳景根译，中国人民大学出版社，2018，第28—31页。

景观中人的处境。[①]透过这面镜子,我们得以反思科技发展对人文精神的影响,从而为人机共生时代的文化建构提供智慧启示。

三、虚拟现实与人类互动的艺术探索

虚拟现实技术的兴起为艺术创作开辟了新的想象空间。一方面,虚拟现实为艺术家提供了塑造沉浸式体验的强大工具;另一方面,艺术家从人文视角审视和批判技术,探索人机关系的未来图景。唐·伊德指出,艺术家是技术的先知。他们以想象力把握技术的本质,揭示人与技术的互构关系。[②]在虚拟艺术创作中,我们既看到了对技术解放潜能的憧憬,也看到了对技术异化效应的忧虑。

VR电影《家在兰若寺》通过其独特的艺术形式和观影体验,向观众提供了丰富的隐喻层面,激发了观众对现实、技术、艺术和人类感知的深入思考。在VR电影中,观众被置于一个360度的全景环境中,这种全新的观影方式本身就是一种对现实空间的隐喻。观众在虚拟空间中的体验,可以被看作对现实世界感知的一种扩展或扭曲,从而引发对存在本质的思考。《家在兰若寺》中的角色互动和情感纠葛,隐喻着人与人之间的关系,以及个体在社会中的定位与身份认同的问题。在VR环境中,观众的身体感知与视觉体验之间可能存在差异,这种体验上的错位可以被看作对人类感知局限性的一种隐喻,促使观众反思身体与意识之间的关系,同时也隐喻了技术对人的潜在操控。学者雁城谈到"(《家在兰若寺》)一方面是浸没式体验,无法逃避的参与感;另一方面是观众缺位的身体和始终无法代入的视点,甚至包括技术限制带来的疲惫和隔离感。"[③]蔡明亮将VR技术与电影艺术相结合,这种尝试本身就是一种隐喻,表达了技术如何影响和改变我们的艺术创作与审美体验。

夏洛特·戴维斯的VR作品《Osmose》则展现了人与技术和谐共生的理想

---

①[美]迈克尔·海姆:《从界面到网络空间——虚拟实在的形而上学》,金吾伦、刘钢译,上海科技教育出版社,2000,第101页。

②[美]唐·伊德:《让事物说话——后现象学与技术科学》,韩连庆译,北京大学出版社,2008,第115—118页。

③雁城:《浸没和缺位之间,蔡明亮或许是最适合拍VR的中国导演》,豆瓣电影,https://movie.douban.com/review/10113388。

景象。观者戴上头盔，进入一个抽象的自然景观，其中充满发光的树木、缥缈的云雾和流动的符号。观者的呼吸频率控制着虚拟场景的变幻，吸气时画面上升，呼气时画面下沉，仿佛让观者与虚拟世界融为一体。莫里斯·梅洛-庞蒂认为，身体是我们与世界相互作用的基础，是我们感知和理解世界的方式。作品中呼吸这一最本真的生命体征已然成为人与虚境互动的媒介。戴维斯试图超越主客二元对立，构想一种人与技术物的交互主体性。在人机协同的过程中，技术物的主体性表现为能够根据人的需求和行为进行自我调整与优化，而人的主体性体现在能够通过与技术物的交互来实现自己的目标和需求。这种交互主体性的实现，不仅提高了技术物的使用效率和便捷性，也增强了人的控制感与满足感。

伊恩·陈（Ian Cheng）的VR装置"Emissary Forks"则思考人工智能时代人的主体性问题。作品构建了一个自主进化的人工生命系统，由名为Shiba的智能狗、名为Pookie的人工智能助手、扮演人类使者的观众这三个物种组成。在VR空间中，三者相互交流、斗争、协作，演绎出一幕幕戏剧性场景。但观众作为人类使者实际上无法控制事态发展，只能试图理解和适应这个人工生态系统。正如人工智能伦理学家尼克·博斯特洛姆所言，当人工智能达到人类水平后，我们将与智能物种共存，不得不重新定义人在世界中的地位。[1]伊恩·陈的作品体现了这种人类中心主义的终结，即人不再是意义和秩序的唯一缔造者。

上海交通大学文创学院M50"未来观"VR艺术展作品《Mutator Art》，将鹦鹉螺化石、动植物等有机体结构作为空间绘画的形式呈现，并在观众互动中不断生成新的基因，既是游戏又是艺术。另一件作品《Interstellar》对进入当代艺术领域的进行初次尝试，利用Tutor Brush创新了油画体验，观赏者可以置换进画中世界，成为画中人。虚拟现实艺术通过对视觉和听觉的模拟，以及高度的交互性，成功地展现了人类与技术之间的相互作用。虚拟现实艺术创作从技术哲学的高度反思人机关系，用视听隐喻揭示技术图景中人的意识状态。艺术家史成栋指出，"空间隐喻"的本质是跨领域的映射，它是以我们

---

[1] [英]尼克·波斯特洛姆：《超级智能：路线图、危险性与应对策略》，张体伟、张玉青译，中信出版社，2015，第22—25页。

的经验为基础,将一种抽象的事物或概念以另一种人们熟悉的具体的空间来表现。[1]这种映射不仅是语言的装饰,更是人类认知和思维的重要工具。

从技术层面看,虚拟现实艺术中空间隐喻作为一种重要的设计手法,它利用用户对物理空间的熟悉感来帮助他们理解和导航虚拟环境。空间隐喻可以通过多种方式在 VR 中实现,包括视觉、听觉和触觉等多模态体验。在虚拟现实环境中设计有效的空间隐喻,需要考虑以下几个关键点:(1)界面设计方向,将界面功能分解成镜头上的 HUD(Head-Up Display)和功能具体的界面,这样可以帮助用户更快地理解和操作。(2)功能接触的视觉反馈,例如当用户接触到代表特定功能的模型时,可以通过增加视觉反馈来确认用户的操作,如颜色变化、震动等。(3)空间布局,虚拟现实空间的设计应该遵循人体工程学原则,确保用户在使用过程中的舒适度与安全性。空间布局应合理,功能区域分明,便于用户导航和探索。(4)色彩和材质选择,色彩和材质的选择应协调,符合场景所需表达的情感和主题。(5)细节的处理十分重要,精致的细节可以增加真实感,让用户更容易产生共鸣。(6)交互设计,虚拟现实空间的设计应包含丰富的交互元素,允许用户与虚拟环境进行交互,包括移动、抓取和操纵对象,增强操控感与临场体验。(7)沉浸式体验,利用视觉、听觉、触觉等感官刺激,打造真实且全面的沉浸式体验,增强用户代入感和共情能力。(8)多视角空间叙事,允许用户从不同角度和视角体验虚拟空间,增加探索的趣味性与深度。(9)环境与角色交互,设计时应考虑环境与用户角色之间的互动,使虚拟空间能够应用户的行为,提供更加生动和真实的体验。随着数字媒体技术发展,虚拟现实担负起引领科技人文主义的使命,在技术浪潮中为人的价值定位导航。这或许正是技术与艺术跨界对话的意义所在。

虚拟现实技术正在重塑人与世界、人与人、人与技术的关系,形成一种崭新的人机共生样态。虚拟现实不仅融入现实生活,也催生出新的文化形态和价值观念。艺术家以创造性的方式表现了人与技术的复杂互动。在虚拟与现实交织的未来图景中,人文关怀与技术创新将携手同行,共同开启人类文明的新篇章。

---

[1] 朱莉:《史成栋:空间隐喻,真实与虚幻来回游》,中央美术学院艺术资讯网,https://www.cafa.com.cn/cn/opinions/interviews/details/5410658。

第二节　技术进步与人文观念的冲击

虚拟现实作为新兴技术形态,不仅深刻影响着人类生活,也引发了人文领域的一系列变革。技术的突飞猛进与人文观念的嬗变交织在一起,催生出独特的文化语境和美学图景。审视技术进步对人文观念的冲击,有助于我们理解当代社会的复杂性,以及人文学科转型的必要性。

一、新技术对人文学科的影响

在数字技术迅速发展的今天,虚拟现实等新兴技术不仅改变了我们的生活方式,也深刻影响了人文学科的研究范式。特别是在美学领域,VR 技术的出现引发了一系列新的哲学思考。

首先是虚拟现实与美学经验的重构。传统美学主要关注现实世界中的审美体验,而 VR 技术的出现打破了这一界限。沃尔夫冈·韦尔施在《重构美学》中指出"数字技术的发展使得美学不再局限于感性认知,而是扩展到了虚拟空间的体验领域。"[1] 在传统的美学观念中,美通常被认为是与自然界和人类情感紧密相连的实体。数字技术的发展,尤其是虚拟现实、增强现实和混合现实等技术的应用,为美学提供了新的维度。这些技术允许艺术家和设计师创建出超越物理现实的虚拟环境,使得观众能够在一个全新的、互动的空间中体验艺术作品。例如,谷歌的 Tilt Brush 项目允许艺术家在 3D 空间中进行创作,这不仅改变了艺术创作的方式,也重新定义了观者的审美体验。观众不再是被动的接受者,而是可以主动参与到艺术作品中,成为作品的一部分。这种互动性和沉浸感挑战了传统美学中主客体分离的观念。

VR 技术模糊了虚拟与现实的界限,这对美学理论提出了新的挑战。让·鲍德里亚在《拟真与仿像》一书中提出"超真实"(hyperreal)概念,指出"今天的抽象不再是地图、替身、镜像或概念。模拟不再是一个领域,指称的存在或物质。它是由模型生成的没有起源或真实的真实:超真实。"[2] 他认为,在

---

[1] [德] 沃尔夫冈·韦尔施:《重构美学》,陆扬译,上海译文出版社,2002,第 67 页。
[2] Jean Baudrillard. Simulacra and Simulation. Ann Arbor: University of Michigan Press,1994:1.

后现代社会中，仿真已经取代了现实，符号系统构建了一个自我指涉的世界。"超真实"概念在VR时代尤为重要。以混合现实游戏为例，它将虚拟元素叠加在现实世界中，创造出一种混合现实。玩家在现实世界中捕捉虚拟生物，这种体验挑战了我们对"真实"的传统理解。美学研究需要重新考虑在这种混合现实中，美和艺术的本质是什么。随着数字技术的发展，技术美学成为一个新兴的研究领域。吉尔伯特·西蒙登（Gilbert Simondon）在其著作《技术的存在方式》中指出，技术客体本身具有美学价值，它不仅是功能性的，也是一种美学表达。[1]技术不仅是工具，它们还是具有自己存在方式和演化过程的实体。技术对象经历一个个体化过程，这个过程类似生物的个体化。技术对象不是静态的，而是处在不断的发展和演变中。例如，产品设计就体现了技术与美学的完美结合，外观设计不仅满足了功能需求，也成了一种美学标准。这要求我们重新思考技术与艺术的关系，以及在数字时代如何定义美。面对数字技术带来的挑战，美学教育需要相应的调整。亨利·吉鲁在其文章《数字时代的批判教育学》中强调，在数字时代，美学教育不仅要培养学生的审美能力，还要发展他们的媒体素养和批判性思维。例如，许多艺术院校开始将VR技术融入课程，这种课程不仅教授学生如何使用新技术进行创作，也鼓励他们思考VR对艺术本质和审美体验的影响。

VR技术的发展也引发了伦理问题，这与美学研究密切相关。彼得·辛格（Peter Singer）在其著作《实践伦理学》中指出："新技术的出现常常伴随着新的伦理困境，我们需要发展新的伦理框架来应对这些挑战。"[2]随着科技的迅速发展，新技术（如人工智能、基因编辑、大数据等）不断涌现，它们在带来便利的同时，也带来了一系列新的伦理困境。这些困境包括数据隐私、算法偏见、人机关系的重构、自主意识的边界等问题，它们挑战着传统的伦理观念和法律体系。国内学者在探讨虚拟认知与实践时也谈到，"应该从这一趋势出发重新认识数据的内涵，重新界定'真'与'假'、'虚'与'实'，在拥

---

[1] Gilbert Simondon.On the Mode of Existence of Technical Objects. Minneapolis： Univocal Publishing. 2017:198.

[2] [美] 彼得·辛格：《实践伦理学》，刘莘译，东方出版社，2005，第345页。

抱世界数据化和虚拟认知的同时，充分考虑其伦理风险。"[①] 现今，人们越来越多地依赖数据来理解和刻画世界，大数据、人工智能等技术使得从海量数据中提取信息、发现模式成为可能，这改变了我们对世界的理解和互动方式。数据不仅用于描述现实，还用于模拟现实世界的各种现象和过程，数据化和虚拟认知允许我们在数字空间中进行创新和实验，虚拟现实技术可以模拟不同的环境和情境，让人们体验无法亲身感受的场景。随着虚拟世界的扩展，在数字环境中，模拟的现实可能与物理现实同样具有影响力和重要性。在享受数据化和虚拟认知带来的便利和创新机会的同时，我们需要审慎地评估其潜在的风险和挑战，数据隐私、算法偏见、虚拟现实的滥用等问题都需要我们认真考虑和解决，这要求我们在技术发展的同时，建立相应的伦理准则和监管机制。当然，解决这些问题需要跨学科的合作，包括技术专家、哲学家、社会学家、法律专家等，共同探讨如何在保护个人权利和社会利益的同时，在技术进步中寻求平衡，确保技术的健康发展和对社会的积极贡献。

虚拟现实技术的发展为美学研究提供了新的思考维度，不仅改变了我们创造和感知美的方式，也挑战了传统美学理论的诸多假设。面对这些挑战，美学研究需要与其他学科如计算机科学、认知心理学等密切合作，以更全面地理解数字时代的美学现象。另外，我们也需要保持警惕，批判性地思考技术对人性和社会的影响，确保在追求技术创新的同时不忽视人文关怀。

二、虚拟现实中的文化与艺术展示

虚拟现实技术为文化遗产保护和艺术展示提供了革命性的新方法。这种技术不仅改变了我们体验艺术和文化的方式，也为文化传播和艺术创作开辟了新的可能性。

数字时代的文化遗产正经历从"物质性"到"体验性"的转变。有研究指出，数字技术为文化遗产的保护和展示提供了全新的解决方案。例如，数字孪生技术可以更好地记录和保存历史文化信息，而虚拟现实技术可以再现消失的传统，使观众能够沉浸式地体验历史文化遗产。此外，移动交互和数字传媒的

[①] 段伟文：《前沿科技的深层次伦理风险及其应对》，《学术前沿》2024年第1期。

应用，使得文化遗产的传播和受众触达更加广泛。[①] 传统博物馆通过收藏实物承载集体记忆，而虚拟博物馆通过构建沉浸式的参观体验来激活文化记忆。观众不再是被动的旁观者，而是身临其境地与文物互动，成为文化意义的主动建构者。这体现了一种"后物质"的文化遗产观，即文化价值不再依赖于文物的物质性，而是通过数字化的再创造生成。体验性保护是指通过数字化技术，让观众跨越时间和空间的壁垒，重新了解与认知过去的文化传统。这种保护方式不仅能够吸引更多的观众和用户，还能激发人们对传统文化的兴趣与热爱。例如，2022年腾讯基金会协同多个长城研究、保护专业机构推出的"云游长城"产品上线，通过数字化技术，对长城的解说变得更立体、更综合，让观众能够从全新的角度感受和理解长城的魅力。

数字化技术在非物质文化遗产保护与传承中扮演着重要角色。数字化技术可以将非物质文化遗产转化为数字格式，进行长期、稳定的存储与记录。这包括对传统工艺、音乐、舞蹈、戏曲等表演形式的拍摄、录音和数字整理，以及利用三维扫描、虚拟现实等技术对实物进行数字化建模。京剧表演艺术家、"京韵歌后"储兰兰的《人花脸AR脸谱》，首次将AR技术运用于国粹艺术，选取了京剧版《大闹天宫》中的10个经典场景，为16个京剧脸谱人物进行AR技术嫁接。德国视觉艺术家Tobias Gremmler的VR《中国戏曲虚拟角色》，节奏明快的中国传统乐器伴奏加上飘逸经典的京剧动作，效果十分惊艳。4D互动游戏绘本《AR中国经典故事：花木兰》，在大家耳熟能详的花木兰从军故事基础之上增加了AR互动游戏，添加了沉浸式互动性与趣味性（图5-1）。这种沉浸式的观影体验打破了观众与艺术经典的隔阂，可以亲近、解读、参与改编的文化符号，创造了一种身临其境面对面的亲密感，使观众在参与和互动中重新加深了对经典作品的理解。

虚拟现实还为当代艺术家提供了全新的创作媒介和表现空间。《威尼斯石头记》将实景进行转化，甚至以违反物理定律的方式展现在观众面前。在虚拟环境中，城市的实体被解构再重组，观众得以看见物质世界表象下的几何、物

[①] 贺艳：《数字技术让文化遗产可亲可感》，《光明日报》 2024年第7版。

理和大自然运行的法则。艺术家石珊珊利用VR绘画技术创作了众多作品，她的作品风格多样化，形式内容丰富，饱含中国传统文化精神与美学思想。在她的VR绘画中，观众可以在三维立体的虚拟现实空间中漫游绘画世界，实现

图5-1 4D互动游戏绘本《AR中国经典故事：花木兰》内页图

"可观""可赏""可游"的体验。艺术家Pipilotti Rist将流动的、充满生命力的数码图像与音乐和空间设计相结合，营造出沉浸式的体验感，并加入了互动性，描述出符合新时代气质的艺术景观。百度AI沉浸式互动艺术体验展览结合了AI技术与艺术，提供了沉浸式的互动体验，让观众在抽象的几何空间中进行探索和互动，让观者在抽象的几何空间中漫游，场景随观者视线聚焦而动态变化，营造出一种未知的、不确定的观感体验。这些作品打破了传统艺术的固定形式，创造了一种开放的、互动的审美关系。尼古拉斯·伯瑞里德在《关系美学》中谈到，当代艺术创作的核心不再是生产物品，而是编织人际关系的时空。艺术成为一种行为方式，一种存在状态。[1]艺术家通过作品与观众之间的互动，以及作品在社会文化环境中产生的影响，来实现艺术的社会功能。这种观点挑战了传统艺术的观念，将艺术的焦点从艺术家的个人表达转移到了艺术作品与社会环境之间的关系上。尼古拉斯·伯瑞里德的理论为我们理解当代艺术提供了新的视角，它强调了艺术的社会性和互动性，推动了艺术创作的多样化和创新。这一理论不仅在艺术理论界产生了重要影响，也在艺术实践中得到了广泛的应用和验证。

虚拟现实正以前所未有的沉浸感和互动性重塑文化遗产的当代传承与艺术表现的创新形式。从物质性到体验性的转向反映了一种后物质主义的文化遗产

---

[1] [法]尼古拉斯·伯瑞里德：《关系美学》，黄建宏译，金城出版社，2013，第15页。

观，强调通过数字化再创造来激活文化记忆。总的来看，虚拟现实的审美实践正在开辟一个交互的、多感官的、充满情感张力的体验维度，这或许预示着人类感性生活的一种全新可能。

三、技术与人文观念的交叉美学探索

虚拟现实技术的兴起引发了哲学界对技术与人文互动的新一轮反思。在美学领域，多个理论流派围绕虚拟现实展开了交叉对话，其中以后现象学、程序美学、后数字美学为代表。这些理论从主体感知、人机关系、物理与虚拟的并置等多个维度切入，揭示了虚拟现实语境下人与世界关系的变迁，为我们思考数字时代的人文精神提供了独特视角。

后现象学（postphenomenology）探讨技术物如何塑造人的知觉和存在方式，传统现象学将意识活动视为主体对客体的能动把握；后现象学则强调主客互构、物我共生。在虚拟现实中，头盔、数据手套等设备成为身体知觉的延伸，技术物与身体协同构成了一个"人—技术"复合体。用户沉浸其中获得与日常感知迥异的时空体验。VR 技术重塑了我们在世界中的存在方式。我们不再是孤立的思考主体，而是与技术协同感知、共同塑造经验。在这个意义上，虚拟现实模糊了主客二分，催生了具身化的人机关系。

这种具身化的审美体验在艺术创作中得到了广泛呈现。广州动物园利用 VR 技术，让游客通过 VR 头显以第一人称视角体验与动物的互动，通过"森林之旅"VR 主题展示，游客可以体验坐在老鹰背上翱翔，游览热带雨林、瀑布、大海、高山，并近距离观看各种动物，让参与者化身成小动物，在虚拟自然景观中漫游、飞翔、觅食，通过非人类视角重新感知世界。参与者的身体动作与虚拟动物形象实时关联，双方形成互动的感知回路。德国杜伊斯堡埃森大学的 VR 研究通过 VR 技术，诱使体验者的大脑产生"幻觉"，并认为自己正住在动物的身体里，这种"幻觉"源于人类的一种认知错觉，提供了一种独特的非人类视角体验。沉浸在 VR 中，观众不再是一个与环境分离的旁观者，而是环境的参与者，与万物呼应，仿佛成为更大存在的一部分。

程序美学（procedural aesthetics）关注算法、代码、程序等技术物的

美学维度。传统美学将艺术视为作者创造的静态作品，而程序美学强调作品是由算法驱动的动态事件。程序成为塑造美学体验的核心机制。卡特琳娜·伊莱格（Katarina Irenji）以VR游戏Superhot为例阐释程序美学。Superhot的核心机制是"时间只在你移动时流动"，这意味着玩家可以通过放慢或停止自己的动作来控制游戏中的时间流逝。这种设计不仅增加了游戏的策略性，还要求玩家在快节奏的战斗中做出精确的决策。这种时间控制机制的实现涉及复杂的程序逻辑和高效的算法设计，体现了程序美学对效率的追求。[1]在该游戏中，时间流逝与玩家动作挂钩，玩家静止时，游戏世界也静止。这一设计颠覆了线性时间观，将玩家置于时空悖论之中。同时，游戏中的子弹等物体也遵循独特的物理规则，打破玩家的惯性思维。正如设计师Piotr Kopinski所言，我们希望创造一个陌生而超现实的游戏空间，让玩家重新思考时空和物理定律。程序即是体验的本体。

后数字美学（post-digital aesthetics）兴起于21世纪初，旨在反思数字技术的局限，强调数字与模拟、虚拟与物理的融合与并置。[2]杰弗里·肖（Jeffrey Shaw）的互动装置"The Golden Calf"[3]是一件典型的增强现实的装置艺术作品。整个装置由一个空的基座和一个屏幕组成，参观者需要拿下屏幕对准基座才可以看到基座上虚拟的金牛。参观者可以拿着屏幕360度旋绕基座来观察金牛。更有趣的是，当前环境会被映射到金牛身上，根据当前光照强度和角度的不同，观察者可以看到自己的影子反射到金牛的表面。双重的折射更加增进了虚拟真实度。此外，观众可360度观看虚拟神庙，犹如在现实空间打开异度空间之门。这件作品巧妙融合了物理雕塑和虚拟影像，模糊了现实与虚拟的边界，创造出一种混合现实美学的效果。

后数字艺术家Hito Steyerl则在《Poor Image的辩护》中提出"贫图美学"

---

[1]《SUPERHOT VR 技巧与攻略》，pico 论坛，https://bbs.picoxr.com/post/7117032567781457933。

[2] Berry, D. M.& Dieter, M..Thinking postdigital aesthetics：Art，computation and design.In D.M.Berry & M.Dieter（Eds.），Postdigital aesthetics（2015:1—11）. Palgrave Macmillan.

[3] 郭醒乙：《新媒体艺术的表现形式与主题》，艺术档案，https://www.artda.cn/xinmeitidangan-c-7317.html。

（poor image aesthetics）[①]的概念。她认为，当代视觉文化充斥着大量低分辨率、低保真度的图像，它们在网络中不断流通、衍生、变异，完全背离了电影的高清晰度审美。但正是这种降解的图像美学折射出数字时代图像生产的民主化趋势。贫图美学的特点在于它挑战了传统的图像质量观念，强调了图像的流动性和可访问性。这些图像在网络空间中被广泛传播和使用，它们的低分辨率和低质量反而成了一种新的美学标准。Steyerl认为，贫图不仅是图像的物质性，更是一种形成于自身的视觉概念，它们趋近于抽象，是一种形成于自身的视觉概念。

当代哲学美学正积极回应虚拟现实技术的兴起，以多元视角审视人与技术的关系，揭示主体感知和审美体验的变迁。无论是后现象学的具身化交互、程序美学的算法创生，还是后数字美学的混合现实，都彰显了虚拟技术对传统美学的颠覆与改造。在新的技术语境中，主体不再是世界的旁观者和意义的主宰，而是与技术协同浸没其中，共同塑造感知体验。数字美学范式的转变也预示着人文精神的转型：在人机共生的时代，我们不得不重新定位人的主体性，在现实与虚拟的交织中追问存在的意义。对哲学美学而言，其使命不仅在于阐释技术之于艺术的新可能，更在于以人文关怀引领技术向善的力量。虚拟现实固然开启了想象力的新疆域，但我们更需要发问：什么样的虚拟体验更有意义？什么样的交互设计更有利于人的全面发展？或许唯有立足现实，虚拟现实技术的美学探索才能指向未来社会的真善美。

虚拟现实技术的进步正在对人文观念产生深刻影响。一方面，新技术为传统人文学科研究提供了新方法，但也引发了人文精神的反思；另一方面，虚拟现实正在重塑文化遗产的传播方式，催生出新的数字艺术形态。同时，哲学家也在用现象学、程序美学等理论审视技术发展的人文内涵。在后数字时代，技术与人文的交叉融合必将进一步加深，开启更加立体、复杂、诗意的美学探索。

[①] [德]黑特·史德耶尔：《为坏图像辩护》，刘倩兮译，《e-flux journal》2009年第10期。

第三节 虚拟现实中的伦理与哲学

虚拟现实技术的发展不仅带来了新的美学体验，也引发了一系列伦理和哲学问题。在虚拟世界中，人们可以超越现实的道德约束，以化身的方式体验另一种生活。这种伦理失范的可能性对社会秩序和价值观念构成挑战。同时，虚拟现实对心智哲学、本体论等领域也提出了新的思考命题。深入探讨虚拟现实的伦理内涵和哲学意蕴，对规范技术发展、构建健康网络生态至关重要。

一、虚拟现实技术的伦理问题与挑战

虚拟现实技术在带来审美创新和沉浸体验的同时，也引发了一系列亟待关注的伦理问题。托马斯·梅辛格（Thomas Metzinger）和迈克尔·马达里（Michael Madary）指出"研究显示虚拟现实带来的风险是新的，远远超过了传统在隔离环境里的心理实验的风险，而且超过了现存的大众媒体技术的风险。"[1] 虚拟环境是一把双刃剑。一方面，它为人类体验开辟了新维度；另一方面，它也可能成为人性堕落的温床。我们必须未雨绸缪，构建虚拟世界的伦理规范。莫洛和马达里提出了虚拟现实的六大伦理风险：成瘾、操纵、非法内容、隐私泄露、社会孤立和跨国犯罪。这六大风险涉及个体层面和社会层面，凸显了虚拟现实发展面临的复杂挑战。

虚拟暴力和犯罪行为是最受关注的伦理问题。以《侠盗猎车手》（Grand Theft Auto，GTA）系列为例，该系列以开放世界设计和高度自由的游戏体验而闻名，但也因其内容中的极端暴力、犯罪元素以及对女性和少数群体的负面刻画而饱受争议。GTA 系列中的游戏内容经常涉及暴力和犯罪行为，玩家可以在游戏中执行各种违法犯罪活动，如偷车、抢劫、杀人等。这种将暴力和犯罪美化的做法可能对未成年或心智未成熟的玩家产生不良影响，使他们对真实世界中的暴力和犯罪产生错误的认知与态度。"侠盗猎车手"系列的伦理争议凸显了电子游戏在现代社会中的复杂角色。游戏作为一种文化产品，既能提供娱

---

[1] 粹客网：《虚拟现实对人的伦理精神影响远超想象》，今日头条，https://www.toutiao.com/article/6258633460153254145/。

乐和逃避现实的途径，也可能传递负面信息和价值观。因此，游戏开发者、监管机构、家长和教育工作者需要共同努力，减少游戏内容对青少年产生的不利影响，同时要尊重成年玩家的选择权和创造力。

学者 Carl Mitcham 于 2024 年在华东师范大学的学术讲座上强调了人工智能在伦理与政治层面带来的影响，包括人工智能伦理的讨论涵盖了人机差异、机器道德编程的可能性以及数据科学中的隐私、责任、决策委托、透明度、偏见和人工智能经济领域的未来等问题，他从政治哲学角度探讨了人工智能的发展伴随着自由、平等、民主、权力和人类学等多个维度的讨论。这对于理解人工智能的伦理和社会影响具有重要意义，提醒我们在享受人工智能带来的便利的同时，也要警惕其可能带来的风险和挑战。詹姆斯·亨德尔（James Hendler）乐观地表示"人工智能背后没有什么'魔力'，它只是人类社会需要监管的众多技术之一。人们需要在对人工智能、社交媒体等的监督管理上积极探索解决问题的机制。"[1]性别歧视也是虚拟现实审美文化中的另一顽疾。前述《侠盗猎车手》游戏中对女性和少数群体的刻画引发了对性别歧视的担忧，女性角色往往被塑造成性对象或背景装饰，这不仅强化了性别的刻板印象，也忽视了女性在游戏世界中的多元和深度表现。贝姆－莫拉维茨考察了虚拟游戏中的女性角色形象，发现其往往身材火辣、行为刻板，客体化程度高。她进一步发现，接触性别刻板化女性角色的玩家更倾向于接受现实性别偏见。[2]这表明，游戏中的性别刻板印象可能加强玩家的性别歧视态度。

虚拟社交的匿名性也催生了网络欺凌、不当言论等问题。研究考察国内社交 VR 平台爱奇艺 VR、UtoVR、vr-down 游戏网等平台的聊天记录，仍能发现一定数量的不当言行和引导。部分受访者反映，匿名环境令人产生脱离后果的错觉，从而肆无忌惮地伤害他人。同时，VR 的沉浸感让言语伤害比纯文本交互更具杀伤力。这提示我们，虚拟社交的去人性化倾向值得警惕，平台有责任

---

[1] 方龄：《人工智能监管应具有前瞻性》，《中国社会科学报》2023 年第 10 期。

[2] Behm-Morawitz, E.& Mastro, D.（2009）.The effects of the sexualization of female video game characters on gender stereotyping and female self-concept. Sex Roles, 61（11—12）, 808—823.https://doi.org/10.1007/s11199-009-9683-8.

加强身份认证和内容审核，净化虚拟社群生态。正如詹姆斯·莫尔（James H. Moor）所言"计算机革命带来的最大伦理挑战，在于其模糊了我们熟悉的概念界限，动摇了既有的伦理规范。"①在虚拟现实语境下，传统伦理学范畴如责任、意志、主体间性等有待重新审视。

对设计者而言，未来需要在追求沉浸感的同时适度把控，在虚拟人格设计中嵌入积极价值引导。对立法者而言，应尽快建立虚拟空间治理的法律框架，明确各方权责，加强违法违规行为监管和溯源。对用户而言，应增强伦理自觉，谨记虚拟世界不是法外之地，克制违法冲动。正如互联网法学者劳伦斯·莱斯格（Lawrence Lessig）提出的"代码即法律"（Code Is Law）②，在网络空间中，代码在很大程度上决定了网络行为的可能性和边界，从而起到了类似法律的作用，技术规则与法律规则一样，都是网络空间的规制手段，虚拟世界的设计逻辑必须嵌入现实的道德规范。总之，唯有多方合力，共建良性有序的虚拟生态，虚拟现实技术才能真正造福人类。

二、哲学视角下的虚拟现实探讨

虚拟现实技术的兴起为传统哲学问题提供了新的思考语境和实验场景，引发了心身关系、本体论等领域的争论。在虚拟空间中，用户通过头脑控制虚拟形象，似乎印证了心身二元论，但虚拟体验又依赖于物理硬件设备，凸显了身体的不可或缺性。同时，虚拟世界的本体论地位富于悬疑，它是客观算法的产物，却又因主观交互而随时变化，模糊了存在与生成的边界。这些悖论式的问题为传统哲学注入了新的活力，引发学界展开了一系列创新理论探索。

笛卡尔的"心身二元论"主张心智独立于身体而存在，两者属于不同的存在域。虚拟现实中，用户的意识体验看似独立于肉体，仿佛为心身分离提供了技术注脚。用户操控虚拟化身在赛博空间漫游，意识活动似乎游离于肉身之外。但后笛卡尔哲学对二元论提出质疑。莫里斯·梅洛-庞蒂在《知觉现象学》中

---

① Moor, J. H.（1985）. What is computer ethics?. Metaphilosophy, 16（4）, 266—275. https://doi.org/10.1111/j.1467-9973.1985.tb00173.x.
②［美］劳伦斯·莱斯格：《代码2·0：网络空间中的法律（修订版）》，李旭、沈伟伟译，清华大学出版社，2018，第10页。

提出"身体图式"（body schema）概念，强调身体感知是意识体验的基础，主体性根植于身体性。用户在虚拟现实中的沉浸感正是建立在多重感官反馈之上，VR设备成为身体的延伸。如果切断设备，意识体验也会瞬间消解。因此，虚拟现实并未证实心身分离，反而凸显了心身一体。

"扩展心智"理论为理解虚拟现实中的心身关系提供了另一视角。安迪·克拉克（Andy Clark）和大卫·查尔默斯（David Chalmers）在《The Extended Mind》一文中提出，人的认知过程并不限于头骨内部，而是延伸到外部环境和工具中。[1]一个经典案例是，阿尔茨海默症患者借助笔记本来补充认知功能。克拉克认为，笔记本不是认知的外部辅助，而是认知系统的组成部分。[2]类似地，虚拟现实设备也可视为心智的延伸。例如，VR头盔直接控制用户的视听感知，数据手套捕捉用户的运动意图。用户在VR中的意识体验是通过大脑、身体、硬件的协同运作生成的。这打破了心身的界限，构成一个扩展的认知回路。克拉克和查尔默斯进一步提出的"泛化扩展论"认为，这种认知的延展不仅限于物理环境，还包括社会文化环境，即人类的认知活动是在一个更为广泛的生态系统中进行的，这个生态系统包括了物理环境、社会互动和文化背景等多个层面。但"泛化扩展论"也面临质疑，即是否所有外部物品都可纳入心智。克拉克提出了"信赖—可靠性"标准，只有经常使用、随时可用、可信赖的外部资源才能视为认知延伸。[3]VR设备能否满足这一标准，尚待进一步论证。

本体论层面，虚拟现实的存在地位充满悬念。传统实在论认为世界独立于主体感知而存在。以乐高VR游戏《LEGO Bricktales》为例，这是一款结合了乐高沙盒玩法和故事叙述的虚拟现实游戏。在这款游戏中，玩家扮演一个帮助祖父修复即将关闭的游乐园的角色。游戏提供了一个开放的环境，玩家可以在

---

[1] Clark, A.& Chalmers, D. (1998). The extended mind. Analysis, 58 (1), 7—19. https://doi.org/10.1093/analys/58.1.7.

[2] Clark, A.Supersizing the mind:Embodiment, action, and cognitive extension.Oxford University Press.2008:78.

[3] 刘晓力：《延展认知与延展心灵论辨析》，《中国社会科学》2010年第1期。

其中自由探索、收集资源，并用乐高积木建造各种结构和设施。其场景完全由程序生成，是设计者编码的产物，游离于物理时空之外。程序停止运行，虚拟世界就会消失。这似乎符合唯心主义的"造物说"（creationism），即存在依赖于被感知和思考。但代码具有客观性，多个主体进入同一虚拟场景会获得一致感知，这又彰显了实在论的合理性。要调和这一悖论，我们或许需要重新定义"真实"（real）。迈克尔·海姆指出，虚拟并非对立于真实，而是真实的一种生成方式。[1] 现实不是凝固的实体，而是流变的过程。主客互动创生虚拟世界，虚拟世界反过来塑造主体感知，两者动态缠绕、相辅相成。从海德格尔的观点看，此即"此在"与世界"同在"的过程。

还有学者从技术拟像的角度探讨了虚拟现实的本体论地位。让·鲍德里亚在《拟像与仿真》中提出，后现代社会已进入"拟像"阶段，虚拟符号完全脱离了指涉对象，自我指涉、自我复制，创造出一种"超真实"。类似地，虚拟现实也制造了一种拟像空间。例如，VR社交平台Facebook Horizon允许用户以虚拟化身进行社交互动。对许多数字网民而言，网络社交的真实性已超越面对面交往。虚拟社区成为他们情感投资和自我认同的归属地。拟像成为主导生活的"真实"。发挥这一思路，尼克·博斯特罗姆（Nick Bostrom）提出了"模拟假说"（simulation hypothesis）[2]，即我们所在的世界有可能是一个高级文明创造的计算机模拟。他从概率角度论证，如果未来文明能创造大量高保真模拟世界，那么我们更可能生活在模拟中，而非基础现实。这一假说虽难以证实，但激发了人们对真实性的哲学思考。

总之，虚拟现实为传统哲学问题提供了新的思考视角和论证场景。从心身关系看，VR体验既彰显了心身交织，又启发了"扩展心智"式的哲学想象。从本体论看，虚拟世界游离于物理世界之外，却因交互性获得了动态生成的意义，模糊了存在与生成的界限。技术拟像理论则揭示了虚拟符号对现实的侵蚀，

---

[1] [美]迈克尔·海姆：《从界面到网络空间——虚拟实在的形而上学》，金吾伦、刘钢译，上海科技教育出版社，2000，第111-112页。

[2] MBA智库·百科：模拟现实，https://wiki.mbalib.com/wiki/%E6%A8%A1%E6%8B%9F%E7%8E%B0%E5%AE%9E。

制造了一种"超真实"。这些讨论虽尚无定论，但为人类在数字时代的存在方式提供了哲学反思的新维度。面对蓬勃发展的虚拟现实技术，哲学绝不能缺席。正如尼克·博斯特罗姆所言，"我们或许无法判定自己是否活在模拟中，但思考这个问题本身就具有启发性，它提醒我们保持智识上的开放和谦逊。"[①] 对虚拟现实的哲学探索，归根结底是对人自身存在意义的追问。唯有立足现实世界，虚拟现实的想象才能照见人的真切处境，在人机共生的图景中探寻后人类景观的新意义。

三、虚拟现实技术中的道德与美学问题

虚拟现实技术不仅引发了行为伦理问题，也对审美经验产生了复杂影响。虚拟审美与伦理的交叉领域成为学界关注的焦点。早在20世纪，法兰克福学派就对技术理性的工具化倾向表达了忧虑。阿多诺在《美学理论（修订译本）》中警告，现代科技可能带来非人化（dehumanization）、物化（reification）等负面审美效应。[②] 人在技术中沦为被操纵的客体，丧失主体性。这一论断在虚拟现实语境下获得新的反思意义。例如，暴力类VR游戏让玩家沉浸式体验肢解人体的快感，可能麻痹道德敏感性。因此，虚拟现实审美不能回避伦理维度，创作者需谨慎对待。

让·鲍德里亚则从符号理论视角解构了真实与虚构的二元对立。鲍德里亚以波斯湾战争为例，认为媒体对战争的"拟真"再现已取代战争本身，成为主导大众感知的"真实"。在虚拟现实语境下，血腥暴力内容可能被视为"超真实"的娱乐，引发感官刺激而麻痹伦理判断力。虚拟审美与真实伦理的脱钩值得警惕。同时，在虚拟交互中，用户在伦理层面也可能产生"去责任化"倾向。研究者在VR游戏中设置推人情境，发现用户对虚拟人物施暴的道德内疚感显著低于现实。虚拟空间或许滋生了一种伦理真空地带，这对现实道德判断力的负面迁移值得警惕。

---

① Nick Bostrom. Are you living in a computer simulation?. Philosophical Quarterly，2003（211），https://doi.org/10.1111/1467-9213.00309.

② [德] 阿多诺：《美学理论（修订译本）》，王柯平译，上海人民出版社，2020，第21—22页。

第五章 虚拟现实技术的人文表征

但虚拟现实也可能孕育出新的伦理想象力。彼得·辛格（Peter Singer）设想了一种培养移情的 VR 系统。用户可通过化身不同性别、阶层的虚拟角色，设身处地体验他者遭遇。这种视角采择可削减成见，激发共情。VR 移情体验唤起了人性中的善意。在 VR 环境中，用户可以通过化身体验不同的角色和情境，这种体验超越了传统媒体的局限，使得用户能够更加真实地感受到他人的情感和经历。例如，用户可能会被置于一个需要帮助的角色中，或目睹一个令人同情的场景，这些体验能够激发用户的善意和助人为乐的愿望。此外，VR 体验还能够影响用户的行为和态度，使他们在现实生活中更加倾向于采取有益于他人和环境的行动。例如，用户可能会因为在 VR 中体验到环境破坏的后果而在现实生活中更加重视环保。[①]

艺术创作者也尝试利用 VR 打造移情机器，创造伦理思考和价值判断的体验空间。在 VR 作品《Rising》中，"行为艺术之母"Marina Abramović 以自身和观众为素材，运用动作捕捉技术捕捉了 Marina Abramović 的面孔表情，创造出 VR 世界里的另一个 Abramović 化身。观众可以体验到艺术家在一个快速充满水的玻璃水舱中挣扎，当观众试图救助艺术家时，会被瞬间转移到北极，面对融化的冰川和波涛汹涌的海浪。这部作品探讨了沉浸式作品是否会增加人们对气候变化受害者的同情以及这种体验将如何影响观众的问题（图 5-2）。VR 纪录片《The Protectors: Walk in the Ranger's Shoes》让观众亲历非洲野生动物保护者的日常生活。通过 VR 技术，观众可以身临其境地感受保护

图 5-2 "行为艺术之母"Marina Abramović 与她的 VR 作品 Rising

---

① 《VR/AR 游戏可以促进移情 具有社会价值》，搜狐网，https://www.sohu.com/a/259790241_104421。

者的艰辛和危险，从而增强对野生动物保护工作的理解与支持。国内艺术家石珊珊在其VR绘画作品中，通过数字虚拟技术进行视觉转译与视觉传达，创造出风格多样化、形式内容层次丰富的作品，这些作品不仅提供了全新的视觉体验，也促成了中国当代数字艺术的传统文化的复归。此外，VR虚拟艺术与人际关系的研究表明，VR虚拟艺术可以通过提供沉浸式的叙事体验，激发强烈的情感反应，当用户与虚拟人物的情感世界产生共鸣时，他们会体验到与现实世界中朋友和家人的类似情感联系。[1]

当然，VR伦理训练也存在局限。移情固然重要，但过度移情可能引发认知失调、情绪崩溃等风险。因此，VR伦理教育需把握分寸，避免极端设计。此外，伦理判断离不开理性思辨，VR体验后的引导反思不可或缺。从更广泛的意义看，要发掘VR的伦理想象力，必须激活创作者和用户的人文主义视野。海德格尔指出："技术这个名称本质上应被理解成'完成了的形而上学'。"[2] 在海德格尔看来，技术的本质在于"澄明"，即开辟存在和真理得以显现的境域。但人必须以"诗意地栖居"，才能揭示技术背后的存在之光。"海德格尔的技术之思就在于使技术这种'现象'澄明起来。技术作为'现象'的深藏不露，与西方的形而上学传统密切相关。特别是在近代，这个通过科技的繁荣而使形而上学极度发达的时代，技术正是作为完成了的形而上学在起作用。"[3] 现代技术使人类陷入一种被支配和被物质支配的状态，使人类失去了对自身存在的真正理解，海德格尔提倡重新审视技术的本质，主张回归到人类与自然的和谐关系中。换言之，唯有植根现实，关切人的生存处境，虚拟现实的移情想象才能直指人心，照亮前行航路。

虚拟现实技术在拓展审美疆域的同时，也应回应伦理学与美学的质问。一方面，虚拟审美中的物化倾向、超真实幻象等消极效应应值得警惕；另一方面，VR也可能孕育新的道德想象力，成为培养移情、共情的力量。在虚拟与

---

[1] 顾亚奇：《VR纪录片移情效应的技术逻辑与影响因素》，《中国文艺评论》2023年第8期。
[2] Heidegger, Overcoming Metaphysics, tran. By Joan Stambaugh, in The Heidegger Controversy, a critical reader, ed. By Richard Wollin, The MIT Press, 1993:75.
[3] 吴国盛：《海德格尔的技术之思》，《求是学刊》2004年第4期。

现实的交织中，伦理与审美应互相滋养，共同唤起人的善意本心。未来，虚拟现实艺术创作者需以人文关怀为指引，以美育心灵、涵养品格为己任。只有如此，VR技术才不会沦为感官愉悦的工具，而能成为开启人性之善的钥匙。在"技术—伦理—美学"三位一体的圆融中，虚拟现实或将再次拓展人类感性生活和精神生活的全新向度。

　　虚拟现实技术为人类生活带来机遇的同时，也提出了严峻的伦理挑战。虚拟世界为非法和不道德行为提供了庇护所，网络空间充斥着性别歧视、阶层偏见等不平等现象。这些问题对现实社会秩序和价值观念构成威胁，亟须加强制度和道德约束。同时，虚拟现实也为传统哲学问题提供了新的思考语境，心身关系、存在本质等命题在虚拟语境下被赋予新的内涵。虚拟现实对审美经验的影响同样值得警惕，非人化、物化等负面效应不容忽视。但虚拟艺术也可能孕育新的伦理想象力，成为培养移情的力量。虚拟现实发展需要伦理学、美学、哲学等人文学科的积极介入，在规范和引导中实现自身的完善和升华。唯有在伦理的土壤中，虚拟现实之花才能绽放出应有的色彩。

第六章　虚拟现实的美学谱系与观念转型

虚拟现实的发展与传统美学理论密切相关，同时催生了新的美学思潮与流派。探讨虚拟现实的美学谱系，有助于理解其在艺术史中的地位，以及对传统美学观念的影响。本章将从传统美学到虚拟美学的演进脉络出发，结合模拟技术、沉浸感等概念，深入分析虚拟艺术的美学价值与批评话语。

第一节　从传统美学到虚拟美学的演进

一、艺术美学的历史发展与虚拟现实的结合

虚拟现实技术的兴起为艺术美学注入了新的活力。回顾美学思想史，我们可以发现，虚拟艺术创作与古典美学和现代美学的诸多理念形成了有趣的呼应和交织。从模仿论到表现论，从感官解放到数字化转向，虚拟现实艺术继承和创新了前人的智慧结晶，开辟了审美体验的新维度。

亚里士多德在《诗学》中提出的"模仿说"认为，艺术创作的本质在于对自然的模仿。艺术家应通过线条、色彩、动作等手段再现外部世界。[1] 这一观点奠定了西方写实主义美学的基础。文艺复兴时期，达·芬奇、米开朗琪罗等大师以精湛的绘画、雕塑技艺追求对自然的真实再现，将模仿论推向高峰。虚拟现实技术的写实追求与古典模仿论可谓异曲同工。当代 VR 艺术家运用数字建模、实时渲染等技术，力求在虚拟场景中精确复刻物理世界的形态、材质、光影，营造逼真的感官刺激，创造出"拟真"的审美体验。[2] 在虚拟艺术中，模仿论美学的理想得到了显著的体现。模仿论美学强调艺术作品应尽可能地模仿自然，以传达真实的美感和情感。通过虚拟艺术，艺术家能够创造出超越物

---

[1] [古希腊] 亚里士多德：《诗学》，陈中梅译注，商务印书馆，1996，第 27 页。
[2] [法] 保罗·利科：《活的隐喻》，汪堂家译，上海译文出版社，2015，第 254—280 页。

理限制的作品，让观众在虚拟的环境中亲身体验和感受史前生物的生命力。莫斯科海洋馆的《侏罗纪海洋》展览，使用了大型视频投影、增强现实技术、全息图等手段，重现了恐龙时代的世界，让观众能够在一个互动的环境中学习和探索史前生物。此外，伦敦自然历史博物馆的海龙复原项目，通过360度视频技术，让观众能够在虚拟环境中观察海龙的肌肉、运动和皮肤纹理，全面了解其生活。这种体验超越了传统艺术形式，为观众提供了一种全新的审美体验。

黑格尔在《美学（第一卷）》中系统阐述了"表现说"，认为艺术的本质在于理念的感性呈现。[1] 艺术应展现绝对精神的自我表现和发展。这一观点开启了现代主义美学的先声，强调艺术表现主观情感和精神境界。浪漫主义艺术家（如德拉克洛瓦、特纳）摒弃客观再现，转而用夸张变形的形式表现激情和想象力。表现论与虚拟现实美学存在内在联系。虚拟艺术创作过程中，艺术家将主观意识注入数字空间，虚拟场景成为情感抒发和自我表达的载体。用户在沉浸式体验中与艺术家的情感世界产生共鸣，主客体融为一体，完成"移情"。例如，威尼斯电影节入围中国风VR动画电影《烈山氏》，故事改编自中国上古神话"神农尝百草"。作品中碧绿山水画面在古色古香的配乐中徐徐展开，再现了中国古代神农尝百草的传说。观众化身神农，将虚拟的百草一一尝遍，草药的苦辣酸甜转化为视听触觉的多重刺激，令人身临其境。这件作品将中国传统文化意象与沉浸式体验融合，观众在其中体味艺术家的文化情怀，彰显了虚拟艺术的表现力。

20世纪中叶，现代主义美学发生了"感官革命"。苏珊·桑塔格（Susan Sontag）在《反对阐释》中提出，我们当下所需要的是一种感性经验的复兴——对形式和感官表面的敏锐觉知……对艺术的直接经验。"[2] 她呼吁人们抛开过度的理性阐释，回归艺术的感性维度。在此语境下，感官解放、形式自足成为现代艺术的关键词。安迪·沃霍尔（Andy Warhol）等波普艺术家通过放大日用品图像，唤起观众对消费文化的反思。约瑟夫·博伊斯（Joseph Beuys）等激浪派艺术家"以行为取代画布"，用身体表演冲击观众感官，提出"每个人

---

[1] [德]黑格尔：《美学（第一卷）》，朱光潜译，商务印书馆，1997，第55页。
[2] [美]苏珊·桑塔格：《反对阐释》，程巍译，上海译文出版社，2021，第264页。

都是艺术家"的口号。① 这种感性至上的诉求与虚拟现实美学遥相呼应。VR 艺术家利用头显、数据手套等设备提供多通道感官刺激,将用户"浸没"在虚拟景观之中。VR 体验追求极致的感官崇高,用视听触觉的全方位制造沉浸幻觉,模糊现实与虚幻的界限。

进入数字时代,计算机、互联网技术为艺术创作开启了新篇章。20 世纪 60 年代,弗里德·纳克、迈克尔·诺尔(Michael Noer)等利用算法创作出最早的计算机艺术。他们借助编程语言生成抽象的线条、色块组合,开启了数字创作的先河。这意味着艺术品从物理载体变为信息化存在,其存在形态从原件走向复制品。此后,网络艺术家利用 HTML 语言、Java 脚本等在网页中嵌入互动元素,让观众介入创作过程,提出"作品即过程"的创作理念。虚拟现实艺术正是数字艺术发展到新阶段的代表。艺术家利用实时计算机图形、3D 建模、物理引擎等技术搭建沉浸式虚拟世界,作品成为算法驱动下的数字化"生成艺术"。在虚拟艺术中,物理介质让位于数字符号,艺术存在彻底摆脱物质性依赖。例如,VR 作品《绘灵境》以仇英的《桃源仙境图》为例,探索青绿山水画的数字化设计,尝试拓展画作的相关义化内容展示渠道,探索画作的文化价值传承与数字化体验,为中国传统绘画提供新方式。

VR 版《千里江山图》通过 VR 全景技术,突破时间、空间的局限,为观众提供了一个专场意义非凡的永不落幕的艺术体验,戴上 VR 眼镜,观众便可立刻到达故宫里的 VIP 私密赏画室,360 度立体观瞻《千里江山图》这一意境苍茫、气韵磅礴的历史长卷。在《中国的宝藏》中,使用 VR 技术手段来呈现中国古代山水画,使观众能够以全新的视角体验传统艺术。这些作品展示了如何将中国山水画的传统美学与现代 VR 技术相结合,创造出沉浸式的艺术体验,让传统文化在数字时代焕发新的活力。以中国山水画为原型,让用户在一片抽象水墨山水中漂游,山峦的轮廓随用户视角变幻而实时重组,呈现东方哲思。从技术层面看,作品完全游离于物理画布,以实时渲染的数字影像作为艺术媒介,标志着虚拟艺术对传统美学的颠覆性突破。

---

① [美]哈尔·福斯特:《实在的回归:世纪末的前卫艺术》,杨娟娟译,江苏凤凰美术出版社,2015,第 194 页。

第六章　虚拟现实的美学谱系与观念转型

虚拟现实艺术在多个维度与美学思想史形成了有机联结。从古典摹仿论到现代表现说，从感官解放到后现代数字化转向，虚拟艺术实践融古铄今，在传承中创新，拓展了审美体验的疆域。摹仿论在VR写实风格中获得新生，艺术家以数字化手段追求对自然的逼真再现。表现论思想在VR创作中引发共情，艺术家将情感注入虚拟场景，触发观众移情反应。感性中心主义在VR体验中达到极致，多通道感官刺激制造沉浸幻觉，追求感官的极致崇高。后现代数字革命则从根本上改变了艺术存在方式，VR作品彻底摆脱物理性，成为信息化符号，开启后人类艺术新纪元。

二、模拟与虚拟技术的美学融合

模拟与虚拟是虚拟现实技术的两个核心维度。模拟强调对真实的高度仿真，力求在数字世界中精确再现物理世界；虚拟则意味着对真实的超越，强调创造性想象和多元生成。两个概念既相互区别，又彼此交融，共同塑造了虚拟现实独特的美学图景。

拟像概念最早可以追溯到古希腊，柏拉图认为与理念具有内在同一性的摹本是真实的，虚假的影像因其对理念本质的背离而遭到贬斥。尼采（Nietzsche）以权力意志反转了理念的至上性，指认了拟像世界的真实性和理念世界的虚假性。在技术高度发达的后现代社会里，鲍德里亚构建了由模型和符码生成的拟真世界，试图消解传统知识论的表征体系，并以此展开其社会批判理论。[1]让·鲍德里亚在《仿真与拟像》一书中对"模拟"进行了系统阐述。他提出了著名的"拟像四阶段"理论，将模拟文化的发展分为仿造、生产、仿真、碎形四个阶段。仿造阶段：从文艺复兴到工业革命时期，拟像遵循"自然价值规律"，主要表现为对自然和现实的模拟与复制。生产阶段：工业革命后，拟像遵循"市场价值规律"，艺术和商品的复制成为主导模式，市场规律在其中起调控作用。仿真阶段：被代码所主宰的当前时代，拟像遵循"结构价值规律"，数字技术使得客体通过可复制技术被生产出来，创造了"超真实"。鲍德里亚在他的著作《邪恶的透明性》中提到了第四拟像体系，即"价值的碎形阶段"，

---

[1] 张劲松：《拟像概念的历史渊源与当代阐释》，《天津社会科学》2010年第5期。

这一阶段描述了一种类似细胞分裂的发展性质，可以无限扩展但又充满随意性和不可预测性[①]。价值的碎形阶段是一个新的价值阶段，具有类似细胞分裂的性质，文化和社会系统无限可分的性质，导致所有事物相互渗透，超政治、超性别、超审美的时代。

鲍德里亚认为，当代社会已进入第四阶段，数字媒介制造的拟像不再指涉任何真实，而是自我指涉、自我复制，成为脱离现实的独立存在。虚拟现实在某种程度上正是这种"超真实"的代表。VR场景通过算法构建，数字影像通过实时渲染生成，其指涉对象从一开始就缺席，观者完全沉浸在自指涉的拟像之中。例如，VR音乐节奏游戏Beat Saber，玩家需要使用光剑击打飞来的方块，方块的颜色和方向与音乐节奏相匹配。虽然游戏的环境和元素是虚构的，但玩家在其中的体验极具沉浸感和真实感，仿佛置身于一个充满活力的音乐世界。第一人称射击游戏Superhot VR，其核心机制是时间只有在玩家移动时才会流逝，这使得玩家可以在虚拟现实中体验到慢动作射击的乐趣，同时放大了游戏中的策略元素，游戏的世界虽然是虚构的，但其独特的玩法和视觉效果让人难以忘怀。探险解谜游戏The Room VR：A Dark Matter，玩家需要在一座古老的城堡中探索并解开各种谜团。游戏的场景设计精美，充满了神秘和恐怖的氛围。虽然整个游戏世界都是虚构的，但玩家在其中的探索和互动显得异常真实。虚拟现实某种程度上印证了鲍德里亚的后现代文化诊断。

但将虚拟现实简单等同为纯粹拟像并不恰当。皮埃尔·莱维在《Becoming Virtual》（成为虚拟）一书中，从存在论角度对"虚拟"概念进行了重新界定。他指出，虚拟并不对立于真实（real），而是与潜在（potential）相关，指向一种创生的力量和生成的过程。[②] 与静态实在不同，虚拟意味着变化的潜力，蕴含着差异化发展的可能性。在此意义上，虚拟并非对真实的背离，而是真实的一种动态面向。莱维以VR绘画为例阐释虚拟的创生性。传统绘画局限于二维画布，形态一经定型就难以改变。而在VR绘画软件，如Tilt Brush中，画

[①] 赵元蔚：《鞠惠冰.鲍德里亚的拟像理论与后现代消费主体》，《社会科学战线》2014年第1期。

[②] Pierre Levy.Becoming Virtual.Basic Books Press.1998.

第六章 虚拟现实的美学谱系与观念转型

面成为可交互的三维空间,笔触可随时调整形状和色彩,作品可不断生成演化,体现了虚拟的开放性和流动性。这与德勒兹(Gilles Deleuze)的观点不谋而合。德勒兹在《差异与重复》一书中指出,虚拟是一种"多样体(multiplicity)",通过内在差异实现自我分化和创新,而非对已在事物的模仿。[1]在德勒兹看来,重复(repetition)绝非相同事物的简单重现,而是蕴含差异的创造性生成。由此看来,虚拟现实的意义不只是对真实的高度仿真,更在于通过变异与更新创造多元的审美可能。

虚拟现实艺术创作生动体现了模拟与虚拟的辩证统一。一方面,VR艺术家运用数字建模、运动捕捉、实时渲染等技术,力求在虚拟场景中精准再现真实环境和自然规律,追求视听触觉的逼真体验,这体现了写实主义的模拟诉求;另一方面,许多VR作品超越了对真实的局限,创造出前所未见的奇诡景观,彰显出虚拟化的表现力。例如,虚拟现实全感剧场《风起洛阳》,将"实景演艺"与"VR全感互动"相结合,融入沉浸式戏剧、角色扮演、真人演绎等多元形式,为游客在虚拟现实空间中打造大唐盛世时的洛阳景观。体验者可以在约一小时的时间里,感受到"东方朋克"的画面美学与风感、雾感、震动感等五感调度的紧凑剧情,收获一场全感沉浸、传统与现代融合的文旅消费体验。作品打破了真实感知的惯性,创造出一个非客观再现的意象世界,体现了虚拟的诗意表现。再如,交互式VR电影《心境》,主打VR国风场景,玩家可以在《心境》中驾驶纸鸢,体验飞翔的快感,同时探索还原《红楼梦》中的潇湘馆等传统文化场景,既有写实元素,又充满想象张力,模糊了模拟与虚拟的界限。这部作品在第78届威尼斯电影节上荣获最佳VR作品奖,展现了VR技术在艺术创作中的巨大潜力。

模拟与虚拟是虚拟现实美学的两大支柱。模拟诉求以数字化手段对真实世界进行高度仿真,力求在虚拟场景中再现物理规律,制造逼真的感官刺激。虚拟诉求则强调超越真实的局限,通过变异与创新生成多元的审美可能,为想象力提供自由展演的空间。模拟与虚拟在具体作品实践中交织在一起,共同开

---

[1][法]吉尔·德勒兹:《差异与重复》,安靖、张子岳译,华东师范大学出版社,2019,第51-52页。

启了后真实时代的美学新局面。从鲍德里亚的拟像理论到莱维的虚拟哲学,从 VR 装置到虚拟偶像,当代哲学和文化现象都彰显了虚拟现实的独特意义,即作为现实的延伸和对现实的超越。

三、虚拟艺术在艺术史中的地位与批评

虚拟艺术作为数字时代的新兴艺术形式,其地位和价值存在广泛争议。支持者将其视为艺术发展的前沿阵地,认为虚拟艺术继承了前卫艺术的实验精神,代表了艺术与科技融合的未来方向。批评者则质疑虚拟艺术过度依赖技术,缺乏人文内涵和批判性,甚至模糊了艺术的边界。这种悖论式的评价反映了虚拟艺术在当代艺术语境中的复杂处境。

克里斯蒂安妮·保罗(Christiane Paul)是虚拟艺术的坚定倡导者。她在《数字艺术:数字技术与艺术观念的探索》一书中指出,包括虚拟艺术在内的数字艺术已成为新媒体艺术的核心分支,标志着数字时代艺术生态的深刻变革。保罗认为,虚拟艺术打破了传统艺术的物质性依赖,作品成为一个开放的、动态生成的互动系统。这种范式转变体现了后现代语境下艺术生产和传播方式的变革。[1]弗兰克·波普(Frank Popper)在《从技术艺术到虚拟艺术》一书中进一步指出,虚拟艺术是达达主义、未来主义、构成主义等 20 世纪前卫艺术实验的延续,它们都试图打破艺术的边界,革新艺术语言。[2]在波普看来,虚拟艺术与其说是对传统的背离,不如说是百年前先锋理念在数字时代的回响。

但也有批评者对虚拟艺术的技术崇拜和视觉奇观倾向表示警惕。有学者指出:"虚拟现实艺术具有超强的审美沉浸效应,同时携带极高的身心沉迷风险"[3],VR 艺术以其独特的立体性、交互性、想象性等特征,提供了前所未有的审美沉浸体验。这种沉浸不仅增强了艺术欣赏的真实感,也放大了沉迷的可能性,超越了传统数字艺术的局限。在 VR 艺术沉浸中,接受者的身心似乎同

---

[1] [美]克里斯蒂安妮·保罗:《数字艺术:数字技术与艺术观念的探索》,李镇、彦风译,机械工业出版社,2021,第 27—33 页。

[2] Frank Popper.From Technological to Virtual Art.Mit Press,2006:1—10.

[3] 苏月奂:《"钵中之脑":虚拟现实艺术沉浸问题解析》,《山东师范大学学报(社会科学版)》2023 年第 2 期。

时存在于虚拟与现实世界，形成一种"在又不在，不在而在"的悖论。这种体验使得观察者看到的仅仅是穿戴设备、进行看似无意义动作的个体，而接受者感觉完全沉浸在另一个真实平行的世界中。阿瑟·丹托（Arthur Danto）从本体论的角度对虚拟艺术提出质疑。他在《艺术的终结之后——当代艺术与历史的界限》一书中论证，后历史时期的艺术已不再遵循单一的"元叙事"，其定义和边界变得模糊。虚拟艺术无法用传统的审美和形式标准来判断，它对艺术的本质构成挑战。[1] 丹托的论断可谓一针见血，揭示了虚拟艺术在当代语境中的定位困境。

事实上，优秀的虚拟艺术作品在技术创新和人文关怀之间达成了平衡。它们一方面利用VR、AR等前沿技术塑造出独特的沉浸式体验，另一方面蕴含了丰富的文化内涵和批判精神，彰显出数字时代的人文情怀。近年来，随着虚拟现实技术的发展和普及，国内一系列蕴含东方审美的VR作品频频上线，涵盖神话故事、传统文化、中国玄幻等题材，旨在以科技创新推动影视发展，传承并激活传统文化。《古籍寻游记》通过VR互动技术，让用户体验古文献的发现历程，让历史"活"了起来；《兵马俑奇妙夜》让用户体验第一人称视角的故事，探索兵马俑背后的历史与文化；基于敦煌博物馆的文化内容，利用虚幻引擎重建敦煌千年前的景象，让观众感受敦煌艺术之美。通过VR技术，传统文化不仅能以创新方式呈现，还能加深观众对文化的理解与情感联结，促进文化传承和国际传播。

蕾切尔·罗森（Rachel Rossin）的一系列VR绘画作品同样体现了虚拟艺术的双重追求。罗森利用VR绘画软件Tilt Brush在虚拟空间中创作出色彩斑斓、形态诡谲的超现实主义画作。这些作品挑战了传统绘画的平面性，将观者"拉入"画中，制造身临其境之感。在VR空间漫游时，笔触的流动变幻牵引着观者的视线，引发空间错位感，营造出一种后现代式的不安氛围。同时，VR绘画还突破了物理画布的尺幅局限，可以无限延展、任意缩放，为艺术家的想象力提供了自由展演的舞台。艺术家试图用VR绘画探索虚拟空间的维度，挖

---

[1] 阿瑟·丹托：《艺术的终结之后——当代艺术与历史的界限》，王春辰译，江苏人民出版社，2007，第47—69页。

掘其中蕴藏的诗意。VR 能以全新视角审视绘画这一传统媒介，发掘其表现力，既展现了 VR 的技术魅力，又传承了绘画的人文精神。除了个人艺术创作，一些机构策划的虚拟艺术展也受到了广泛关注。2016 年，中国首届 VR 艺术展在上海开幕，这是国内首个大规模的 VR 艺术展，以"身临·奇境"为主题，强调了 VR 虚拟现实技术的优势。展览不仅让观众在三维立体空间中移动，还能直接走进画中，感受每一个笔触，观看每一幅立体画的不同面。2020 年，亚洲数字艺术展览在北京举办，汇聚了来自 11 个国家和地区的 33 位艺术家与 32 件顶尖数字艺术作品，其中有 10 件作品在展览中首发。展览以"世界处理器"为主题，融合了人工智能、虚拟与现实技术、脑科学、生态艺术、沉浸式空间等多种元素。2021 年雅昌艺术开始布局元宇宙，在数字藏品领域进行了布局，发行了"传世名画"系列数字藏品。2024 年，国家大剧院数字艺术展通过裸眼 3D、AIGC 等技术，为观众呈现了一场科技与艺术的奇幻之旅，参展作品涉及文化传承、后人类想象、全球化等多个议题，体现了虚拟艺术介入社会审美文化的力量。

鲍里斯·格罗伊斯（Boris Groys）提出了调和技术与人文的思路，指出数字时代的艺术创作必然受制于算法、硬件等技术条件，艺术家很难完全掌控作品。但艺术家的主体性正体现于如何与机器协同，在技术实现中嵌入人的意图。优秀的数字艺术作品应在技术框架内实现人文关怀的突围。[1]考察诸多 VR 作品发现，艺术家并非技术的奴仆，而是借助算法语言表达人文理想。虚拟现实艺术的独特之处恰在于在形式创新中承载思想的深度。可以说，虚拟艺术用数字语言演绎了人类数千年来对理想世界的想象，它既革新了再现形式，又延续了永恒的人文关怀。虚拟艺术作为数字时代艺术范式转型的代表，支持者将其视为传承前卫艺术实验精神、开拓艺术与科技融合前景的先锋力量；批评者则质疑其过度技术依赖、概念肤浅，甚至模糊了艺术边界。这种两极化评价反映了虚拟艺术的复杂性。事实上，优秀的虚拟艺术作品在革新感官体验的同时，也传递了深刻的哲学思考和人文关怀，在技术创新与精神追求间达成平衡。

---

[1] 王长才、唐诗佳：《去专业化的当代艺术——鲍里斯·格洛伊斯的当代艺术论》，《中外文化与文论》2021 年第 4 期。

随着XR（Extended Reality，扩展现实）、GAI（Generative Artificial Intelligence，生成式人工智能）等技术的发展，虚拟艺术可为数字时代的美学探索开辟更广阔的空间，而虚拟艺术要获得持久生命力，关键在于坚持人文价值，用数字语言讲述打动人心的故事。唯有如此，虚拟现实才能成为承载理想世界的诗意栖居之所。

第二节　虚拟美学中的核心理论与观念

一、虚拟美学的理论基础与关键概念

虚拟美学作为一门新兴的交叉学科，其理论渊源可追溯到西方哲学史上的诸多经典命题。从古希腊的理念论到现象学运动，从存在论到身体哲学，虚拟美学在多个哲学话语中找到了自身的理论坐标。通过梳理这些理论脉络，我们可以理解虚拟美学的形而上维度，进而把握其核心概念和独特意蕴。

柏拉图的"理念论"可谓虚拟美学的思想渊源。在《理想国》中，柏拉图提出了著名的"洞穴之喻"，将可感知的物质世界比喻为洞穴墙壁上的影像，而理念世界才是最高的实在，认为物质世界只是理念世界的模仿和投影。[1] 这种二元对立的思维模式为我们理解虚拟与真实的辩证关系提供了线索。虚拟世界何以可能，它与物理世界是何种关系，是对真实的模仿，还是真实的对立面，这些问题正是柏拉图哲学的当代回响。不过，虚拟美学并不满足于简单的二元对立，而是力图在虚拟与真实的张力中探寻意义生成。

亚里士多德的"模仿说"则为虚拟美学的写实追求提供了理论依据。他认为，艺术创作的本质在于对自然的模仿，优秀的艺术作品应以真实感打动人心。[2] 这一观点奠定了西方艺术的再现性传统，强调以精湛的技艺再现感性世界。虚拟现实技术的写实风格正是这一传统在数字时代的延续。通过实时渲染、光影算法等手段，虚拟场景力求在视觉、听觉、触觉等层面模拟真实世界，营造逼

---

[1] 吕正兵：《技术理性、数据洞穴与"穴居人"》，《现代传播（中国传媒大学学报）》2019年第7期。

[2] 贺征：《论亚里士多德的"模仿说"》，《社科纵横》2005年第1期。

真的感官印象。从柏拉图到亚里士多德,再到当代虚拟现实艺术,模仿自然的冲动贯穿其中。海德格尔在《艺术作品的本源》中提出的世界与大地概念,则为虚拟美学提供了存在论维度的思考。在海德格尔看来,艺术作品通过开辟世界、激发大地,揭示存在者的真理。世界意味着意义脉络的开放性,大地意味着物质的不可穷尽性。二者处于永恒的争执中,共同构成艺术作品的张力。①虚拟艺术恰恰体现了世界与大地的辩证。作为数字化的"世界—投射",虚拟场景自有其意义结构和叙事逻辑,但又依赖于数据、算法等"大地"层面。"'数字化'时代的媒介技术特点决定了"虚拟美学"的根本旨趣——既然'虚拟'已经使艺术的生活本源转换为泛本源,那么就可能不再是艺术在模仿生活,而是生活在模仿艺术。"②虚拟艺术作品介于存在论意义上的虚无和实在之间,体现出独特的本体张力。例如,《山海 OL》是一款以中国古代神话传说为背景的游戏,其视觉效果的实现主要依赖于先进的 3D 引擎技术,采用了自主研发的 SkyEngine 引擎技术,通过强大的光影效果和逼真的场景设计,为玩家带来了唯美真实的视觉体验。此外,《山海志》则使用了 T3D 引擎,这款引擎拥有强大的光源阴影处理能力和先进的贴图特效,能够为玩家提供 CG 动画般的视觉效果。数字沉浸式戏剧《经·山海》融戏剧、科技、展览于一身,打破传统戏剧方式,塑造浸入式观演,用数字联结展览与表演,以数字艺术及沉浸式体验和互动戏剧的观演方式,呈现山海经文化内涵。这些虚拟艺术作品既模仿了中国传统文化题材的意境,又游离于物理规律之外,体现了世界建构与大地敞开的双重面向。

莫里斯·梅洛-庞蒂的"身体图式"(body schema)理论则凸显了身体在虚拟体验中的中心地位。他在《知觉现象学》中指出,身体作为向世界敞开的主体,是人类一切知觉和意义的根源。我们不是先有抽象的认知,再用身体去感知,而是始终以身体的方式存在。③在此,我们的知觉活动不是建构对象、

---

① 黄宝东:《海德格尔〈艺术作品的本源〉中的"大地"》,《长江大学学报(社科版)》2016 年第 3 期。

② 曾繁亭:《网络"虚拟美学"论纲》,《文艺理论研究》2014 年第 1 期。

③ [法]莫里斯·梅洛-庞蒂:《知觉现象学》,姜志辉译,商务印书馆,2001,第 173—203 页。

赋予对象以意义，而是观察、体验外界刺激材料本身含有的意义。在这个过程中，身体不是抽象的概念，既不是单纯的生理性存在，也不是纯粹自我或意识，而是物质存在的躯体和作为精神存在的意识密不可分地统一在身体中。人就是这种身心统一的"实存"，实存是活生生的经历着的，是现实的人的身体。莫里斯·梅洛-庞蒂的洞见启发了虚拟现实设计中的"具身交互"（embodied interaction）理念。诸如数据手套、动作捕捉、力反馈等技术力求将身体动作与虚拟场景实时关联，让用户产生完全参与其中的沉浸感。例如，VR游戏《超级热》（Superhot VR）要求玩家做出闪避、格挡、瞄准等全身动作来对抗敌人。游戏机制直接镶嵌在具身交互中，玩家的身体图式与虚拟场景高度重叠，创造出强烈的临场体验。由此可见，虚拟美学的交互向度正是以身体为核心展开的。

在上述理论基础上，虚拟美学形成了一系列关键概念。其中"临场感"（presence）指代用户对虚拟环境产生身临其境的主观感受，这种感受取决于感官刺激（sensory）、投入程度（engagement）、认知卷入（cognitive involvement）等多重因素。相关研究对临场感的影响因素进行了实证研究，发现视场角度、刷新率、头部追踪、立体声等技术参数显著影响了用户的沉浸体验。[1] 代理性（agency）则指用户对虚拟事物的操控感和影响力，这种主客交互是虚拟艺术有别于传统艺术的本质特征。珍妮特·莫瑞（Janet Murray）在《网络时代的哈姆雷特》一书中指出，交互叙事的核心在于赋予用户"行为的权力"，认为交互叙事的核心在于赋予用户在故事中的角色和行动能力，让用户能够影响故事的发展与结局。这种叙事方式不仅让用户成为故事中的角色，还让他们能够通过自己的选择和行动来改变故事的进程，从而增强了用户的参与感与沉浸感。[2] 代理性要求虚拟艺术作品为用户提供丰富而灵敏的交互方式，塑造一种"共同创作"的参与感。"变形性"（transformation）指

---

[1] James J. Cummings & Jeremy N. Bailenson.How Immersive Is Enough? A Meta-Analysis of the Effect of Immersive Technology on User Presence. Media Psychology，2016（2）.https://doi.org/10.1080/15213269.2015.1015740.

[2] Janet H. Murray. Hamlet on the Holodeck：The Future of Narrative in Cyberspace. The MIT Press. 2017:21—36.

虚拟世界摆脱物理束缚、突破既有逻辑的特性。VR 动画《纸境奇缘》（Paper Beasts）就构筑了一个纸艺风格的奇幻世界，各种生物和景观能像折纸一样伸展、变形，展现出一种超现实的造型语汇。

上述可知，虚拟美学的理论谱系涵盖了西方哲学史的诸多重要话语，从理念论、模仿说到存在论、现象学，共同构成了虚拟艺术的形而上维度。在此基础上，临场感、代理性、变形性等概念进一步彰显了虚拟美学的核心内涵，即通过打造沉浸式的感官体验、交互式的叙事参与、异质化的时空形态，为人类感性生活开辟全新疆域。

二、虚拟艺术作品中的象征性与意象

虚拟艺术作品以其独特的意象营造和象征隐喻，开辟了数字时代艺术表达的新疆域。它借助虚拟现实技术塑造感性形象，将抽象观念、情感体验具象化，引发观者在视听交融中领会言外之意。从文化哲学到诗学理论，从艺术史到当代创作，象征与意象始终是艺术传神达意的法宝。虚拟艺术正是在传统智慧和技术创新的交汇处，焕发出独特的诗性光辉。

恩斯特·卡西尔（Ernst Cassirer）在《人论》中提出"人是符号的动物"，"人不再生活在一个单纯的物理宇宙之中，而是生活在一个符号宇宙之中。语言、神话、艺术和宗教则是这个符号宇宙的各部分，它们是织成符号之网的不同丝线，是人类经验的交织之网。"[①] 卡西尔将人类文明视为一个符号形式体系，而艺术正是其中最重要的构成。在他看来，艺术创作过程就是将内心观念和情感外化为可感的形象符号。这种将抽象转化为具体、将无形转化为有形的象征能力，恰是艺术的生命所在。卡西尔的洞见为理解虚拟艺术的创作原理提供了钥匙。虚拟艺术家利用数字技术，将想象力幻化为栩栩如生的意象，在虚拟与现实的缝隙间编织象征的意义之网。

虚拟艺术作品常借助象征隐喻，表达难以言说的深层意蕴。《O》是一部由导演邱阳与法国行为艺术家 Olivier De Sagazan 合作的 VR 作品，它以对当代艺术的展现为核心表达，带有强烈的现代主义色彩和达达主义倾向。作品中

---

① [德]恩斯特·卡西尔：《人论》，甘阳译，上海译文出版社，2004，第 35 页。

的阴暗潮湿、毫无前景的隐喻空间与人物肢体、颜色和动作所传达的强烈愤怒、不甘与痛苦相互映衬，传达出深陷钢铁、电子照明和人造物的当代城市人的异化。观众通过 VR 设备，被带入一个痛苦的审美记忆，观众无法通过"边界"从这种"痛苦经验"中逃离，而私人化的观影模式又加剧了共情与共鸣。作品以技术手段重现了这个隐喻，赋予其感性的力量。科幻冒险电影《头号玩家》通过虚拟现实技术构建了一个宏大的虚拟世界"绿洲"，这个世界成了许多人逃避现实困境的避风港。在"绿洲"中，玩家可以成为任何形象，做任何事情，但现实世界的贫困和压迫仍然存在。电影通过主人公韦德的故事，展现了现代人内心的挣扎和孤独，以及他们如何在虚拟世界中寻找慰藉。韦德的旅程不仅是对自由和胜利的追求，也是对现实世界的反思与对人性的探索。

　　虚拟艺术还善于营造意境，以感性形式传达诗意内涵。《庄子·渔父》中提出"真者，精诚之至也，不精不诚，不能动人。"[①]的情感命题，并较早地使用了虚化的"境"的概念。王昌龄的《诗格》一书对"诗境"的构成与特征作了论述："诗有三境：一曰物境。二曰情境。三曰意境。"[②] 主要关注于诗歌创作中的"物境""情境"和"意境"三个层次，其艺术特征主要体现在情景交融、虚实相生、生命律动和韵味无穷等方面，强调诗人在创作过程中的主观情感与客观景物的交融。刘勰在《文心雕龙·隐秀》[③]中首先用"境"的概念来评论嵇康、阮籍的诗，说他们的诗"境玄思淡"，并提出"文外之重旨""余味曲包"等重要问题，可视为文学意境论的萌发。王国维在《人间词话》中提出"有我之境"与"无我之境"的分类，进一步完善了意境理论。[④] 意境理论的发展不仅局限于文学领域，它还渗透到了绘画、音乐等其他艺术形式中，成为中国古代文艺理论中的经典审美范畴。这一诗学理念影响深远，当代虚拟艺术创作在塑造意境方面可圈可点。本研究基于具身认知理论，强调在认知过程

---

① 庄周：《庄子·渔父》，孙雍长导读，岳麓书社，2023，第 476 页。
② 张伯伟：《全唐五代诗格汇考》，江苏古籍出版社，2002，第 172 页。
③ 刘勰：《文心雕龙译注》，王运熙、周锋译注，上海古籍出版社，2010，第 191 页。
④ 罗钢：《传统的幻象——跨文化语境中的王国维诗学》，人民文学出版社，2015，第 92 页。

中身体行为的核心作用及意象图式在抽象认知中的重要性。提出了一种沉浸式虚拟现实中的山水画意境空间的具身交互设计模型，该模型包括意境感知、交互行为和意境理解三个层次，并构建了具身感知层、交互感知层、认知构建层的设计框架。VR作品《游春图》创新性地结合了具身认知、虚拟现实技术和山水画意境空间，通过精心设计的"杨柳抚堤""雾锁春江"等场景和任务，体验者可进行划船、参观佛寺、自由创作等交互活动，作品中融入历代题诗与著名诗句，增强了场景的文化底蕴和情感体验，帮助体验者深入感悟诗词意境，加深对山水画意境的理解。从意境感知、交互行为、意境理解三个层面的反馈显示，体验者对沉浸式虚拟现实环境中的山水画意境给予高度评价，创作者尤其在视觉、听觉和触觉沉浸感、交互反馈、知识理解等方面意境营造得出神入化，物我交融，引人遐思，体现出中国山水美学的玄妙境界。

象征与意境均是虚拟艺术表达深层意蕴、营造诗性空间的有效手段，源于将抽象转化为具体的人类象征能力，又借助数字技术焕发出新的生命力。从披着现代主义外衣的个人困境，到浸润后现代氛围的时空错乱，从承袭东方诗学的水墨意境，到体现后人文焦虑的末世景观，当代虚拟艺术作品在传统与现代的张力中，以隐喻的形式投射时代之问。荣格的"集体无意识"[1]理论认为，艺术的创作过程是对集体无意识和原型的激活，艺术家成了集体无意识和族类的代言人，通过艺术的形式来表现人类的集体无意识。象征与意象，正是集体通往时代之梦的密码，也是虚拟艺术的生命密码。

三、虚拟环境的感知与视觉美学

虚拟环境通过多通道的感官刺激和实时交互，营造出独特的现象学体验。其沉浸式的感知方式和非线性的视觉语法，正在重塑人与图像世界的关系，开启数字时代美学的新篇章。虚拟现实之所以令人着迷，正是在于其超越了再现的桎梏，将图像转化为可"栖居"的数字化生活世界。观者不再是旁观的局外人，而是参与互动的主体，在虚拟场景中获得栩栩如生的临场感。从移情说到蒙太奇理论，从崇高美学到后现代主义，虚拟美学与诸多哲学流派产生了富有

---

[1] [美]杰里·伯格：《人格心理学》，陈会昌译，中国轻工业出版社，2020，第106页。

第六章　虚拟现实的美学谱系与观念转型

成效的对话，彰显出跨学科思考的魅力。

西奥多尔·立普斯（Theodor Lipps）的"移情说"（empathy theory）是理解虚拟环境沉浸感的关键理论之一。立普斯认为，审美体验源于主体将情感投射到客体之中，产生物我交融的"感情移入"[①]。这种将主观感受外射为客观形式的能力，恰恰是虚拟艺术打动人心的奥秘所在。当观者戴上VR头显，置身于360度包围的虚拟场景时，画面随头部运动实时变化，仿佛观众真的在场。这种沉浸感使主客界限模糊，意识仿佛飘浮在虚拟时空中，获得超越日常感知的微妙体验。由此，VR的沉浸感改变了主体与世界的关系，具身性融入虚拟叙事，观者成为参与者，在想象与同在中重塑自我。以VR Treehugger：Wawona为例，用户通过VR头显和一对降噪耳机，穿好Subpac振动背包以及HTC Vive，被领到一个树桩式座位上，然后将头伸进树洞中，进入像无底洞般的巨大树干中，被神秘的彩虹光流吞噬，并沿着隧道开始旅程，逐渐进入它的秘密内心世界（图6-1）。Treehugger：Wawona不仅是一次视觉和感官的盛宴，它还探讨了人与自然的关系，特别是在当前环境危机的背景下，它鼓励人们重新思考人与地球的关系。通过结合艺术、科学、数据、环保主义和技术，创造了一个独特的沉浸式体验，让观众能够以全新的方式感受自然和环境保护

图6-1 VR作品Treehugger：Wawona玩家镜像

的重要性。作品将主客互动戏剧化，观者在图形变换中反思感知的能动性。这种交互式抽象打破了再现的桎梏，开启了一种诗性的意义流动。

除了塑造移情体验，虚拟艺术还以独特的视觉语汇重塑图像世界。让-弗朗索瓦·利奥塔（Jean-François Lyotard）在分析数字艺术时提出"后现代崇高"

[①] 朱光潜：《西方美学史》，商务印书馆，2011，第665页。

(postmodern sublime) 的概念。他指出当代科技艺术通过数字编码、算法生成等方式，创造出一种非人化、非物质化的崇高感。这种崇高不同于浪漫主义时期的自然崇高，而是彰显了理性对未知事物的开发和驾驭。[①] 在虚拟现实中，悬浮失重、无限镂空等超现实景观比比皆是，半透明的形态、流动的界面、分形的结构，共同营造出一种后现代感性范式。这种充满数字感的"科技崇高"，正是虚拟美学区别于传统美学的标志。

Gravitational Waves VR 中，用户通过 VR 头显和控制设备与黑洞等天体进行交互，可以控制一个虚拟角色"飞行"在双黑洞周围，通过调整黑洞的总质量、质量比和轨道分离来实验，并且亲眼见证由黑洞发出的引力波如何拉伸与压缩他们的虚拟角色。这种沉浸式体验提供了一种独特的方式来直观理解引力波是如何由天体间的相互作用产生的，以及它们如何影响周围的空间。数字化的意象隐喻后人类的物理空间疏离感，流动的天体犹如梦中风景，虚无缥缈，却又无限蔓延，体现出一种技术崇高的视觉张力。"在图像僭越现实的过程中，现实的生活空间转变为仿真的、脱离真实场所的超空间。随着超出主体把握能力之外的超空间的形成，崇高感也发生了改变。超空间带给人们的精神分裂式的异常强烈的欣快感觉，詹姆逊称之为"歇斯底里式崇高"[②]，这种科技崇高源于人类理性对复杂事物的把控能力，其数字化形式则彰显出一种非人的崇高，将人的孤独感以编码的方式表现，从而开启了一种全新的崇高审美体验。

虚拟叙事还巧妙吸收了电影蒙太奇美学，在时空维度实现了创新表达。爱森斯坦（Sergei Eisenstein）曾提出"冲突蒙太奇"（collision montage）理论，强调画面的并置组合可制造隐喻性张力，引发观众联想。[③] 这一理念在风格化 VR 影视动画 Dream Drops 中得到创造性运用，结合手绘场景和 3D 渲染技术，其创造出一种既梦幻又立体的视觉效果，帮助观众深入体验主人公金姆

---

① [法]让-弗朗索瓦·利奥塔：《崇高的分析论讲稿：康德〈判断力批判〉：23—29节》，王惠灵译，北京出版社，2019，第127页。
② 张兴华：《詹姆逊后现代空间理论视野下的当代视觉文化研究》，北京理工大学出版社，2017，第110页。
③ [俄]爱森斯坦：《蒙太奇论》，富澜译，中国电影出版社，2003，第460页。

的内心世界和情感历程。它还探讨了虚拟现实技术在叙事和创意表达上的潜力，其中运用的 DreamFusion 技术是一种将梦境与现实相融合的创新技术，通过生成高质量的虚拟场景和角色，使梦境与现实两个时空并置，制造了时间悖论。观众必须在想象中将其拼接，主动建构意义。这种双视角蒙太奇打破了传统电影的线性逻辑，激活了观众的能动意识，体现了虚拟叙事的交互特质。

虚拟环境通过移情机制、数字崇高、蒙太奇隐喻等方式，塑造出独特的感知体验和视觉景观。主体在虚拟时空中漫游，与数字影像开展身心互动，建构诗性栖居之所。这种交互式的感知和阐释过程，正是虚拟美学区别于传统美学的关键。在数字化浪潮中，虚拟艺术以崭新的感性形式承载时代之思，思考人与科技的关系。莫里斯·梅洛-庞蒂认为，感知从来不是单纯的现实呈现，而总是交织着虚构与想象。每一次感知，都面临着一个不可思议的悖论，即对不在场事物的觉知。[①]在此意义上，虚拟艺术恰恰揭示了人类感知的本质，在场与不在场的辩证共舞。

综上所述，虚拟美学以哲学为理论支撑，结合虚拟现实特性，形成了临场感、代理性、变形性等核心概念。在创作实践中，艺术家运用象征隐喻、形象生发等表现手法，借助感知错位、蒙太奇元素等视觉语汇，塑了独特的美学图景。未来，虚拟美学还会在传统智慧和数字逻辑的交织中，不断拓展艺术表达的可能性。

第三节　新媒体环境下的美学观念转型

新媒体技术的发展催生了新的艺术形态和美学体验，也对传统美学理论提出了挑战。虚拟现实、数字影像、交互艺术等新媒体艺术实践，正在重塑艺术本体论、作品存在方式、审美主体等核心美学命题。深入探讨新媒体语境下的美学观念转型，有助于把握数字时代艺术发展的趋势，构建与时俱进的理论话语。

---

① [法] 莫里斯·梅洛-庞蒂：《可见的与不可见的》，罗国祥译，商务印书馆，2016，第 241 页。

一、新媒体技术对审美理论的影响

新媒体技术的兴起为传统美学理论带来了诸多挑战。数字化、交互性、虚拟性等新媒体特征，正在深刻改变艺术存在的方式、创作的逻辑和欣赏的方式，引发美学范式的革命性转型。从本体论到创作论，从叙事学到感知理论，新媒体艺术实践对诸多经典命题提出了疑问，呼唤美学理论的创新和重构。

数字化技术颠覆了艺术作品的物质性存在，这一点对传统美学体系构成了根本性冲击。数字复制技术使艺术作品失去了"光晕"，成为可无限复制、传播、重构的信息符号。在数字时代，原作与复制品的界限被打破，艺术品变成了一种非物质性存在。在本雅明看来，机械复制剥离了艺术品的历史痕迹和文化语境，削弱了其作为"一次性事件"的独特性。数字化则将这一颠覆进一步激进化，作品沦为纯粹信息，其真实性的在场感荡然无存。这种非物质性挑战了从亚里士多德到黑格尔美学体系的根基。在《诗学》中，亚里士多德将艺术理解为对自然的模仿，强调艺术对客观事物的再现；而黑格尔在《美学》中则将艺术视为理念的感性显现，突出艺术的精神内涵。无论是再现论还是表现论，这些经典美学理论都预设了艺术的物质载体，强调形式与内容的统一。数字化的非物质性显然动摇了这一根基，艺术作品不再依赖物理介质，其存在和传播方式发生了根本变化。由此，传统的艺术存在论亟须重构。

交互性技术打破了艺术创作与欣赏的主客二元对立，这一变革性特征对美学理论提出了新的诉求。尼古拉·布里奥（Nicolas Bourriaud）提出了"关系美学"（relational aesthetics）的概念，认为后现代艺术的意义不再由艺术家主导，而是在观者参与的过程中动态生成。"艺术接受社会的选择，并被自觉地包容在社会的文化语境之中。艺术的交流、对话与传播的走向，并不是简单地由艺术作品流向艺术公众，而是艺术家与艺术公众在不断地相互交流意义，互为对话回应，艺术公众不但接受、理解而且也在影响，并一同完成着艺术。"[①] 艺术作品代表了一种社会存在方式，而观众通过作品相遇，形成特定的社会关系。许多当代艺术创作旨在塑造人际交往的微观空间，如会面、约

[①] 陈宏可：《艺术公众与艺术作品的相互影响》，《南京艺术学院学报（美术与设计版）》2013年第6期。

会、聚会等。艺术走出了美术馆的象牙塔，嵌入日常生活语境，成为联结个体的社会装置。例如，The VR Museum of Fine Art 以虚拟博物馆为主题场景，通过 VR 技术重新诠释了经典艺术作品的展示方式，让观众能够以全新的视角和互动方式接近与体验名画，如凡·高的《星夜》和雕塑《大卫》。这种体验改变了传统博物馆的观看模式，增加了沉浸感与互动性。这里，作品不再是封闭的审美对象，而是互动的社会场域，观众参与作品生成，艺术家也成为交往的媒介者，由此颠覆了传统艺术中创作主体与欣赏客体的二元对立。充分展示了 VR 艺术如何通过创造独特的空间和感知体验，挑战传统的艺术表现形式，以及如何利用技术拓展人类对世界与自我认知的边界。

此外，虚拟技术对艺术再现论也提出了挑战。让·鲍德里亚在《仿真与拟像》中论证，在后现代语境下，再现（representation）已被仿真（simulation）所取代。符号不再指涉真实，而是通过自我指涉和互指，创造出一个虚拟的"超真实"。以迪士尼乐园为例，这个童话王国并非对现实的再现和美化，而是通过模拟模型制造出一种自我指涉的拟像。迪士尼通过动画形象、童话叙事等符号，建构了一个自洽的虚拟空间，甚至反过来掩盖和支配了物理的现实，成为一种拟像世界。鲍德里亚的洞见在虚拟现实艺术中得到印证。例如，Dear Angelica 利用 VR 绘画工具 Quill，创作者可以在虚拟空间中进行绘画创作，通过挥舞手中的控制器绘制线条，将观众引入女主角的世界（图6-2）。画面中，现实物品影像和抽象的数字形态并列呈现，可以自我裂变、自我指涉，现实感完全瓦解，呈现出一种后人类的超现实景观。作品暗示，在人工智能主导的未来，人的主体性将让位于算法的主导，现实将完全沦为拟像的附庸。

同时，虚拟技术还打破了传统艺术中视觉优位的格局，制造出复合的感官体验。马歇尔·麦克卢汉"媒介即人的延伸"的理论指出，媒介技术作为人体器官的延伸，重塑了人的感知方式和经验结构。印刷媒介强化了视觉，而电子媒介唤醒了听觉、触觉等综合感受，把人带入全感官的部落化时代。麦克卢汉的理论为理解虚拟技术提供了线索。VR 设备（如头盔显示器、数据手套等）正是视觉、听觉、触觉的延伸，其沉浸式体验打破了各感官间的隔阂，营造出复合的知觉方式。这种突破感官隔离的沉浸体验，颠覆了传统电影的视听语言，

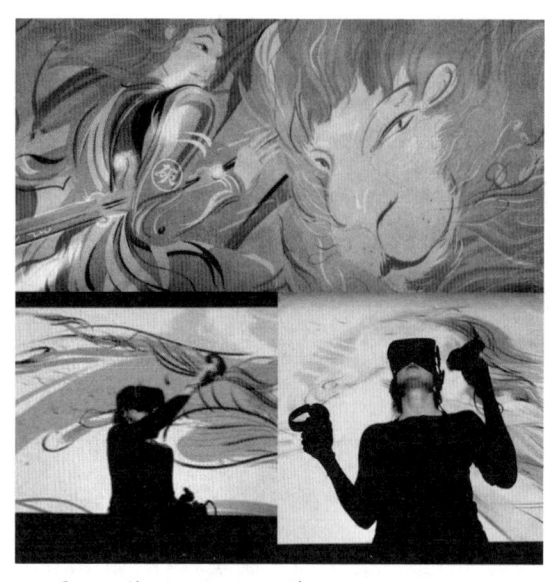

图 6-2 绘画工具 Quill 作品：Dear Angelica 玩家镜像

开启了 VR 叙事的新范式。

以数字化、交互性、虚拟性为标志的新媒体技术，正在全方位重塑艺术的存在论、创作论、感知论，引人入胜地呼唤传统美学理论的革新。数字技术解构了艺术作品的物质性，非物质的信息存在对经典再现论和表现论提出质疑。交互性打破了艺术创作与欣赏的主客二分，关系性生产取代了个人表达，呼唤美学理论从作品转向过程。虚拟技术模糊了艺术再现与实在的界限，拟像逻辑主导符号秩序，传统图像理论面临解构。同时，虚拟技术制造复合的感官体验，视觉、听觉、触觉相互渗透，媒介作为身体延伸重塑了知觉结构。在此语境下，美学理论亟须创新范式和话语体系，从存在论、诗学到感知现象学，开启新媒介美学的未来图景。艺术哲学需要从感性形式转向媒介逻辑，深入反思数字技术语境下人的主体性变迁。只有直面科技发展的"奇点时刻"，艺术的未来想象力才能引领人文精神的自我更新。

二、虚拟现实艺术的美学批评与理论

虚拟现实艺术打破了传统艺术的界限，创造出独特的体验方式和叙事逻辑。面对这一新兴艺术形态，批评话语和理论阐释也在转型升级，力图揭示虚拟艺术的内在机制和美学规律。从沉浸理论到互动悖论，从透明感到超媒介性，新的批评范式正在形成，为虚拟艺术提供了解释框架和价值坐标。批评实践与理论建构相辅相成，共同推动着虚拟美学的学科化进程。

奥利弗·格劳（Oliver Grau）在《虚拟艺术》一书中提出"沉浸美学"（immersive aesthetics）的概念，将其视为虚拟艺术的核心特征。格劳以"沉

第六章 虚拟现实的美学谱系与观念转型

浸"和"幻觉"为线索,从创作于公元前 60 年的位于庞贝的米斯特里别墅的壁画开始,追溯了虚拟艺术的美学痕迹,进而将其与今天的新媒体艺术进行比较研究。通过考察了从古希腊壁画到巴洛克穹顶画再到当代 VR 装置的沉浸式艺术谱系,他发现其共同点在于营造出封闭的感官空间,将观者浸没其中,打破艺术欣赏的"心理距离"。格劳指出,"在'混合现实'中自然界的图像与人工图像混为一体,在这样的环境下我们通常难以区分哪些是原始图像哪些是模拟图像。以上这些媒介策略旨在营造一种高度的沉浸情感和存在感(一种'身临其境'的情感暗示)。在与'现实'中的'鲜活'环境交互作用下,这些情感可以得到进一步的强化。"[1] 与传统艺术强调静观者的超然态度不同,沉浸式艺术追求参与者与作品环境的同在感,通过多感官刺激制造临场效果。例如,夏洛特·戴维斯(Charlotte Davies)的 VR 装置 "Osmose" 邀请观者通过头盔显示器和动作追踪设备进入一个抽象的自然景观,并用呼吸和平衡控制与之互动。参与者在梦幻的森林、海洋中穿梭,与万物融为一体,仿佛进入一个冥想状态。在沉浸的过程中,主体感到自我消解,意识仿佛飘浮在空间之中,内外在经验的二元对立被超越了,这种打破主客体界限的沉浸感,正是虚拟艺术的灵魂所在。

然而,沉浸感与交互性之间存在张力。互动叙事是一个融合了人文与计算视角的多学科研究领域,继承并反思了西方经典叙事学理论,特别是关注互动性如何让用户通过系统有意影响叙事走向。这一领域涵盖了互动与智能叙事的内容创作规律、叙事交互系统模式以及设计理论与实践。互动叙事的发展脉络与经典叙事学紧密相联,但又超越了后者,尤其是在处理互动性对叙事沉浸性的影响方面。互动叙事研究为虚拟现实叙事和人工智能叙事提供了包容性的多学科研究框架,涉及理论包括新亚里士多德诗学、后经典叙事学和法国后结构主义等。

布兰达·劳雷尔(Brenda Laurel)和迈克尔·马蒂亚斯(Michael Mateas)将亚里士多德的叙事元素迁移到互动戏剧,强调了在计算机环境中构建叙事的戏剧性表达。后经典叙事学,尤其是玛丽-劳尔·瑞安(Marie-Laure Ryan)

---

[1] [德]奥利弗·格劳:《虚拟艺术》,陈玲主译,清华大学出版社,2007,第 5 页。

的研究，不仅批判了互动叙事的一些终极神话，还强调认知结构在数字叙事中的作用，并引入可能世界理论，扩展了叙事学的研究范围。玛丽-劳尔·瑞安在《叙事作为虚拟现实》一书中指出，亚里士多德式的戏剧理论预设了情节的因果性和封闭性，观众只能被动接受既定结局。但虚拟叙事的交互性打破了这一模式，用户参与并改变故事进程，情节变得具有非线性、开放性。交互性赋予用户以自主权，但也可能破坏叙事的完整性和代入感。瑞安由此提出"沉浸互动悖论"，叙事沉浸感需要连贯的因果逻辑，但交互性又不可避免地割裂因果链，两者难以兼得。互动叙事面对的关键问题之一是互动叙事悖论，即叙事的互动性与沉浸性之间的矛盾。互动性给予用户干预叙事的权力，这可能破坏传统叙事的连贯性和沉浸感，而当时的理论研究未能充分解释和指导互动叙事的创作实践，导致理论与实践的脱节。因此，瑞安说："如果说沉浸和互动的艺术调和要求身体参与艺术世界，那么就没有理由说这个身体不可以是虚拟的种类。虚拟身体隐含在无数的人类体验中，与物理身体保持各种关系。"[①] 也就是说，沉浸式互动性的关键就在于身体参与到艺术世界中，这并非说互动要化简成身体动作，而是说语言本身应该变成一种动作，一种存在于世界中的身体模式。

杰伊·大卫·博尔特（Jay David Bolter）和理查德·格鲁辛（Richard Grusin）在《再媒介化：理解新媒体》（Remediation: Understanding New Media）中认为，每一种新媒体都通过"再媒介化"旧媒体获得合法性，即新媒体借鉴旧媒体的表现手法，同时宣称自己是对旧媒体的改进。这种双重逻辑体现为一种矛盾修辞。新媒体一方面追求感官刺激的强化，制造"超媒介性"（hypermediacy）；另一方面试图抹去媒介痕迹，营造无缝的"透明性"（transparent immediacy）。[②] 虚拟现实艺术正是"再媒介化"的典范。例如，大型VR《清明上河图》展览，结合虚拟现实技术将中国宋代画家张择端的传

---

① 张新军：《数字时代的叙事学：玛丽-劳尔·瑞安叙事理论研究》，四川大学出版社，2017，第167页。

② [丹] 延森：《媒介融合：网络传播、大众传播和人际传播的三重维度》，刘君译，复旦大学出版社，2012，第92页。

世名作《清明上河图》转化为一个可沉浸式体验的虚拟世界,观众能够仿佛穿越时空,步入画中,亲身体验图中所描绘的繁华市井生活与生动的社会风貌。与原画作静止的观赏方式不同,VR版本的《清明上河图》让画面活灵活现,人物、船只、车马等在眼前动态上演,使得历史场景变得鲜活且互动性强。VR《星夜》则以凡·高的《星夜》创造出可供他人沉浸探索的虚拟环境,观众可沉浸式地在画中漫步。作品一方面利用VR的交互性、沉浸感超越了平面绘画;另一方面试图还原(旧媒介)画作的视角、色调,渲染油画质感,营造(新媒介)"隐身"的透明感。VR《维纳斯的诞生》用VR来重现波提切利眼中的最美女神,让维纳斯再一次"诞生"尘世,让观众走进波提切利名画,与维纳斯面对面,作品在数字场景中嵌入真人表演,混合虚拟与现实,模糊了媒介界限。"再媒介化"理论揭示了虚拟艺术新旧交叠并存的两面性。

除了理论视角的更新,虚拟艺术批评话语也经历了从作品到过程的转向。传统艺术批评多聚焦作品的形式和内容,对其价值做出判断。但虚拟艺术打破了作品的完整性和封闭性,其意义往往在互动体验中动态生成。因此,批评话语开始关注过程性、偶然性因素,挖掘互动机制对意义建构的影响。

当前,虚拟现实艺术正在催生与之相适应的批评话语体系和理论阐释模式。沉浸理论揭示了虚拟艺术打破心理距离,制造参与感的独特魅力。互动悖论则凸显了沉浸感与交互性的张力。"再媒介化"理论阐明了虚拟艺术颠覆与依赖并存的矛盾特质。同时,批评实践也从静态的作品分析转向动态的过程解读。这些理论视角和话语策略构成了虚拟艺术批评的新范式。在此基础上,虚拟现实艺术美学理论有望实现从技术分析到人文反思的拓展。虚拟艺术不应被简单视为视觉奇观,其意义在于重塑感知方式,反思人的存在条件,在后人类时代探寻艺术的生命力。

三、新媒体与传统艺术之间的美学对话

新媒体艺术与传统艺术并非水火不容,而是在互鉴中实现了美学观念的融合与再生。许多新媒体艺术家意识到,新技术的运用只有以人文内涵为根基,方能创造出打动人心的作品。他们积极吸收传统艺术的精华,将古典美学元素

融入数字创作，开拓了虚拟艺术的诗性表达。反过来，一些传统艺术家也开始尝试用新媒体手段再创作，将经典作品转化为沉浸式数字体验，彰显了传统艺术在新时代的生命力。在交互中，新媒体艺术继承了艺术史的智慧，传统艺术也焕发出新的光彩，二者相得益彰，共同开启了数字时代的文艺复兴。

新媒体艺术与传统艺术的融合与再生是当今文化领域一个充满活力且不断进步的进程，它体现了艺术与技术进步之间的紧密联系，以及对传统美学观念的现代化诠释。新媒体艺术通过数字媒体、互动装置、虚拟现实等技术手段，为传统艺术提供了新的表达路径。例如，VR技术可以重构《清明上河图》，让观众身临其境地漫步于宋代的街市，感受古代社会的生活气息。这种创新的展现方式不仅让传统艺术以更加直观和沉浸的方式触及现代观众，而且通过技术的介入，引发了人们对传统美学的新一轮思考与讨论，实现了美学观念的更新与再生。新媒体艺术家的角色不仅是技术的驾驭者，更是文化与社会议题的深度挖掘者。他们的作品往往融入了对当下社会、文化、环境等人文关怀的思考，如通过数字艺术探讨人与自然的和谐共生，或利用虚拟现实重现历史时刻，引导观众在互动体验中反思与感悟，展现了技术与人文并重的艺术追求。VR游戏《半条命：爱莉克斯》（Half-Life：Alyx）构建了一个丰富而逼真的科幻世界。在这个世界里，玩家可以亲身探索、与环境互动，并与游戏中的角色进行深入交流。游戏的故事情节围绕着主人公爱莉克斯展开，她致力于揭示一系列科学实验背后的真相，同时努力生存于一个充满未知与危险的世界。游戏中的环境设计充满了对地球未来生态状况的想象。玩家可以看到因人类实验失控而变异的生物、荒废的城市等景象，进而引发他们对环境保护和可持续发展的深层次思考。作品中的角色形象丰满，他们各自有着不同的背景、动机和选择。玩家在与他们的互动中，可以感受到人性的复杂性和道德选择的困境。作品的故事背景设定在高度发达的科幻时代，但科学进步的背后隐藏着巨大的危机。这引导玩家反思科学、技术与人类命运之间的关系。

传统艺术家在新媒体技术的辅助下，能够对经典作品进行创新性解读和表现。传统艺术利用数字技术重新演绎，不仅保留了原作的神韵，还通过动态视觉语言和音效增强情感表达，为传统文化遗产赋予新的解读与传播方式。这种跨界的尝试，既保留了传统艺术的精髓，又让其在当代文化语境中焕发新生。例如，世界非遗京剧首部VR系列专题片《京剧人生》，《京剧人生》由《幕间戏》《生旦净丑》《京韵流传》三部分构成，此专题片利用先进的VR技术将京剧艺术以全新的形式呈现给观众，依托5G技术优势，通过8K+VR等多种技术手段，打破了实体剧场空间的局限，全面诠释了京剧艺术的审美价值，观众可以沉浸式地体验京剧艺术魅力，感受京剧文化的深厚底蕴。新媒体与传统艺术的交互不仅体现在技术融合层面，还体现在文化的传承与创新层面。新媒体艺术继承了传统艺术对美的追求，同时，通过数字化手段拓宽了传统艺术的展示空间，使其能够跨越地域和时间的限制，触达更广泛的受众。这一过程加深了观众对传统文化的理解和认同，促进了文化多样性的交流与共融。

　　虚拟现实艺术与传统艺术的相互作用，象征着数字时代的一场文艺复兴。这场"复兴"不仅体现在艺术形式的革新上，更重要的是它改变了人们的艺术创作、欣赏习惯以及对文化价值的认识。通过数字技术，艺术变得更加可及、互动，为公众提供了全新的艺术体验，同时促进了文化的持续传承与创新发展，丰富了人类社会的精神世界。"任何技术都逐渐创造出一种全新的人的环境，环境并非消极的包装用品，而是积极的作用机制。"[1] 同样，虚拟现实艺术与传统艺术的融合不仅是技术层面的叠加，更是一次跨时代的文化对话，它在尊重传统的同时，不断探索艺术表达的新边界，为数字时代的文化繁荣贡献了不可忽视的力量。总之，在新旧媒介的碰撞中，传统艺术焕发出新的表现力，新媒体艺术也汲取了丰沛的人文养分。这些新旧融合的尝试揭示了一个根本性事实，无论科技如何进步，艺术创作的核心仍是人文精神的表达。正如海德格尔所言，"我们还没有面对喧嚣的技术去体验技术的本质现身，我们不再面对喧嚣的美学去保护艺术的本质现身。但我们愈是以追问之态去思索技术之本质，艺术之本质便愈加神秘莫测。我们愈是邻近危险，进入救渡的道路便愈明亮地

---

[1] [加] 马歇尔·麦克卢汉：《理解媒介：论人的延伸》，何道宽译，译林出版社，2011，第10页。

开始闪烁，我们便愈加具有追问之态。因为，追问乃思之虔诚。"[①]在他看来，技术的本质，其实就在于"澄明"，唯有人首先进入"澄明"，存在之光才得以显现，艺术才成为艺术。在此意义上，新媒介技术下的虚拟现实艺术要获得持久生命力，必须扎根传统土壤，而传统艺术要实现创新图变，也需要新媒体技术发展助推其焕发生机，根植于当代技术的文化语境中重读艺术史，方能重塑艺术的未来。

新媒体技术正在重塑艺术本体、生产方式、接受方式，颠覆传统美学的物质性、稳定性、权威性预设。面对虚拟艺术，批评话语需从作品价值评判转向互动体验分析，理论话语则致力于揭示其独特的媒介逻辑和美学规律。同时，新媒体艺术与传统艺术也在交融中实现美学升华，前者借鉴经典美学元素，后者则尝试数字化转型，古典与现代在此交相辉映。展望未来，新媒体必将进一步推动美学观念革新，在传统智慧与数字科技的交织中开启艺术的新篇章。

[①][德]马丁·海德格尔：《存在的天命：海德格尔技术哲学文选》，孙周兴编译，中国美术学院出版社，2018，第156页。

第七章　虚拟现实技术的美学价值重构

虚拟现实技术的兴起不仅催生了新的艺术样态，也引发了美学价值体系的重构。传统美学概念如"真实""原创""永恒"等艺术审美价值原则在数字语境下受到冲击，亟须重新诠释。与此同时，虚拟艺术实践也呼唤与之相适应的评判标准。审视美学观念在技术革新中的嬗变，对我们把握数字时代艺术转型的价值导向至关重要。

第一节　重构传统的美学标准与评价体系

一、传统美学概念的挑战与新解释

虚拟现实技术正在全方位更新和挑战传统美学的核心概念。从物质性到原创性，从永恒性到互动性，数字艺术颠覆了人们对艺术存在方式和评判标准的固有认知。艺术不再囿于物理媒介，创作与复制同步进行，作品随观众参与而动态生成，意义在交互中短暂呈现。这些变革揭示了数字时代艺术生态的深刻转型，呼唤美学理论范式的革新。从存在论到创作论，从心理学到社会学，虚拟艺术为诸多经典命题赋予了新的内涵。重新诠释传统美学，方能构建数字时代艺术的话语体系。

物质性的消解是虚拟艺术对传统美学的首要冲击。长期以来，艺术被视为感性形式与物质载体的统一。黑格尔在《美学（第一卷）》中定义"美是理念的感性显现"[①]，强调感性直观性。他进而论证，不同艺术门类以不同物质媒介塑造感性形式，建筑以石料堆砌，雕塑以青铜铸就，绘画以颜料描摹。这种物质性决定论深刻影响了此后的美学传统。马克思也认为，艺术创作是一种"对象性活动"，艺术作品必须凝结为可感的物质实在。在《1844年经济学哲学手稿》

---

① [德] 黑格尔：《美学（第一卷）》，朱光潜译，商务印书馆，1997，第55页。

中，马克思对艺术的本质进行了多维分析，指出艺术审美源自"人的本质力量对象化""人的第一个对象——人——就是自然界、感性；而那些特殊的、人的、感性的本质力量，正如它们只有在自然对象中才能得到客观的实现一样，只有在关于自然本质的科学中才能获得它们的自我认识。"[①] 所谓"对象化"，即主体力量的外化、物化，而这种对象化并非黑格尔意义上绝对精神的外化，而是主客体融通凝聚的感性实践活动的过程。在艺术生产的对象化活动中，人把感性形象作为表达自己审美意识的象征物，使自然人化，达到人与自然、主体与客体的和谐统一。现代艺术理论在许多方面延续了马克思的观点，强调艺术与社会的互动关系。因而传统的现代艺术理论认为艺术是一种社会实践，它不仅反映社会现实，还参与塑造社会现实。艺术家通过作品传达个人的观点和情感，同时回应社会的需求与挑战。然而，数字艺术的出现动摇了这一根基。以赛博空间为创作场域的虚拟艺术作品往往完全游离于物理媒介，以数据流、算法、代码行的形式存在。作品不再是稳定的人工制品，而是一个非物质的信息事件。让·鲍德里亚由此断言，后现代社会已进入"拟像"时代，数字符号彻底解构了指涉，虚拟影像取代了真实。在这个意义上，虚拟艺术标志着审美对象的祛魅，即从物质性、感性性走向非物质性、概念性的范式革命。这一趋势在虚拟现实艺术中表现得淋漓尽致。例如，Treehugger：Wawona通过混合现实VR技术，使用户完全沉浸在红杉树的内部世界，并深入体验红杉树规模巨大的内部循环系统，包括水分和能量从根部到叶子的流动过程，引发用户对自然世界和人类与自然关系的思考。作品在气候变化危机的背景下，探讨了人类如何通过科技重新建立与自然之间的联系，强调了环境保护的重要性。可以说，Treehugger：Wawona是一个纯粹的信息元素组成的艺术，其感性要素完全数字化，不再依赖物理媒介。数字图像的本质在于可塑性，即无限可变、可延展的界面属性，而非物质实在，虚拟艺术正是数字可塑性的集中体现。

  物质性消解引发了对原创性概念的反思。文艺复兴以来，原创性一直被视为艺术的本质规定。浪漫主义美学更是将原创性神圣化，将其视为天才的闪现。以本雅明为代表的批评理论揭示，艺术的原创性根植于其物质载体的"唯一性"

---

① [德] 马克思：《1844年经济学哲学手稿》，人民出版社，2014，第87页。

第七章　虚拟现实技术的美学价值重构

和"历史痕迹",机械复制削弱了这种"光晕"(aura)。数字艺术则彻底瓦解了原作与复制的二元对立。虚拟艺术作品往往在创作之初就以数据形式存在,可随时复制、传播、重构,而不会损害所谓的"原真性"。有学者指出,"如果数字艺术是艺术物,那么对其精确的复制是不可能的,因为一切都是开放的,没有原作存在。"[①]或者我们可以理解为数字时代的每个复制都是原作,因为比特化(将信息转换为二进制代码)消除了所有的差异。以 openAI 的 AI 艺术生成器 DALL·E 为例,用户只需输入简单的文字提示,程序即可自动生成相应的虚拟图像。无数用户可同时使用 DALL·E 创作,算法在用户互动中不断更新优化。这里的每个创作都是原创,但同时无限复制,传统的原创概念已然失效。

　　与物质性、原创性相伴的是永恒性理念的瓦解。传统美学将"不朽"视为艺术的最高追求。从柏拉图的永恒理念到笛卡尔的上帝观念,"永恒"一直是形而上学的基石。浪漫主义将艺术视为通往永恒的途径,叶芝直言"唯美即永恒"[②]。然而,虚拟艺术作品往往只能短暂地被体验,而非永久地被收藏,其存在依赖于服务器、算法、互动,任何环节的中断都可能导致作品的消失。新媒体艺术家开始反思"永恒"的虚构性,转而强调艺术体验的暂时性和不确定性,认为数字艺术应直面其新的时间性,即必将消逝、必将被遗忘,作品的价值不在永恒,而在当下的情感联结。更重要的是,虚拟艺术颠覆了作者与观者的传统关系,互动和集体创作成为常态。Toby Segaran 提出"集体智慧"(collective intelligence)[③]理念,认为互联网将知识生产社会化、分布化,催生作者身份的集体化。在虚拟艺术中,程序员与艺术家协同设计互动机制,观者通过参与完成作品,创作主体已不可名状。互动性还意味着,每次体验都将产生新的作品变体,稳定的审美对象已不复存在。例如,在几款流行的 VR 作画装置中,

---

[①] 杨庆峰:《数字艺术物的本质及其意义诠释》,《陕西师范大学学报(哲学社会科学版)》2017 年第 1 期。

[②] 肖福平:《现实象征中的艺术与生命之旅——再释叶芝的"拜占庭"主题》,《西南交通大学学报(社会科学版)》2012 年第 2 期。

[③] [美]Toby Segaran(托比·西格兰):《集体智慧编程》,莫映、王开福译,电子工业出版社,2009,第 2 页。

Tilt Brush 利用 VR 设备现场创作，玩家以空气为画布，尽情"挥洒笔墨"，构建出如梦似幻的三维画面。Oculus Quill 内置虚拟调色盘，利用运动控制器在虚拟三维空间里自由绘画，通过追踪观者的视线和手势，系统实时将其笔触叠加到画作的 3D 重建中。Medium 作为 VR 中的 3D 建模工具，可在 VR 中用"黏土"雕刻，创造出复杂的模型。即使面对同一主题，无数参与者的笔触交织出新的意象，每次体验都将生成不一样的画作。在此，互动性彻底瓦解了艺术创作的个人主义传统，互联网时代的艺术创作犹如一场永无休止的群体对话，在对话中，意义随互动生成，艺术不再关乎永恒，而关乎当下的介入。

  基于此，我们可以理解为虚拟现实技术正在全面解构传统美学的核心范畴。非物质性消解了感性形式与物质载体的统一，原创性让位于复制的泛滥，永恒性被时效性所取代，互动性瓦解了个人创作神话。这些变革彰显了数字时代艺术生态的范式转变。在比特（Bit）的汪洋大海中，艺术不再是稳定的人工制品，而是由算法驱动的信息事件；不再关乎原真性和永恒性，而关乎互动性和介入性。传统美学话语亟待革新，方能回应这一变局。对物质性的执念应让位于对界面的把握，对原创性的迷思应让位于对复制的拥抱，对永恒的向往应让位于对时效的敏感，对作者中心主义应让位于互动和集体智能。这绝非对传统的全盘否定，而是在数字语境中的创造性转化。虚拟艺术的终极意义或许就在于揭示人的主体性在算法时代的新处境，即从笛卡尔式的思维自我走向分布式的互动自我，从逸出尘世的永恒自我走向介入此时此地的时效自我。哲学美学的使命，正是要为这种新的人性图景提供反思的场域。

二、虚拟现实环境中美学新标准的建立

  虚拟艺术的崛起对传统美学评判体系提出了挑战。互动性、程序性、沉浸感、联通性等新特征，彰显了虚拟艺术区别于传统艺术的独特价值向度。评论家和理论家积极回应这一变革，提出了与之相适应的美学标准。从互动到沉浸，从程序到联通，新的评判维度正在形成，构成了虚拟艺术批评的话语体系。批评实践与理论建设相辅相成，共同推进着虚拟美学的学科化进程。

  互动性是虚拟艺术最显著的特征，也是其美学价值的关键所在。与传统艺

术强调作品的封闭性和完整性不同，虚拟艺术作品是开放的互动系统，其意义在观者参与中生成。学者 N. 凯瑟琳·海勒（N. Katherine Hayles）在分析电子文学时指出，互动性打破了作者、文本、读者的传统界限，作品成为一个开放的意义生产场域，读者对文本的干预和重组是作品内在的组成部分。[1]这一洞见同样适用于虚拟艺术。互动性使观者从被动欣赏转变为主动参与，以行动建构作品。珍妮特·莫瑞（Janet Murray）进一步区分了四种互动美学形态：程序化（procedural）、参与式（participatory）、空间化（spatial）和百科全书式（encyclopedic）。[2]程序化交互遵循预设的规则和算法，如游戏机制；参与式交互允许用户创造内容，如在线协作；空间化交互则是身体运动在虚拟空间中的移动，如 VR 装置；百科全书式交互利用海量数据库提供信息的无穷组合，如 AI 生成艺术。这四种形态揭示了互动性之于虚拟艺术的重要性。

杰弗里·肖（Jeffrey Shaw）的《配置洞穴》（configuring the cave）是为 CAVE 技术（Cave Automatic Virtual Environment，洞穴自动虚拟环境）而开发的。作品设置了七个视听世界，用户交互界面是一个位于"洞穴"中心几乎真人大小的木偶。木偶的交互功能在七个投影环境中各不相同，用户通过电子传感器探索图像世界的不同参数操纵木偶。系统会分析木偶的动作、姿势和各个肢体，并与预设的姿势进行比较，从而对计算机生成图像空间的形状产生影响。同时，声音空间也会进行同步实时转换。用户可以通过用手遮住木偶的眼睛，使各个视听声音和图像环境相互连接。在他看来，交互性的意义在于激发观者的创造力，让其成为表演者而非旁观者。互动艺术是对行为控制的双重隐喻，一方面彰显主体性，另一方面揭示技术的规训。另外，程序化的互动设置限定了观者行为的边界。

与互动性相伴的是程序性原则。列夫·马诺维奇（Lev Manovich）由此提出数字媒体的数值化（numerical）、模块化（modular）、自动化（automation）、

---

[1] N. Katherine Hayles.Electronic literature: New Horizons for the Literary. University of Notre Dame Press, 2008:30—31.

[2] 叶梓涛：《Janet Murray：从游戏—故事到赛博戏剧》，GCORES 网，https://www.gcores.com/articles/166364。

可变性（variability）和转码（transcoding）特征。[①] 在虚拟艺术中，程序性意味着创作与显示皆由算法驱动。不同于物理媒介的固定性，程序赋予作品以动态生成、实时呈现的可变性。OpenAI 推出的人工智能视频生成模型 Sora，能够根据文本提示生成具有复杂场景的视频，包括多个角色和精确的背景细节。在实现有机体形态的自动生成方面，遗传算法扮演了关键角色。遗传算法是一种模仿自然选择和遗传学原理的优化算法，它通过选择、交叉和变异等操作来进化种群，以找到最优解或近似最优解。在 Sora 项目中，遗传算法被用来进化和优化有机体的形态参数，这些参数决定了生成的三维模型的外观。通过迭代过程，遗传算法能够探索不同的形态组合，每次程序运行都会产生不同的视觉输出，作品处于无限进化之中，这种由规则生成的创作逻辑，正是虚拟现实艺术的程序性要义所在。

沉浸感是衡量虚拟艺术体验质量的重要标准。奥利弗·格劳在《虚拟艺术》一书中考察了从古希腊壁画到当代 VR 装置的沉浸式艺术谱系，指出沉浸艺术通过营造封闭的感官空间，将观者浸没其中，制造身临其境之感。与传统艺术聚焦视觉不同，沉浸艺术强调多感官的协同，尤其是前庭觉、触觉等身体感受在其中扮演关键作用。例如，戴维斯（Charlotte Davies）的 VR 装置《渗透》（Osmose）邀请观者戴上头盔，进入一个抽象的自然图景。观者通过呼吸和平衡控制在虚拟空间中的浮沉，达到身心合一的禅意境界。沉浸体验模糊了主客体的界限，意识仿佛飘浮于虚拟景观之中。Fire Panda 工作室利用 VR 技术重现了《哈尔的移动城堡》《龙猫》《千与千寻》中的经典场景，观众进入宫崎骏的动画世界，尽情游览其中的经典场景，如《天空之城》中飘浮的奇异要塞、《龙猫》中宁静的乡间小路等。360 度的全景视角让观众仿佛置身动画之中，唤起观众儿时观影的美好记忆。沉浸体验在此成为时空穿越的隧道，媒介透明性引发强烈的代入感。VR 动画的沉浸感源于对人的"原型记忆"（prototypical memory）的唤醒，是指集体无意识中的神话意象，这些意象是人类共享的、深层次的心理结构，它们在不同文化和个人的记忆中以不同形式出现。在 VR 动画中，通过重现这些原型记忆中的元素，可以唤醒观众的集体无意识，从而产

---

① [俄] 列夫·马诺维：《新媒体的语言》，车琳译，贵州人民出版社，2020，第 27-47 页。

生强烈的情感共鸣和沉浸体验。[1]这种唤醒过程并不是直接复制神话故事,而是通过创造性地表现这些深层心理结构,使观众在感性层面上与其产生联系。通过VR技术,传统经典作品不仅能够被再现,而且能够提供一种全新的、互动性强的观赏方式,让观众感受到前所未有的沉浸体验。

随着互联网的发展,艺术评判中也出现了"联通性"的新标准。网络时代的艺术价值不只取决于作品本身的品质,更取决于其联结不同实体、激发集体智慧的能力。网络使艺术从物的生产转向关系的建构。蒂姆·柏克南-史密斯(Tim Berners-Lee)发起的网络艺术项目《生命之树》(Tree of Life)正是联通性理念的典范。项目邀请全球网民提交对"生命"的感悟,算法将关键词实时整合到一棵虚拟树的枝叶上。树干由全人类的DNA序列构成,每个词条越代表一个独特的生命故事。随着网民参与的日益丰富,"生命之树"也变得越发繁茂。[2]在此,艺术作品成为人类智慧和情感交流的枢纽,其意义在动态关联中生长。由此我们得知,后现代艺术强调的是艺术作品与观众之间以及艺术作品内部不同元素之间的多重联系和互动,其使命在于制造"链接"(linkage),在碎片化信息中建立意义的通道。

虚拟现实艺术审美语境下正在催生全新的美学判断体系。互动性、程序性、沉浸感、联通性等范畴构成了虚拟艺术批评的核心词,为把握其价值提供了坐标。从开放性到共创性,从身临其境到超越时空,从程序生成到动态演化,新的评判标准反映了数字时代艺术生态的深刻变革。但这些新兴理念并非割裂于传统美学,而是在传承中实现创新。互动性对应着"开放性品格"的现代诗学,程序性对应着"作品内在形式"的形式主义理论,沉浸感对应着"移情"的浪漫主义美学,联通性则与"互文性"的后结构主义文论相契合。在此意义上,虚拟现实美学的建构不是对传统的取代,而是在数字语境中的辩证继承。

事实上,优秀的虚拟艺术作品已然体现了传统美学智慧与数字创新的融合。

---

[1] 白雪蕾:《随时代之风再起舞 彰民族气韵向世界——中国动画形象的年代记忆与创新发展调研》,《光明日报》2022年第7版。

[2]《Tree of life 生命之树》,数艺网,https://www.d-arts.cn/project/project_info/key/MTIwMjU3OTY4NDeDz4mtr5zKcw.html。

当代评论实践也开始打通虚拟与经典的界限,在技术分析和人文批评间找到平衡。虚拟美学理论的终极旨归,或许就在于重新思考技术发展对人的意义。正如学者雪莉·特克尔(Sherry Turkle)说:"我们塑造工具,工具也在塑造我们。VR技术的终极问题不在于其能创造多么逼真的景观,而在于它将创造一种什么样的自我。"[①]在此意义上,虚拟现实美学的使命不只在于技术层面,更在于以人文视角审视VR之于主体性的重塑,即唯有直面数字时代的种种悖论,虚拟艺术批评才能更好引领人文价值的自我更新。

三、美学观念在技术革新中的适应与变化

美学理念的更新总是与技术革命相伴相生。从古典时期到当下,每一次科技进步都引发了美学观念的范式转换。透视法、摄影术、电影、电视、计算机,这些工具的出现无一例外地重塑了人类的感知方式和艺术表现。进入21世纪,以虚拟现实、人工智能为代表的颠覆性技术正在催生新的美学形态。复合性、交互性、集体性、算法性等特征,昭示着数字时代美学生态的深刻变革。传统美学面临革新图变的契机,但这绝非对经典的全盘否定,而是在新语境中的创造性转化。"温故知新"方能面向未来,在人文底蕴与科技想象力的交织中开拓新境界。

回溯美学思想史,不难发现美学范式转换与科技进步的同步性。文艺复兴时期绘画中的透视法革命,正是建筑师布鲁内莱斯基(Filippo Brunelleschi)光学实验的结果。透视法将三维空间数学化、理性化,绘画由平面性走向空间性,视觉艺术经历了"合理空间"(rational space)取代"聚合空间"(aggregate space)的范式转变。工业革命中,摄影术的发明彻底改变了人类的视觉观念。照相机的机械复制打破了艺术"光晕"的神秘感,本雅明由此得出"机械复制时代艺术感受的变迁"这一命题。在他看来,摄影复制品的泛滥消解了艺术作品的原真性,大众接受取代了礼拜价值。进入20世纪,爱因斯坦相对论、海森堡测不准原理等引发时空观革命,抽象艺术、超现实主义应运而生。立体派

---

① [美]雪莉·特克尔:《群体性孤独:为什么我们对科技期待更多,对彼此却不能更亲密?》,周逵、刘菁荆译,浙江人民出版社,2014,第279页。

画家对事物从多角度的同步呈现，正是四维时空观念在艺术中的投射。由此观之，美学理念从来不是先验的形而上之物，而是处于与科技的辩证互动之中。

进入数字时代，计算机作为颠覆性的元媒介（meta-medium）登上历史舞台。数字媒体改变了传统的再现逻辑，图像、文本、声音皆可用算法建模，并以任意方式重组。计算机的数字化、模块化特性，催生了复合美学（hybrid aesthetics）理念。复合美学强调不同感官形态、媒介语言在数字空间的无缝融合。以网络艺术家乔纳森·哈瑞斯（Jonathan Harris）的作品 We Feel Fine 为例，该项目从博客中提取带有情绪标签的句子，并将其可视化为飘散的彩色粒子，用户可通过交互探索人类情感的宏观图景。文本、声音、影像在交互中混合，呈现出一种流动的多感官体验。[1]复合美学挑战了"界限美学"（aesthetics of borders），即将视觉、听觉、触觉等感知归入独立的艺术门类。艺术创作不再局限于单一媒介，而是趋向混搭与跨界。虚拟现实技术进一步激化了这一趋势。VR系统打造沉浸式的多感官体验，视听触觉相互渗透，模糊了感知边界。诚然，虚拟现实艺术的审美体验源于感官的互补与协同，而非简单叠加。例如，在音乐节奏VR游戏《节奏光剑》（Beat Saber）中，玩家通过切割与音乐节奏同步的方块来完成游戏，空间化音频和动作捕捉让玩家的每一次击打都与音乐完美同步。VR《虚拟海龟》（The Blu）中的用户可以"潜入"海底世界，与海底生物互动，360度全景影像与空间化音频营造出身临其境之感，让用户感觉自己真的在海底。动作捕捉则让用户的肢体动作实时影响角色行为，多感官信息流交织成身体运动感的动态综合。在沉浸的体验中，用户的感官差异被消解，意识仿佛飘浮在影像之流中，如果说传统艺术是感官的分立，那么虚拟艺术就是感官的融合交响。

除了感知层面，虚拟现实还催生了创作主体的范式转变。传统艺术创作秉持个人表现的浪漫主义理念，强调艺术家的主体性。然而，虚拟艺术的创作越来越依赖工程师、程序员的技术支持，跨学科合作已成常态。在数字语境下，艺术创作与科学、技术的边界正变得模糊。"艺术家之所以是艺术家，从传播

---

[1] 郭醒乙：《新媒体艺术的表现形式与主题》，艺术档案，https://www.artda.cn/xinmeitidangan-c-7317.html。

的意义上讲是因为他们有一种'操纵符号'的能力，用美学的语言来说，即'创作形式'的能力。"[①]艺术家需要掌握编程、硬件等专业知识，工程师也开始关注作品的美学内涵。艺术创作从个人英雄主义走向集体协作，从表现个我转向系统构建。例如，VR音乐装置SoundStage允许用户在虚拟空间中创建音乐作品，用户可以在软件中放置虚拟的MIDI键盘、合成器等音乐器材进行演奏、录音和混音制作。这款软件为用户提供了一个沉浸式的音乐创作环境，使用户能够体验到类似于实体音乐工作室的操作感。这一作品融合了器乐演奏、程序编程、交互设计等多方力量，艺术家个人创作已让位于团队分工。正如凯瑟琳·刘易斯（Katherine Lewis）所说："VR这种新媒介最大的变化是，艺术家不再是唯一的创意来源，而只是由多方共同拥有的一个大型系统的一部分。"[②]诸多虚拟现实艺术的创新越来越依赖"集体智慧"，皮埃尔·列维认为在数字化时代，当各种形式的数据、文本、图表、声音、信息被大量转化为数字形式，并且能在赛博空间中进行存储和传播时，人类的个体智能就有可能虚拟地联结起来，形成一种新的智能形式，这就是集体智慧。[③]个人的创造力释放需嵌入社会协作的网络之中。

除了创作主体，作品生成逻辑也经历了从因果性到偶然性的转变。传统艺术讲求因果逻辑，预设线性叙事。但虚拟艺术作品常借助程序算法，呈现出开放性和不确定性。例如，VR音乐游戏《音波猎手》采用了独特的主动控制节奏玩法，玩家通过击碎从天空飞来的音魂病毒来控制音乐的播放，使得玩家能够亲身参与到音乐的演奏中，每当音魂病毒被击碎，游戏就会产生唯美的音波特效，这些效果与音乐同步，增强了游戏的沉浸感和娱乐体验。音乐作品不仅是游戏的背景，还与游戏的故事情节相结合，玩家在游戏中扮演的角色需要使用音之领域的魔法来对抗音魂病毒，拯救被疾病侵袭的村庄。这些特点共同构

---

① 祁林：《艺术跨境传播：形态、机制和当代中国语境下的使命》，《现代传播（中国传媒大学学报）》2014年第1期。

② 殷铄：《VR，下一场艺术革命的领导者？艺术家用虚拟现实技术创作正在成为潮流》，《中国美术报》2018年第2—3版。

③ 张怡：《虚拟现象的哲学探索》，上海人民出版社，2019，第24页。

成了《音波猎手》游戏中音乐作品的独特魅力，向玩家提供了一种全新的音乐体验方式。这种由算法驱动的交互引入了介于随机与确定之间的偶然性，即既非纯粹偶然，也非完全必然。玩家每次沉浸互动都会生成无法预设的独特体验。正如苏珊·桑塔格提出"反对解释"，主张用各种感官而不是释义去感受艺术品。[1] 桑塔格倡导的"存在的丰富性"（richness of being），开启了感知的未知性契机。如果传统艺术重视创作前的构思，那么虚拟艺术更强调创作中的生成。

当今，随着数字化程度的不断深化发展，人工智能、脑机接口等技术逐渐成为数字人文的前沿阵地。人工智能已能自主生成艺术图像、视频，引发了人们关于机器创造力的讨论，也引发了人们对有关人机协作、艺术创新研究的广泛关注。脑机接口则允许用"意念"（thought）直接控制虚拟场景。在VR游戏中，根据玩家的脑电波活动来改变游戏场景通常涉及脑机接口（Brain-Computer Interface，BCI）技术。这项技术能够检测和解析玩家的脑电波信号，并将这些信号转化为游戏中的控制命令。玩家的注意力集中、情绪变化或思维活动都会在脑电波中产生独特的模式，可以被专用的传感器捕捉并转化为数字信号。例如，世界第一款VR脑机游戏《Awakening》于2018年问世，游戏中使用的EEG头戴装置集成了多个电极，用于监测脑细胞的电活动，并通过事件相关电位来检测玩家的注意力是否集中。当玩家的大脑对某个物体产生反应时，系统能够检测到这一信号并将其转换为游戏命令。[2] 20世纪90年代末，神经美学作为新兴学科在西方兴起。泽基（Semir Zeki）提出"神经美学"（neuroaesthetics）概念，并在《内在视觉：关于艺术和大脑的探索》一书中系统尝试从神经学角度解释视觉艺术。虚拟现实与脑机接口技术在艺术上的融合运用，印证了神经美学的阐释可行性，进一步奠定了利用脑机接口塑造感知与意识的艺术发展。凯瑟琳·海勒在《我们何以成为后人类》中认为在后人

---

[1] 万书元：《潜在的建筑意义——从现代到当代》，同济大学出版社，2012，第12页。
[2] 《〈Awakening〉让用户通过意念控制VR》，新浪游戏，https://vr.sina.com.cn/news/js/2018-01-05/doc-ifyqkarr7324529.shtml。

类时代人类坚持"自己是独立的,具体的实体"这种意识会越来越难。[①] 尤其是在人机共生的后人类时代,人自身将成为媒介,身体将成为创作的界面。随着神经成像技术、人工智能和机器学习的不断进步,神经美学的研究方法将更加多样化和精确化,能够揭示更多关于审美创生过程的细节。

综上,从文艺复兴到数字时代,每一次技术革命都伴随着美学观念的更新。透视法开启形式理性,摄影引发机械复制焦虑,非欧几何催生抽象艺术。进入虚拟现实时代,复合美学、集体创作、偶然性逻辑昭示着审美范式的深刻变革。传统美学理念亟待革新,方能应对人机共生的未来图景。但这绝非对经典的全盘否定,而是要用数字语言重述人类智慧。虚拟并非对立于真实,而是真实的一种生成方式,虚拟艺术绝非对人性的背离,而是在技术中重新发现人的意义。在人文反思和科技想象力的交织中,数字美学正开启感性生活的新维度。面向未来,学科使命绝不止于工具层面,更在于重塑人的存在方式。唯有直面"人是什么"的终极诘问,数字美学才能彰显其哲学意蕴,为技术时代开出人文关怀的良方。

第二节 虚拟技术为美学带来的新机遇与挑战

虚拟现实技术以其独特的沉浸性、交互性、构造性特点,为美学研究开辟了新的疆域。传统美学理论需要在虚拟语境下重新审视美的定义、感知方式、体验机制等核心问题。虚拟现实不仅带来了美学范式的革新,也为探讨人的感性生活提供了新的视角。

一、美的新定义在虚拟环境的体现

虚拟现实技术正在全面重塑"美"的定义和体验方式。动态性、开放性、互动性等特征,使虚拟艺术的审美体验难以用传统美学范畴描摹。从古希腊到启蒙时代,美学理论大多将"美"视为客观事物的内在属性,强调形式的和谐统一。但虚拟艺术彻底瓦解了主客二分,作品随用户参与而动态生成,"美"不再是先验的形式法则,而是互动情境中的体验质态。数字时代呼唤美学理念

[①] 王坤宇:《后人类时代的媒介——身体》,《河南大学学报(社会科学版)》2020年第3期。

的革新，传统形式主义美学难以应对算法驱动的生成性艺术。新的美学观念正在虚拟艺术实践中凸显，呼唤理论话语的重构。

自古希腊开始，美学思想就围绕美的本质展开探讨。柏拉图在《文艺对话录》中将美等同于善和真，视其为超越的绝对理念。亚里士多德则从感性经验出发，在《诗学》中将美定义为秩序（taxis）、匀称（symmetria）和确定性（horismenon）的统一。中世纪经院哲学家托马斯·阿奎那（Thomas Aquinas）进一步指出，美在于"完整性或完美性"（integritas sive perfectio）、"比例或和谐"（proportio sive consonantia）和"清晰性或光辉"（claritas sive splendor）。这些观点共同反映了一种形式主义的美学倾向，即美在于感性形式的规整和谐。启蒙时期美学家哈奇森（hutcheson）继承了这一思路，试图确立美的普遍原则。指出美在于"统一性中的多样性"，即将复杂多样的感性印象整合为统一形式。由此观之，传统美学理论大多预设了主客二分，将美视为对象的固有品质，强调形式结构的完满性。

然而，虚拟艺术的互动性、非物质性、动态性，彻底颠覆了这套形而上学范式。首先，虚拟艺术模糊了艺术创作与欣赏的主客界限。不同于传统艺术将创作视为个人表现、作品视为独立审美对象，虚拟艺术邀请观众参与构建作品意义。正如克里斯蒂安妮·保罗所言，数字时代的艺术家不再扮演缪斯的角色，而是成为"信息空间建筑师"，为观众搭建互动的场域。观众则从被动欣赏转为主动互动，创造性地激活作品。[1]例如，LAIA CABRERA创作团队的VR作品《Dream-e-scape》以艺术展览的形式呈现沉浸式全息互动体验，通过高科技手段提供给观众一个互动式的梦境创造平台。作品结合了全息投影技术、音乐、手势识别技术，让观众能够通过自己的动作和选择来影响与创造一个虚拟的梦境环境。观众在其中积极探索，实时重构画面构图，作品的视觉形式不再预设，而是在互动中动态生成。在此，观众不仅是观察者，更是参与者，他们的每一个动作都能实时反映在全息影像中，从而实现一种沉浸式的互动体验，作品从封闭客体转变为开放事件，"美"不再是对象的固有属性，而是互动情境中生

---

[1]［美］克里斯蒂安妮·保罗：《数字艺术：数字技术与艺术观念的探索》，李镇、彦风译，机械工业出版社，2021，第21—24页。

成的审美体验。

其次,虚拟艺术打破了美学欣赏过程中的"无功利性"假设。传统美学理论常将美与实用对立,强调艺术超脱于世俗目的。以康德为代表的唯心主义美学将"无目的的合目的性"视为审美判断的先天原则。然而,虚拟艺术常与现实目的交织,如军事模拟训练、康复医疗、教育演示等。这种功利性并不必然削弱其审美价值,反而能拓展美学体验的社会意义。例如,VR《上升》(Rising)模拟海平面上升的情景,旨在反映气候变化和全球变暖的紧迫性,以此来警示观众对环境保护的重要性。观众通过与虚拟的阿布拉莫维奇互动,体验海平面逐渐上升直至淹没艺术家所在的玻璃缸,从而引发对人类活动影响地球生态系统的深刻反思。在这里,美不再只局限于感官愉悦,还包括引发社会觉醒、唤起人性善意的崇高体验。

再次,虚拟艺术体现出一种超越感性经验的"数字唯美主义"倾向。如果未来文明能创造出一个完美的虚拟世界,其中的人工智能人无法分辨虚拟与真实,那我们现在所处的世界是否也是一个模拟?尼克·博斯特罗姆由此得出,我们更可能生活在虚拟世界中。他坚称确有理由相信我们所有人及整个可观测到的宇宙,或许都是电脑虚拟出来的。[①]这一论断虽无法证实,但启发我们反思虚拟美学的本质:虚拟艺术的意义不在于对现实的逼真模仿,而在于创造出独立自主的审美宇宙。数字时代的艺术应摆脱对再现的执念,转而制造出纯粹的拟像,一种自我指涉的符号游戏。作品脱离了现实参照,意义自生自灭,体现出一种非指涉的唯美主义追求。这类作品昭示,虚拟美学的意义不在于对现实的复制,而在于对想象力的激发。

最后,虚拟艺术还体现出一种"体验美学"的诉求。传统艺术理论常预设"心理距离"(psychical distance),强调超脱入世获得审美愉悦。然而,虚拟艺术追求沉浸感,力图消解心理距离,将观者"拽入"作品情境。观者在虚拟世界中获得身心合一的临场体验。正如瑞安(Marie-Laure Ryan)所言,

---

① [英]埃里克斯·伯依斯:《万物皆假设》,马盈佳译,江西科学技术出版社,2021,第16页。

第七章　虚拟现实技术的美学价值重构

沉浸体验让我们"忘记中介的存在，获得非中介化的知觉幻觉"[①]。例如，2019年上海M50展出的沉浸式虚拟现实舞蹈作品《VR_I》，是世界首个独创的VR大空间沉浸式舞蹈体验，体验者在虚拟和现实中实时互动，佩戴虚拟设备背包、虚拟现实头显和四肢记录仪，

图 7-1　VR 舞蹈作品《VR_I》玩家镜像

通过16个红外摄像机捕捉动作，与虚拟环境中的舞者和其他体验者进行互动（图7-1）。在虚拟现实中，体验者可以看到自己的角色，尽管看不到自己的全貌，但可以通过观察鞋子和衣袖来感知。体验者可以与同组的人交流，甚至通过肢体动作感受到真实的接触。他们可以跟随虚拟舞者跳舞，也可以与其他人手牵手转圈，体验虚拟场景和现实动作的同步。导演及编舞Gilles Jobin将这种体验比作潜水，强调了沉浸式和社交性的特点。该作品使用了Artanim的Real Virtuality系统，允许用户在VR场景中自由移动并与环境互动，这与其他静态位置的VR系统不同。《VR_I》运用VR技术扩展了舞蹈的表现空间和可能性，动作捕捉系统将观众肢体动作实时转化为光影变幻，营造出共舞的动感体验。观众在其中完全投入，意识仿佛与虚拟环境融为一体。在此，"美"不再是超然的静观，而是置身其中的沉浸，意味着主体在互动中"失去自己"。

虚拟现实技术正在全面重塑美的定义。互动性瓦解了艺术欣赏的主客二分，作品成为开放生成的事件，功利性超越了审美愉悦，指向社会实践的崇高体验，唯美主义摆脱了再现的束缚，开启了纯粹拟像的想象力游戏，沉浸感打破了心理距离，创造出身心合一的临场感知。动态、非物质、体验等特征昭示着数字美学范式的革命性转向。在算法时代，传统"物的美学"恐怕难以为继。正如学者列维（Pierre Levy）在《生成中的虚拟》一书中提到的，"虚拟是一类

---

① Marie-Laure Ryan.Narrative as Virtual Reality: Immersion and Interactivity in Literature and Electronic Media.The Johns Hopkins University Press.2001:14—15.

存有疑问的复合体,是伴随着情境、事件、对象,或实体的力和趋势的节点。它引发了一个解决过程:实际化"。[①]虚拟并非对立于真实,而是通过差异化生成真实。在此意义上,虚拟美学绝非对经典的背弃,而是在差别中重塑传统。或许,我们需要用一种崭新的动词式来理解数字时代的"美",视"美"为在虚拟与真实的动态博弈中引发感性创造的诗意过程。

二、虚拟现实中美的体验与感知

虚拟现实技术正在全面重塑人类的感知方式和审美体验。多感官融合、自然交互、实时生成等特征,使虚拟艺术超越了传统审美体验的限度,开创出沉浸式、参与式、动态化的美学新范式。从视听愉悦到身心交融,从超然静观到介入其中,从惊叹造化到人机共创,虚拟美学正在开拓感性体验的新疆域。传统美学理论多聚焦视听感受,将审美视为主体对客体的单向把握,强调形式的和谐愉悦。然而,虚拟艺术实践对此提出挑战,呼唤美学话语的革新。多维感知、交互意义生成、动态审美对象等新议题日益凸显,预示着一种后笛卡尔式的体验美学转向。

传统西方美学理论对视听感受有着根深蒂固的偏好。从古希腊的秩序说到近代的无功利快感说,视听审美一直占据中心地位。亚里士多德在《诗学》中强调悲剧应通过视听再现引发恐惧和怜悯。康德在《判断力批判》中将审美体验等同于视听想象力的自由游戏。以叔本华为代表的直觉主义美学强调"意志的客观化",将艺术视为摆脱盲目意志、获得视听超脱的途径。这种视听中心主义在电影理论中登峰造极,如巴赞的"纯粹电影"理念将视听形式视为电影美学的核心。总的来看,传统美学理论大多局限于视听维度,以"眼"的凝视和"耳"的倾听主宰审美体验。

然而,虚拟现实技术的兴起,彻底打破了这种感知局限。虚拟艺术的革命性在于开启了数字时代的"触觉转向",乔恩·加贝(Jon Gabay)说:"感官错觉技术已经取得了长足进步,让用户能够感觉自己在动态数字环境中真正触摸到了物体……我们的数字体验跨越了所有感官,融合了物理世界和数字世

[①] 张怡:《虚拟现象的哲学探索》,上海人民出版社,2019,第24页。

界。"[1]VR系统利用数据手套、体感服等新型界面，调动触觉、本体感受、前庭觉等多重感官通道，改写了审美感知的规则。这意味着，虚拟美学体验从视听中心主义走向全感官主义，触觉、运动觉等初阶感官获得全新地位。例如，Parsons+RCA作品VR交互游戏《触碰虚空》（Touching the Void），旨在探索空间认知和感官知觉的互动体验。作品灵感来源于"盲人摸象"的寓言，探讨了由于信息接收的偏差，人们对同一对象的不同感知。通过物理基座上的虚拟物体，结合LeapMotion跟踪用户手指位置，使用Arduino激活指尖下的振动电机，产生触觉反馈，让用户感知虚拟物体的体积形态。在与虚拟物体互动的过程中，物体在被触摸的瞬间在用户的意识中成形，展示空间成为虚拟和现实叠加的多维空间，改变了观众对空间的认知。在这里，"美"不再是视听形式的把玩，而是对虚拟景观的全感官身体践行。莫里斯·梅洛-庞蒂提出的"身体—主体"（body-subject）概念认为，身体不仅是一个物理实体，还是一个有意识、有目的的主体，是我们与世界建立联系的出发点。身体感知不仅是被动接收外部世界信息的感官，还主动参与到与世界的互动中。虚拟现实艺术全方位的主体感官激活，共同塑造了我们的数字化身体个性、信念和生存方式，从这个意义上来说，触觉转向使虚拟审美回归了感知体验的原点。

与此同时，虚拟艺术的互动特性颠覆了审美体验的主客二分。传统美学理论往往预设超然的审美态度，强调主体与客体的心理距离。"心理距离"概念认为，唯有摆脱功利关切、保持冷静超脱，方能获得纯粹愉悦。然而，虚拟艺术彻底消解了这种二元对立。用户不再是超然的观者，而是参与互动的介入者。在虚拟环境中，用户与作品融为一体，以身体行为共同表演出意义。例如，VR作品《眼眶》（Or Bit）结合了戏剧手法和舞蹈影像，将舞蹈视为空间中元素的变化过程，不仅让舞者动起来，也让相机成为虚拟角色，与舞者的动作形成互动，测试全景观看中的注意力引导，以此探讨身体感知与技术之间的交互。动作捕捉系统将用户肢体动作与虚拟角色实时同步，制造代入感。用户的一举一动决定了故事走向，成为舞台空间叙事的推手。在这里，"美"是身体介入

---

[1] [美]乔恩·加贝：《触觉集成的未来，超越VR和AR视觉》，电子工程世界，https://news.eeworld.com.cn。

其中、沉浸其中的存在状态，交互性消解了审美的主客界限，意义从观感的意识惊叹走向参与的身体欢娱。

总之，虚拟现实技术不仅拓宽了感知维度，重塑了审美关系，更引发了美的存在方式的深刻变革。从身心融合的沉浸感到参与互动的介入感，再到动态演化的偶然性，虚拟艺术开创的全新体验之维昭示着一种后笛卡尔的审美范式。笛卡尔坚持心物二元对立，将审美视为理性的超然之思。然而，虚拟艺术实践表明，科技与艺术、理性与感性的界限正变得模糊。算法不再是冷冰冰的数学，而是生成意义的"诗学机器"，交互装置不再是中性的媒介，而是塑造主体的"心灵技术"。在人机交织、虚实共生的未来图景中，或许我们需要发展一种交互现象学，视美为主体在技术情境中的能动体验。正如哲学家海德格尔所言，技术的本质在于"澄明"（clearing），即开辟存在得以显现的境域。虚拟现实恰恰为人的感性生活开辟了一片崭新的"澄明之境"。

三、虚拟美学体验的心理与情感因素

虚拟现实不仅开启了感官维度的革命，更引发了审美心理和情感体验的深刻变革。与传统艺术相比，虚拟美学体验呈现出强烈的主观性、互构性和移情性特征。用户不再是超然的欣赏者，而是以身心投入其中、与虚拟世界交织缠绕的体验者。这种沉浸式体验模糊了主客二分，个体感受与虚拟景观互相渗透，情感体验因人而异。同时，虚拟叙事常以视角转换、身份代入等策略唤起用户的共情，让其设身处地体验他者处境。这提示我们，虚拟美学的社会意义不仅在于感官愉悦，更在于培养同理心，唤起人文关怀。

虚拟现实体验的心理沉浸感，源于身心合一的"具身认知"，因此又可称为"具身沉浸感"[①]。传统美学理论多将审美视为视听形式的把玩，审美主体以超然态度领会对象。虚拟体验打破了这种二元对立，其沉浸感源于感知与意识的融合互渗，在VR中，"具身性"不再局限于物理身体，而是身体感官与心灵意象的混杂交织。感知与想象在此无缝衔接，我们同时生活在现实与虚拟的边界地带。这种具身性使虚拟美学体验高度私密化，同一虚拟场景可以引

---

① 苏丽：《沉浸式虚拟现实实现的是怎样的"沉浸"？》，《哲学动态》2016年第3期。

发不同个体的不同情感反应，虚拟美学研究不能忽视用户个体差异，体验的生成是主客交互、因人而异的复杂过程。此外，虚拟现实还是引发"移情作用"（empathy）的有力工具。虚拟叙事通过主观视角等手法，让用户化身他人、感同身受，从而唤起共情，VR技术的关键在于视角转换，即让用户从第一人称视角体验他人处境。当人们戴上VR头盔，就好似换上了他人的皮肤，看到他人所见，感受他人所感。例如，VR作品《燥热》（Superhot Vr），玩家的身体动作与游戏世界中的时间和空间紧密相连，通过身体的移动、跳跃和射击等动作，玩家不仅与游戏世界建立了深刻的联系，还在其中体验到了独特的存在感和自我价值。这种体验凸显了肉身在存在论上的重要性和基础性。VR《傩神》是指一款以中国传统文化中的傩文化为主题的虚拟现实体验或游戏。傩文化在中国有着悠久的历史，它是一种古老的宗教仪式，通常在春节期间举行，目的是驱邪避凶、祈求平安和丰收。傩仪式中，人们会戴上面具，穿着特殊的服装，进行舞蹈和其他仪式活动。在VR作品《傩神》中，玩家可以身临其境地体验傩仪式的神秘氛围，深入了解傩文化的历史背景和仪式流程。玩家可参与到仪式中，通过互动来完成游戏任务或解锁新的游戏内容，其精美的视觉效果和传统的音效增强了游戏的沉浸感。这些VR作品利用沉浸性唤起移情，实现了审美体验与伦理想象力的融合。

　　VR技术通过沉浸性、交互性和想象性，为观众提供了一种全新的交互体验，这种体验能够激发比传统艺术形式更强烈的移情效应。一方面，VR技术通过"去中介化"营造在场感，使观众感觉仿佛真实存在于虚拟环境，从而增强了移情体验；另一方面，VR影视允许观众与虚拟环境进行互动，这种参与感能够进一步增强观众的移情体验。另外，VR技术允许用户在虚拟空间中投射自己的意向，通过具身感体验虚拟世界，这有助于深化观众的移情体验。[1]在VR环境中，用户可以通过多感官的协作激发情感，并通过无意识的感知达成"情动的共鸣"，这种共鸣超越了传统二维影像所能提供的体验。例如，VR《失落的星球》，通过详细的背景故事、独特的外星生物设计、复杂的社会结构和紧张的剧情冲突，为玩家提供了一个沉浸式的游戏体验。玩家在探索名为E.D.N. III的星球时，

---

[1] 顾亚奇：《VR纪录片移情效应的技术逻辑与影响因素》，《中国文艺评论》2023年第8期。

也会逐渐揭开隐藏在这个星球背后的秘密,并参与到决定其未来的重大决策中。VR移情培养了"体验式学习",通过设身处地的角色扮演,提高玩家对世界认知的敏感性。在时空穿越、角色转换的"换装体验"中,个体突破自我中心,学会从他者视角看世界。

VR技术通过模拟三维环境,使用户能够沉浸于虚拟世界,这种沉浸式体验改变了社会互动的方式,对个体和社会产生了多方面的影响。在VR环境中,用户可以与他人互动,而不受地理位置的限制,这为人们建立全球性的社交网络提供了可能性,但也引发了一系列伦理问题,如虚拟世界中的身份伪装和欺诈行为。VR技术的沉浸性可能导致用户在虚拟世界中的行为与其在现实世界中的道德标准不一致,这引发了虚拟行为与实际行为之间的伦理边界问题。例如,用户可能在虚拟世界中参与暴力或犯罪行为,而不必承担真实世界的法律责任。此外,VR中的互动更加直观和情感化,可能引发玩家情感上的混淆和困惑。有学者在VR《黑镜》研究中提出VR技术可能会带来的十大伦理道德问题,包括用户保护、社会隔离、情感麻木、高估能力、精神疾病、不道德内容、虚拟犯罪、隐私和数据安全、伦理原则的冲突、技术的负面性和局限性等,指出VR技术的快速发展可能超出了现有伦理规范的覆盖范围,需要新的道德框架来指导其健康发展。[①] 类似作品让人窥见VR伦理的复杂性,它既可能唤起人性之善,又可能暴露人性之恶。如何防止VR成为道德想象力的负面培养皿,考验着伦理学家和立法者的智慧。总的来看,虚拟美学开启了体验维度、社会意义的双重革命。从具身沉浸到移情互构,虚拟艺术塑造着一种联结自我与他者的"联结美学"。在人机共生、虚实交织的未来世界,或许人文关怀才是虚拟技术的终极意义所在,自我唯有在"为他者"中才能获得真正意义。在这个意义上,虚拟现实正在开辟一个"伦理感性"的崭新时代。

虚拟现实技术为"美"的定义、感知、体验方式带来新的可能性。虚拟美学挑战了古典美学的静态形式论,强调美源于人机互动的动态过程。虚拟审美体验突破视听中心主义,涉及多感官融合的沉浸感和具身认知。此外,虚拟叙

---

① 夭夭林:《〈黑镜〉第四季引发思考:VR技术可能会带来的10大伦理道德问题》,17173VR网,http://www.17173.com。

事还能引发强烈的移情作用,唤起社会关怀。随着虚拟技术的日益成熟,人们将在虚实交融的感知中探索美的新境界,虚拟美学研究也将不断拓展人文视野,为探讨人的感性生活开辟新的路径。

第三节 美的新定义与新价值在虚拟环境中的探寻

虚拟现实技术为美学研究开辟了新的领域,同时引发了一系列规范性问题。在虚拟世界中,传统的审美标准和伦理规范面临重构,如何在虚拟语境下建立新的美学规范和价值体系成为紧迫课题。同时,虚拟艺术展览、创作实践等也为美育方式拓宽新的思路。

一、虚拟世界中审美规范的建立与应用

虚拟现实技术打破了物理规律和伦理约束,为想象力和创造力开辟了一片自由的新大陆。然而,过度的放纵可能带来审美失范和价值失序的隐忧。在表达自由与道德秩序的张力之间,虚拟艺术社区亟须一套行为准则。这既是对虚拟世界有序运转的现实需要,也是数字时代艺术伦理建设的题中应有之义。

人类学家汤姆·博尔斯托夫(Tom Boellstorff)在田野调查虚拟社区"第二人生"(Second Life)中发现,虚拟居民在长期互动中形成了一套社交规范,约束个体行为。从礼仪、财产到性,方方面面都有"潜规则",譬如,贸然闯入他人私宅被视为不当;未经允许拍摄他人肖像会引起公愤。[1] 可见,即便是现实规则的真空地带,人们也在自发形成社群自治,以实现有序共处。哈贝马斯在其《交往行为理论》中指出,人类互动的基础是共识,社会规范源于主体间性,即不同主体在理性对话中达成共识。[2] 虚拟社区的秩序生成正是这种主体间交往理性的体现。

审美失范问题在虚拟艺术领域尤为突出。虚拟世界中充斥着低俗、庸常的

---

[1] [英] 丹尼尔·米勒:《数字社会:什么是数字人类学?》,王立秋译,澎湃新闻·思想市场,https://www.thepaper.cn/newsDetail_forward_26661183。
[2] [德] 尤尔根·哈贝马斯:《交往行为理论(第 1 卷):行为合理性与社会合理化》,曹卫东译,上海人民出版社,2018,第 36 页。

作品，以至有学者斥之为垃圾艺术。对此，虚拟艺术社区的应对之策是形成自治规范。例如，《第二人生》的林登艺术赞助委员会（Linden Endowment for the Arts）设立专项基金，重点扶持优秀虚拟艺术。其评判标准包括创新性、技术性、互动性、美学价值等。获奖作品在官方平台展示，树立了社区的审美标杆。此外，一些虚拟博物馆也制定了观展公约，如虚拟现实凡·高博物馆（Van Gogh Museum）禁止观众对展品"喷漆"、高声喧哗等，以维护虚拟参观秩序。这些做法表明，虚拟艺术社区正在形成自己的审美规则体系。

此外，虚拟艺术规范的制定还需兼顾文化多样性。不同地域和族群拥有独特的审美趣味与文化传统，这些差异性应当得到平等尊重和体现，单一的艺术标准无法全面覆盖与适应全球多样化的文化语境。因此，虚拟艺术规范的制定需要采取包容性的方法，确保不同文化背景下的艺术表达得到恰当的展示和保护。联合国教科文组织国际创意与可持续发展中心于2019年提出的《在数字环境中促进文化表达多样性操作指南的实施路线图》，旨在提供一个开放的路线图和良好实践的示例，帮助各国在数字环境中实施《文化表达多样性保护和促进公约》。该操作指南强调了文化活动、商品和服务在数字环境中的双重性质（文化和经济），并指出技术中立原则的重要性，为公约的实施提供了全面的指导，进一步促进文化多样性在数字环境中的保护和发展。[①] 目前，国内外基于VR技术的诸多成果展示了其在文化遗产保护、文化教育、艺术娱乐等多个领域的应用，通过提供沉浸式的体验，促进了文化表达多样性的传播和理解。美国纽约市的VR Museum of Fine Art专注于将世界各大艺术博物馆和画廊带入虚拟现实世界，使用户能够在家中参观世界各地知名博物馆的展览，极大地拓宽了艺术爱好者的视野。由HTC Vive推出的VR平台Viveport Infinity，提供了包括文化旅游、游戏娱乐、教育培训等多个领域大量丰富的虚拟现实体验，满足不同用户的需求。谷歌推出的VR项目Google Arts & Culture，致力将世界各地的文化遗产和艺术品通过虚拟现实技术呈现给用户，让文化旅游更加生动有趣。Facebook旗下的Oculus推出的VR应用Oculus Venues，

---

① 《在数字环境中促进文化表达多样性操作指南的实施路线图》，联合国教科文组织国际创意与可持续发展中心网，https://city.cri.cn。

第七章　虚拟现实技术的美学价值重构

为用户提供了虚拟现实的观演体验，让用户可以在家中通过VR设备参与各种演出、音乐会、体育赛事等活动。国家地理频道推出的VR应用National Geographic Explore VR，让用户可以在虚拟现实中探索世界各地的自然风光和野生动物栖息地，深入了解自然生态系统和保护环境的重要性。在国内，《清明上河图》VR项目，利用VR技术对传统文化进行创新设计与传播，通过数字化记录和三维立体展现方式，让《清明上河图》这幅传世佳作在虚拟世界中"复活"，为观众提供了一种全新的观赏和理解方式。苏州拙政园VR馆通过VR技术，为游客提供身临其境的江南园林游园体验，既可以在一定程度上分流游客，也可以为游客提供更为丰富的游园体验。江西汉代海昏侯国遗址博物馆VR项目通过VR技术，将不便开放的区域展示给游客，同时通过虚拟空间中的互动体验，激发游客对文化遗产的兴趣。可见，虚拟艺术规范绝非放之四海而皆准的普适法则，而应因地制宜，尊重差异。W.J.T.米歇尔在《图像理论》中认为，当今时代的审美话语应"从封闭性走向开放性"，以"跨文化的对话"取代西方中心主义。[1] 文化包容有助于构建开放、平等的虚拟艺术共同体。卢西亚诺·弗洛里迪（Luciano Floridi）也曾指出，随着人类生活重心的线上迁移，信息社会正在形成自己的信息生态。[2] 艺术生态是其重要组成，涉及创作、传播、消费等各个环节。打造绿色健康的虚拟艺术生态，需要政府、平台、社群、艺术家等多方合力。其中，平台的算法设计应纳入伦理考量，避免低俗内容大行其道；政府应制定相关法规，为艺术创新划定基本伦理底线；艺术社群应加强自律，通过共识凝聚形成行为公约，艺术家则要提高自身修养，坚守职业操守。总之，虚拟艺术生态治理是系统工程，离不开多方的参与。

在人机共生、虚实交织的未来世界，虚拟艺术将扮演越发重要的角色。从第二人生到元宇宙，虚拟空间正在从社交平台演变为生存维度，成为人类生活不可或缺的组成部分。马克·扎克伯格（Mark Zuckerberg）在2021年的开放信发布会上指出，元宇宙是下一代互联网，是人机交互的全新形态。它不仅带

---

[1]［美］W.J.T.米歇尔：《图像理论》，陈永国译，北京大学出版社，2006，第151—182页。
[2]［意］卢西亚诺·弗洛里迪：《第四次革命》，王文革译，浙江人民出版社，2016，第40—61页。

来沉浸式娱乐,更蕴含着塑造人类精神家园的使命。[①] 在这个意义上,虚拟现实艺术生态事关数字文明的未来图景。构建虚拟现实审美规范,不仅是艺术生态治理的现实需求,也是人文关怀在数字时代的必然呼唤。

二、虚拟艺术展览与审美教育

随着虚拟现实技术的发展,虚拟博物馆、画廊等新型展览平台为美育开辟了新路径。与传统课堂教学相比,虚拟展览以沉浸式、互动式的方式营造身临其境的审美情境,极大地激发了学生的学习兴趣。这种参与式体验有助于培养学生的感受力、想象力和创造力,实现情感体验与理性认知的统一。

正如教育学者约翰·杜威所言,艺术教育的核心在于体验的质量,唯有在创造性活动中获得完整体验,方能真正领悟艺术。[②] 虚拟展览恰恰提供了这种全情投入的审美体验。虚拟美术馆能打破时空藩篱,通过 VR 技术还原艺术家创作情境,让欣赏者身临其境,产生空间临场感和心理临场感,让观众足不出户即可游览世界名画,沉浸式感受艺术魅力。这种沉浸感首先源于多感官调动,不同于平面图像,VR 美术馆营造声、光、色等立体环境,全方位刺激感官。鲁道夫·阿恩海姆(Rudolf Arnheim)认为,感官体验是艺术感悟的基础,情感体验是艺术感悟的灵魂。[③] 身体投入带来心灵共鸣,观者与作品建立情感联结,进而激发创造冲动。

虚拟展览还能模拟艺术创作过程,让观众身临其境感受创意的激发、构思的酝酿。VR 应用《梦之雕塑——罗丹》将巴黎罗丹博物馆的雕塑都安放在一座城堡里,玩家可以在 VR 中 360 度地欣赏世界著名雕塑,观察每一个细节。《世界名画艺术馆——凡·高的秘密》则会引导观众走进凡·高画中,触碰艺术大师的内心世界,了解名画作品的创作由来和故事。国内的"身临·奇镜"VR 画展、"自叙心境"书法展,日本的"空书"VR 书法展,英国的 3D 打印艺术品展,

---

① Biu:《扎克伯格:元宇宙,就是下一张互联网》,极客公园,https://www.geekpark.net/news/282459。

②[美]约翰·杜威:《艺术即经验》,高建平译,商务印书馆,2010,第 35—57 页。

③[美]鲁道夫·阿恩海姆:《艺术与视知觉》,滕守尧译,四川人民出版社,2019,第 2—4 页。

让参展者走进虚拟世界欣赏VR创作的艺术作品。参展者还可以在虚拟现实中参与艺术创作,如除了知名应用Tilt Brush,《涂鸦实验室》《街机艺术家》等VR绘画应用提供了更多不同的创作场景,让参展者变身画家,西班牙VR毕加索画展则邀请参展者走进画作场景,在立体主义的几何空间中穿梭。参展者化身毕加索笔下人物,以第一人称视角体验画面解构,感受形式革新的动因。这种沉浸式创作体验揭示了艺术创意的源头活水,加深了参展者对艺术本质的领悟。正如奥尔特加·伊-加塞特在《艺术的去人性化》中认为,现代艺术的特点在于对人性的超越,艺术要突破常规感知,用独特视角发现新的形式。[①]

此外,虚拟展览还是培养人们创新思维、开拓文化视野的绝佳途径。如前所述,当今全球化时代呼唤多元文化并存的包容性美学,不同民族、地域的审美传统应彼此欣赏,在平等对话中实现美的共通。虚拟现实艺术为这种跨文化审美交流搭建了桥梁。值得一提的是,虚拟艺术教育还具有普惠性。传统美术馆受地域、开放时间限制,很多观众难以践足,导致优质美育资源要么束之高阁,要么展示资源分配不均;而虚拟美术馆能借助新媒体技术创造诸多跨越时空的展示空间,使不同社会区域、不同文化阶层的人同样享受到高水平艺术熏陶,填平美育鸿沟。美育公平的核心在于生活质量的均等,让每个受众都能获得提升精神生活、陶冶情操的机会。从这个意义上说,虚拟艺术展览是实现美育均衡发展的有力抓手。

需要指出的是,虽然虚拟展览有诸多优势,但并非要取代传统美育,而是作为补充,与之形成合力。事实上,任何新技术都难以完全复制艺术原作的质感。VR毕加索画展的参观者也会感慨,虚拟体验再逼真,也无法还原油画颜料的质感、笔触的韵致。因此,线上线下美育应形成闭环,虚拟展览负责引导参展者兴趣,社群审美互动构建深化理解,参观实体美术馆则是参展者对虚拟体验的升华。正如杜威所言,"教育即生活",知识内化需要在丰富生活中实现。在数字化生存依然普遍实现的当下,虚拟现实艺术已完全可以承担对大众美育的范式引领和平台搭建任务,虚拟现实唯有线上线下交互运行,相互融合

---

① [西班牙]奥尔特加·伊-加塞特:《艺术的去人性化》,莫娅妮译,译林出版社,2010,第65—83页。

渗透发挥功能作用，方能实现全新的美育生活化。

总之，虚拟现实艺术正以其独特的沉浸感、互动性、想象力重塑大众化美育生态。艺术提供了一种创造性介入的审美范式，让大众在身心投入中感悟艺术，在想象互动中唤醒创造力。与此同时，虚拟现实展览的跨文化视野、资源普惠性，也为培养具有全球胜任力和文化包容性的未来公民创造了条件。在科技引领审美文化变革的时代背景下，虚拟艺术展览昭示着美育现代化的崭新路径。

三、虚拟现实艺术创作的伦理与美学问题

虚拟现实技术为艺术表现力开辟了新维度，但也引发了一系列伦理和美学争议。虚拟艺术打破了物理规律和伦理约束，使创作者能够以前所未有的方式再现真实，甚至模拟禁忌场景。然而，虚拟体验的沉浸感和真实感，使有悖伦理和道德的内容可能给人们带来更大的心理冲击。此外，虚拟艺术创作还面临知识产权模糊、深度伪造等问题。如何在艺术表现力和伦理规范之间寻求平衡，是虚拟艺术发展亟须解决的难题。

虚拟现实的沉浸感，为艺术家提供了探索禁忌主题、挑战道德底线的可能。艺术史上不乏以暴力、色情等为题材的作品，但由于形式局限，其刺激程度有限。然而，虚拟现实打破了这一局限，使观者能身临其境地体验禁忌之事。VR《田野里的真实暴力》[①]邀请观众见证一名男子遭受残暴殴打的全过程。逼真的画面和音效营造出强烈的临场感，引发观众的不适和争议。支持者认为，这件作品挑战了艺术与道德的界限，具有反讽意义，斯蒂拉克（stilak）用写实暴力唤起人性中潜在的残酷欲望，揭示了文明的脆弱性。批评者则担心，生动的暴力再现可能带来观众的心理创伤，甚至诱发模仿行为，VR的临场感远胜传统媒介，血腥内容可能对青少年产生负面影响。由此可见，如何权衡艺术表现力与伦理考量，是虚拟艺术应审慎对待的问题。

虚拟现实也模糊了艺术创作的知识产权界限。与传统艺术依托物理介质不

---

① 珍妮·瓦伦蒂什：《"真实"的暴力：如何解决虚拟现实的道德规范难题》，刘隽影译，卫报，https://www.theguardian.com。

同，虚拟艺术作品易被复制、篡改，一些虚拟艺术平台上出现盗用创意、抄袭设计的现象。上述问题，尼葛洛庞帝在《数字化生存》中早有预见："未来十年中，我们将会看到知识产权被滥用，隐私权也受到侵犯。我们会亲身体验到数字化生存造成的文化破坏，以及软件盗版和数据窃取等现象。"[①] 目前，虚拟艺术创作的法律、规范还不完善，权利界定和维权存在困难，虚拟作品依托数字算法和软件系统，有别于实物作品，在归属权、使用权等方面尚无定论。例如，虚拟世界《第二人生》曾发生用户抄袭他人设计的虚拟服饰，引发纠纷。虚拟艺术也促使我们反思创作的定义，它是个人才智的结晶，还是人机协作的产物，随着人工智能介入创作，作者的身份日益模糊，知识产权归属更显复杂。人工智能引发的深度伪造问题，同样值得警惕。一些艺术家利用 AI 算法，生成虚拟人像、风景，模仿已故大师的创作，引发创作权之争。例如，AI 绘画项目 Next Rembrandt 扫描伦勃朗的名作，学习其笔触、色彩和构图，"创作"（生成）出一幅伦勃朗风格的新画作。支持者认为，这彰显了 AI 理解和创造艺术的能力，具有实验意义。但批评者指出，AI 模仿缺乏人类情感和洞察力，充其量是一种拙劣的东施效颦。苏珊·施耐德（Susan Schneider）在《人工智能的极限》一文中指出，机器基于模式识别生成新作品，并非真正的创造，因为它缺乏主体意识和价值判断，无法赋予作品情感内涵。在她看来，艺术创作不能简化为对已有作品的模仿，更重要的是作者独特的视角和感悟。国内亦有学者指出，人工智能用于文艺创作"本质上属于机器的电脑，尚无法创作出真正具有人性境界的作品。"[②] "人的主体性是人工智能生成物构成作品的必备要素，创作意图和思想情感是人的主体性的重要标志。人工智能不具备创作意图，人可以将创作意图体现在人工智能生成物之中。人的情感不易被人工智能模仿和表达，应当以人在使用人工智能技术时的创造性贡献判断人工智能生

[①] [美] 尼古拉·尼葛洛庞帝：《数字化生存》，胡泳、范海燕译，电子工业出版社，2017，第 228 页。

[②] 杨守森：《人工智能与文艺创作》，《河南社会科学》2011 年第 1 期。

成物独创性的依据。"①因而，人工智能生成物的独创性评判应当重视人的主体性，特别是在创作意图和情感表达方面的贡献，而不仅是依赖人工智能本身的技术能力。这样的判断标准有助于在尊重人类创作者权益的同时，合理地对待人工智能在创作过程中的作用。此外，AI伪造还可能侵犯肖像权。例如一些开发者利用AI算法生成已故名人的虚拟形象，用于广告代言等。这不仅折损了名人的尊严，也侵犯了其家属的肖像权。有研究指出，AI生成的虚拟人像具有可识别性，应纳入肖像权保护范畴。②可见，在人工智能时代，对虚拟形象的法律界定和伦理规制更显紧迫。

总之，虚拟艺术打破了现实禁忌，为创意表达开辟了新疆域，但也带来伦理失范的隐忧。在沉浸感日益增强的语境下，如何寻求艺术表现与伦理规范的平衡，考验着艺术家的自律意识。随着人工智能与虚拟现实的结合，艺术创作主体日益泛化，知识产权归属和肖像权界定也变得错综复杂。这呼唤政策制定者与业界共同努力，在鼓励创新的同时，为虚拟艺术创作划定基本的法律和伦理边界。正如邓晓芒认为，科技发展不能以牺牲人的尊严为代价，任何突破伦理底线的创新都是不负责任的，"现代人工智能日益走向技术化和工具化，从本质的'人为性'变身为单向实用的'人工性'，这无疑是对人类自身本质的遗忘。由此所导致的人类生存危机不可能由一个处在彼岸的上帝来拯救，只能由我们自己在现代高科技的'无所不能'的假象中坚守住人类的人文底蕴。"③同样，虚拟艺术要实现可持续发展，必须以人文关怀为导向，在自由表达与道德自律、创新激励与权益保障之间求得平衡。唯有如此，虚拟空间才能成为艺术之美与人文之善的共同滋养地。

在虚拟世界中，传统的审美规范和伦理秩序面临重塑。建立良性的虚拟艺术生态，需要社群自治和制度建设并举。虚拟艺术展览为美育开辟了新路径，沉浸式、互动式的审美体验有助于提升学生的学习兴趣，培养学生的审美能力。

---

① 王国柱：《人工智能生成物可版权性判定中的人本逻辑》，《华东师范大学学报（哲学社会科学版）》2023年第1期。
② 潘华婷：《数字化背景下肖像权的法律保护》，《法制博览》2023年第5期。
③ 邓晓芒：《人工智能的本质》，《山东社会科学》2022年第12期。

但虚拟艺术创作也面临伦理困境，平衡表现力与道德边界成为新的挑战。在虚拟与现实的交织中，人类将重新思考美的意义，并以此指导文明行进新的航向，虚拟现实艺术实践也将进一步拓展美学研究和伦理探索的空间。

第八章　虚拟现实技术美学研究理论体系建设

随着虚拟现实技术的发展，其所蕴含的美学问题日益引发学界关注。然而，当前学界针对虚拟现实美学的研究仍处于起步阶段，尚未形成系统的理论框架。建构虚拟现实审美文化与美学的研究体系，厘清其基本概念、研究范式与方法论，对于深入理解虚拟现实艺术现象、把握数字时代美学发展的趋势至关重要。本章将在梳理国内外相关研究成果的基础上，探讨虚拟现实美学理论体系构建的可能路径。

第一节　虚拟现实美学的理论支柱与构架

一、构建虚拟现实美学的理论框架与方法论

虚拟现实技术正在开创数字时代审美体验的新范式。然而，作为一个新兴研究领域，虚拟现实美学尚缺乏成熟的理论体系和话语系统。不同学者从本体论、认识论、价值论等多个维度对此展开探讨，试图勾勒虚拟现实美学的学科图景。尽管观点各异，但在学者们的构建理论框架和创新研究方法等方面达成了一些共识。

首先，大多数学者认为，虚拟现实美学应以数字媒介美学为理论起点，继承和发展后现代美学的思想资源，数字艺术开启了表现与体验的"身体转向"，其沉浸性、互动性、虚拟性等特征，呼唤美学范式的革新。"身体转向"在数字媒体领域中指的是随着技术的发展，尤其是移动社交媒体、智能可穿戴设备、虚拟现实场景等数字科技的进步，身体与传播技术之间的关系变得更加紧密。这种转向体现在身体参与对个人理解媒介技术、身体与社会交往关系的新路径

第八章 虚拟现实技术美学研究理论体系建设

上,以及为传播研究提供了实践与理论磨合创新的新领域。[①]"人机互动开辟了一种新的互动模式,人与机器之间的关系也出现了新的转机……人机互动的出现并没有与人际互动形成完全的分离或替代关系。如何通过对它的研究,转向更深层次的主体间的情感转向和身体转向,研究人与技术之间即将产生的新的关系结构,是人机互动时代的新命题。"[②]学者李三强也提出:"尽管我们可以将虚拟美学视为传统美学在数字化时代的进一步延伸,但虚拟美学显然有着迥异于传统美学的新内容与新特质。"[③]如前所述,沉浸感、互动性、虚拟性是虚拟现实美学的三大支柱,构成了虚拟艺术区别于传统艺术的本体要素,即是虚拟现实美学与传统艺术审美的本质区别在于它们所依赖的现实构造、审美体验的动态性以及创作和感知的方法。虚拟现实美学代表了一种新的艺术形式,扩展了艺术的边界,提供了全新的审美体验。基于此,虚拟现实美学应建立在技术哲学、现象学、符号学"三个向度"的理论架构之上。其中,技术哲学向度揭示虚拟技术的本质特征及其与艺术的关系,现象学向度探讨虚拟现实塑造的感知方式和主体间性,符号学向度分析虚拟符号的意义生成机制。

其次,大多数学者主张采用多维视角、跨学科的综合分析路径,结合本体论、认识论、价值论等多个层面展开研究。"在今天这样一个新媒介技术蓬勃发展,深入自然、社会和艺术活动的时代,美学思考离不开跨学科视野,更离不开对媒介技术思想的吸收。"[④]虚拟现实美学研究需要技术哲学、现象学、媒介理论等多个理论资源,需要在传统美学与数字媒介理论的交叉点上寻找突破口。同时,研究还应关注虚拟艺术的生产机制、传播方式、接受心理等方面,综合运用文本分析、田野调查、经验研究等方法。虚拟现实美学研究要立足作

[①] 王娟:《参与、呈现、满足:虚拟世界的身体传播转向——基于数字平台"打卡"行为的分析》,《当代传播》2023年第5期。

[②] 廖卫华、戴云武、陈舒娅:《新媒体技术应用与案例研究》,江西高校出版社,2022,第58页。

[③] 李三强:《实践美学视野下的虚拟美学》,《武汉理工大学学报(社会科学版)》2007年第5期。

[④] 陈海:《当代美学的技术挑战及出路》,《中国文艺评论》2017年第12期。

品分析，兼顾创作语境和接受体验，采取文本细读与实证研究相结合的策略。以 Char Davies 的沉浸式互动 VR 装置"Osmose"为例，飘浮（floating）、呼吸（breathing）、位移（relocation）等交互设计，塑造了一种身心合一的多感官美学体验。装置所用的头盔显示器、运动捕捉等技术，则体现了虚拟艺术创作的科技语境。可见，作品、语境、经验三个向度缺一不可。

再次，有学者提出要重视虚拟现实美学的伦理向度。虚拟艺术打破了现实的伦理规范，容易带来价值失范、审美异化等问题，虚拟艺术作品通过模拟或增强现实世界体验，打破了传统艺术的边界，其审美场域主要是精神空间的拓展，私密度的增强和公共性的减弱可能加重了以私德遮蔽、替代公德的伦理风险，给主体的道德自律带来了新的难度。① 虚拟现实技术为玩家提供了沉浸式的体验，其中一些作品包含暴力元素，引发了人们关于伦理和审美的讨论。例如，"英雄萨姆 VR"系列，以其丰富的武器种类和血腥效果著称，玩家可以在虚拟世界中体验狂扫、轰炸敌人。《杀戮空间：入侵》VR 游戏突出了"杀"的元素，玩家使用多样且特别的武器屠杀丧尸怪物，场景血腥暴力。《血战竞技场》中动作格斗以血腥暴力和黑色幽默为特色，玩家在古罗马式的竞技场中与对手战斗。《嗜血僵尸》充满了暴力血腥元素。这些作品展示了虚拟现实技术在提供创新娱乐方式的同时，也引发了关于伦理和审美的深层次问题，折射出虚拟空间的失范乱象。虚拟现实美学研究不能回避价值评判，要以人文关怀为底色，在伦理规范和艺术表现之间寻求平衡，在引导玩家达成审美愉悦深度体验的同时，还要重视虚拟现实艺术的审美教化功能。虚拟社区、虚拟博物馆、全景视频等文化应用有助于提升公众的人文素养，应纳入虚拟现实美学的研究视野。

最后，还有学者提出要用发展的眼光审视虚拟现实美学。王受之指出，虚拟艺术是信息时代的产物，具有鲜明的技术烙印。因此，虚拟现实美学不能故步自封，要紧跟媒介技术的最新发展，持续革新话语体系。相关研究指出，当代美学研究"呈现出两大特点：其一，具有明显的跨学科特征。其二，美学思考无法忽视数字技术飞速发展带来的影响。因此从跨学科视野对当代审美面对

---

① 宋铮：《虚拟现实艺术的场域伦理问题》，《云南艺术学院学报》2018 年第 1 期。

的技术问题进行思考,已成为美学发展的当务之急。"①例如,5G网络、人工智能、脑机接口等新兴技术的应用,可能催生新的艺术形态和美学样态,虚拟现实美学要做好理论准备。此外,密切关注虚拟现实产业动态,以开放包容的心态拥抱新技术、新业态带来的审美变革,也是当前研究中值得思考的维度之一。

综上,国内学者初步勾勒了虚拟现实美学的理论图景,在继承传统美学的基础上,立足数字媒介技术,综合跨学科视角,兼顾伦理向度,以开放心态谋求话语革新。这为虚拟现实技术的未来研究指明了方向,即在多维理论融通中把握虚拟艺术的本体要素,在动态语境转换中洞察虚拟审美的发生机制,在人文关怀升华中彰显虚拟美育的价值意蕴。相信经过学界的不断努力,虚拟现实美学将逐步形成自身独特的话语体系,为数字时代的艺术创新和审美文化实践提供理论指引。

二、跨学科研究方法在虚拟现实美学中的应用

虚拟现实技术融合了计算机图形学、人机交互、认知心理学等多个领域的理论与实践,为艺术创作和审美体验开辟了新的可能性空间。因此,虚拟现实美学研究必然要立足跨学科视角,综合多元理论资源,全面审视虚拟艺术的技术语境、心理机制和社会影响。数字艺术研究需要在学科交叉领域探寻理论创新,用多维视角捕捉数字时代审美经验的异质性和复杂性。

游戏研究为虚拟现实美学提供了重要的理论参照。作为虚拟现实技术的重要应用形态,游戏与虚拟艺术有诸多共通之处,如交互性、程序性、沉浸性等。这些特征既塑造了游戏的独特审美风格,也为虚拟艺术创作提供了新的表现手法。尼克·蒙特福特(Nick Montfort)等在《新媒体阅读》一书中指出,游戏美学的核心在于"程序性"(procedurality),即通过设计规则、机制、目标来驱动玩家行为和情感体验。②这种程序性思维可以启发虚拟艺术家创作

---

① 陈海:《当代美学研究的媒介生态学视野》,《中外文论》2016年第2期。
② Wardrip-Fruin, Noah (EDT) / Montfort, Nick (EDT). The New Media Reader, The MIT Press, 2003:259—278.

出内容动态生成、玩家参与塑造叙事的沉浸式作品。以杰弗里·肖的 VR 互动装置"易读城市"为例，作品邀请观众骑自行车在一个由文字构成的虚拟城市中游览。文字排列随骑行速度和路径实时变化，由此生成了一个可读的城市空间。作品利用程序算法，将观众的身体运动转化为叙事动因，体现了一种交互叙事美学。

认知心理学的"具身认知"理论也为虚拟现实美学研究提供了新的解释框架。传统笛卡尔哲学将心智视为脱离肉身的抽象思维，而具身认知理论强调，人的认知过程依赖于身体运动、环境互动的支持。认知不是大脑的独角戏，而是以肉身为媒介的、情境化的能动实践。由此看来，虚拟现实中的沉浸感和临场感，正是建立在多感官参与和身体运动之上的。VR 设备作为感知和认知的延伸，将人的心智嵌入虚拟环境。换言之，虚拟现实美学体验正是具身心智与虚拟世界协同互动的结果。例如，VR 作品《Lovatar》以其独特的创意，将相亲活动从现实世界的咖啡馆、公园转移到了充满无限可能的虚拟世界。在这里，每一位参与者都可以选择一个自己心仪的 Avatar 形象，作为自己在虚拟世界中的代表。这些 Avatar 不仅是简单的数字模型，它们承载着参与者的个性、喜好乃至对理想伴侣的憧憬，成为连接心灵的桥梁。VR 的临场感建立在对虚拟世界的内在化之上，即身体感官与虚拟信息的深度融合，交互叙事美学的研究和应用不仅推动了艺术和技术的融合，也为用户提供了更加深入和多维的叙事体验，成为当代文化和创意产业中的一个重要趋势。

"体验漂移"理论为探讨虚拟现实的移情功能提供了洞见。传统美学理论多将审美体验局限于感官愉悦，但虚拟艺术实践表明，借助 VR 设备，个体能漂移到他人视角，设身处地体验他人遭遇。在 VR 作品《心境》中，观众可以体验御剑飞行，环绕在鲲鹏周围，感受中国古典神话中的奇幻场景。通过互动体验，观众不仅能够享受到视觉和听觉上的盛宴，还能够通过自己的行动深入探索《心境》的世界，体验中国古典文化的魅力。因此，虚拟现实是"移情"机器终端，能培养人的同理心。在角色扮演的虚拟叙事中，观众可以扮演故事中的角色，深入了解角色的内心世界，从而产生强烈的共鸣和同理心。例如，VR 版《最后生还者》（The Last of Us），玩家可以扮演主角乔尔或艾莉，

第八章 虚拟现实技术美学研究理论体系建设

亲身体验他们在末日世界中的求生之旅。通过深入角色的生活和心理状态，玩家能够更好地理解角色的决策和行为，从而产生强烈的同理心，唤起观众的移情反应。虚拟现实的优势在于创造人为体验，用沉浸感补偿现实体验的不足。由此看来，虚拟现实的移情功能，正是建立在"体验漂移"的心理机制之上。

围绕虚拟现实美学的跨学科研究，还体现在从社会学、人类学视角探讨虚拟社区的互动仪式和文化景观。例如，汤姆·博埃尔斯托夫（Tom Boellstorff）考察"第二人生"虚拟社区长达两年，发现虚拟居民在反复互动中形成了一套行为规范和价值体系，虚拟社区成为"意义编织的地方"[1]。博埃尔斯托夫借鉴经典人类学理论，提出要用参与式民族志方法研究虚拟社区，通过长期浸入和互动，厘清虚拟价值观念的生成机制。我们考察了国内虚拟主播的形象塑造策略，发现其借助角色扮演满足用户的情感和审美想象，虚拟社交成为体验消费的新业态。

跨学科研究方法为虚拟现实美学研究提供了多元理论视角和方法论基础。游戏理论为把握虚拟艺术的程序性、互动性提供了洞见，具身认知理论则揭示了虚拟沉浸感的身心机制，"体验漂移"理论彰显了虚拟叙事的移情功能，人类学、社会学方法为解读虚拟社区的互动仪式和文化语境提供了路径。可以预见，随着虚拟现实产业的发展，学界将从哲学、传播学、行为经济学等更多领域汲取营养，推动虚拟现实美学研究的理论创新和范式重构。虚拟现实技术的革命性在于实现了现实与虚构、物质与信息、躯体与意识的交织融合，需立足学科交叉的开放视野，以发现问题、解释问题为基点，为数字时代的审美变革提供理论注脚。如此，虚拟现实美学方能挣脱单一学科的藩篱，实现理论自觉和话语创新，成为未来艺术发展的学术先声。

三、虚拟现实美学研究的未来发展趋势

随着虚拟现实技术的日益成熟和普及，虚拟现实美学研究也将迎来更广阔的发展前景。未来，这一领域的研究议题将更加多元，理论视角将更加开放，

---

[1] Tom Boellstorff. Coming of Age in Second Life: An Anthropologist Explores the Virtually Human. Princeton University Press. 2015:6—21.

研究方法将更加务实。虚拟艺术实践不断引发新的美学问题，呼唤学界以创新的理论智慧做出回应。

首先，虚拟现实美学研究将进一步拓宽问题视野，关注虚拟艺术与社会文化语境的复杂互动。例如，虚拟博物馆正成为开展公共教育、传播文化遗产的新平台。虚拟博物馆有助于拉近文化与大众的距离，实现文化资源的普惠共享。但其发展也面临技术标准不一、知识产权纠纷等挑战。虚拟现实美学研究要立足文化传播的现实语境，兼顾技术、法律、伦理等因素。再如，虚拟偶像在青少年群体中大受欢迎，其价值观引导功能值得关注。虚拟现实偶像通过角色塑造，传递青春励志、追求梦想等正能量，但其非人性、商业化等特点，也可能模糊真实与虚幻的边界，引发价值认同危机。有研究提出"重塑网络虚拟社会语境下青少年的价值观，需要化解青少年在网络中所面临的问题与危机。"[1] 这提示我们，虚拟现实美学研究要关注大众，尤其是弱势群体的媒介素养，在文化研究的视野下审视虚拟艺术生产的社会效果。

其次，新兴哲学思潮有望为虚拟现实美学研究提供理论创新的源泉。例如，后人类主义哲学强调人与技术的协同演化，挑战人类中心主义，为反思虚拟现实语境下的主体间性提供了新的思路。罗西·布拉伊多蒂（Rosi Braidotti）在《后人类》（The Posthuman）一书中指出，数字时代的主体并非同质、稳定的个体，而是异质、流变的"后人类主体"（posthuman subjects），其形成依赖于人机交互、虚实交织的复杂网络。[2] 由此看来，虚拟现实中的自我不是预设的实体，而是在人机协同中动态生成的过程。主体性构建将成为虚拟现实美学的重要议题。再如，"新唯物主义"强调物质的能动性，为分析算法、数据等"数字物"（digital objects）提供了新的理论视角。凯伦·巴拉德（Karen Barad）提出"关联唯物主义"（agential realism），强调主体与客体并非对立实体，而是在"影响"（agential intra-action）中相互构成。[3]

---

[1] 杨建新：《网络虚拟社会语境下青少年价值观的重塑》，《中国青年研究》2012年第6期。
[2] [意]罗西·布拉伊多蒂：《后人类》，宋根成译，河南大学出版社，2016，第11—63页。
[3] Karen Barad.Meeting the Universe Halfway: Quantum Physics and the Entanglement of Matter and Meaning. Duke University Press. 2007:132—188.

在虚拟现实艺术中,观众的审美体验往往取决于算法、数据的驱动机制,艺术家与智能系统通过"人机合作"塑造作品。主客二元对立的传统美学范式已不再适用,虚拟现实美学需要从"关联性"(relationality)出发,重新理解人、物、信息的美学关系。

再次,虚拟现实美学研究将进一步强化理论与实践的结合,注重实证数据的支撑。随着人工智能、大数据、生物传感等技术的进步,美学研究可利用计算分析、生理监测等手段,考察虚拟艺术体验的心理和生理机制。在最近的研究中,科学家利用眼动追踪和皮肤电等生理信号监测技术,对观众在虚拟现实电影中的情绪反应进行了实时分析。这些研究揭示了不同叙事手法对观众情绪反应的影响差异。例如,北京师范大学艺术与传媒学院的研究团队以电影《奇幻森林》为研究材料,剪辑出相同情节的2D版和VR版片段,并利用生理心理学技术记录和分析观众在观看影片过程中的情绪生理反应。研究结果表明,VR电影能够快速引起观众的情绪反应,且这种反应明显强于常规银幕电影。[1] 另外,国内已有诸多研究运用机器学习算法,对虚拟艺术平台的大规模用户行为数据进行聚类分析,识别出不同用户的偏好模式。这些研究表明,实证数据分析有助于客观评估虚拟艺术的体验效果,完善理论假设。未来,随着脑机接口等新兴技术的应用,神经美学研究或将在虚拟现实领域大显身手。国内有相关研究探讨了脑机接口(BCI)技术在应用中面临的伦理难题,并从存在主义的角度出发,提出了解决问题的可能途径。研究表明,BCI技术能够将人的神经活动转化为信号,以控制外部设备。从存在主义哲学视角来看,海德格尔的存在主义哲学提供了一种不同于传统西方实体论的技术"解蔽"本质描述,强调技术与生存论、伦理的紧密联系。研究从技术、文化、认知、社会考察其伦理难题,指出海德格尔的存在主义现象学思想为理解BCI技术的伦理风险及治理路径提供了清晰的视角。通过深入分析BCI技术引发的伦理问题,并结合存在主义哲学,提出制定普遍性与特殊性相结合的技术伦理学法规,以应对新兴技

---

[1] 丁妮、周雯:《虚拟现实电影的用户体验研究——基于生理数据的对比分析》,《现代电影技术》2021年第12期。

术带来的伦理挑战。[①] 类似跨学科研究比比皆是，如有研究使用功能磁共振成像（fMRI）和功能近红外光谱（fNIRS）两种技术来实时监测和分析玩家在玩电子游戏时的大脑活动。通过定制数独游戏程序和MRI兼容鼠标，实现了在磁共振扫描期间进行游戏，并发现数独游戏激活了额顶控制网络、奖赏系统和默认模式网络等脑网络。研究发现，在玩网络游戏期间，VLPFC脑区的活动可能反映了游戏本身"视觉—运动"交互的任务负荷，而DLPFC和FPA的脑活动可能涉及更高级的功能，如注意力状态转移和认知资源分配。[②] 另有相关研究结合神经生物学和人工智能研究成果，开发了"多源类比人脸生成系统"，并通过fMRI技术探索创造性思维的神经机制，探索人类在进行艺术设计时创造性思维的神经生物学机制。通过定制的数独游戏程序和MRI兼容鼠标，在fMRI环境下实时监测大脑活动。研究发现设计任务相比控制任务显著激活了内侧前额叶、额中回、右侧颞上回、前扣带回、双侧海马、楔前叶等脑区。研究结果表明创造性思维是多个脑区同时参与的高度分布式加工的结果，与"创造力三因素解剖模型"相吻合。研究在方法学上做出创新，将人工智能辅助设计研究成果与创造性思维神经机制研究相结合，为理解创造性思维提供了新的途径。这些研究通过跨学科的研究方法，为我们理解创造性思维的神经基础提供了新的视角，为虚拟现实美学研究开辟了新的方向。

最后，随着由心理学、医学、传播学、哲学、艺术学等诸多学科相结合的跨学科研究悄然兴起，虚拟现实美学研究紧跟技术前沿，用务实的科学方法揭示审美体验的认知神经机制。未来虚拟现实美学研究将立足文化传播现实，借鉴哲学新思潮，整合科学新方法，以开放包容的学术视野回应虚拟艺术实践带来的种种新问题。正如奥利弗·格劳所言，虚拟艺术代表了图像文化的未来，其发展将深刻影响人类的感知方式和精神生活。[③] 虚拟现实美学要成为数

[①] 陆慧，王志佳：《基于存在主义反思"脑机接口"技术的伦理难题与出路》，《自然辩证法研究》2023年第8期。

[②] 李玥：《电子游戏相关实时脑功能活动的功能磁共振成像（fMRI）/功能近红外光谱（fNIRS）研究》，华中科技大学出版社，2018。

[③] [德] 奥利弗·格劳：《虚拟艺术》，陈玲译，清华大学出版社，2007，第3—15页。

字时代的思想先导，引领虚拟艺术实践走向成熟，就必须在深化理论内核、拓展问题视野、创新研究方法上持续发力。马克·汉森（Mark B.N. Hansen）在《新媒介的新哲学》（New Philosophy of New Media）中说，当下媒介艺术经历了审美文化层面的范式转换：这是一种从视觉中心主义美学的主导向着植根于身体的具身化美学的转换。这一审美转换最集中表现于VR、AR等新技术在影视传播中作用的凸显。[①]他同时指出新媒体催生了"后电影感性形态"（post-cinematic sensibility），即打破主客二元对立、强调多感官参与的沉浸式美学体验。这预示着虚拟现实正在开启一个感性革命的时代。作为理论先锋，虚拟现实美学必将在变革中彰显智识力量，为虚拟艺术的未来发展提供前瞻性的指引。

第二节 实证研究与理论推断的交叉验证

虚拟现实美学作为一门新兴学科，其理论体系的构建离不开扎实的实证研究支撑。经验数据能够检验理论假设的有效性，而理论模型为实证研究提供分析框架。二者在交叉验证中实现理论与实践的良性互动。

一、理论与实践的相互验证方法

理论与实践的辩证统一是科学研究的基本方法。正如恩格斯所言，理论的彻底性在于对实践作出概括，而理论的真理性要接受实践的检验。[②]在虚拟现实美学研究中，理论概念的提出离不开艺术实践的归纳总结，而理论假设的验证也有赖于经验数据的支持。只有在理论与实践的良性互动中，虚拟现实美学才能走向成熟，建立起严谨的学科体系。

虚拟现实美学理论的生成路径，是从艺术实践到理论抽象的归纳逻辑。研究者需要深入考察虚拟艺术创作、传播、消费的现实图景，从中提炼出共性特征和内在规律。以交互性概念为例，这一理论范畴正是在大量互动艺术实践的

[①] 秦宗财：《数字影视传播教程》，中国科学技术大学出版社，2022，第236页。
[②] [德]弗里德里希·恩格斯：《反杜林论》，中共中央马克思恩格斯列宁斯大林著作编译局编译，人民出版社，2018，第289—307页。

基础上形成的。早在 20 世纪 60 年代，计算机艺术先驱迈克尔·诺尔（Michael Noll）就创作出交互动画作品《高斯曲面》（Gaussian Quadratic），允许观众通过按键操控屏幕上的图形。[1] 此后，以杰弗里·肖、莫妮卡·弗莱施曼为代表的艺术家不断拓展交互艺术的表现形式，提出交互性的三个维度，控制性、随机性和沉浸感。控制性指观众对作品元素的操控能力，随机性指作品对观众行为的非线性反馈，沉浸感则源于多感官参与带来的临场感。可见，交互性理论是在反复比较、归纳诸多实践样本的基础上提出的，体现了理论对实践的概括。

另外，虚拟现实美学理论的发展离不开实证研究的印证。通过田野调查、行为实验等方法搜集经验数据，能够检验理论假设，揭示虚拟艺术体验的心理机制。沉浸感是 VR 影视艺术的重要特征，VR 影视艺术的沉浸与交互，赋予观众完全不同于传统电影的审美空间。相关研究基于 VR 影视艺术的创作与感受，提出"沉浸阈"的概念，指 VR 电影本体沉浸空间的维度，是衡量艺术质量的重要标准。提出沉浸感来源包括 VR 技术创造的叙事空间和观影者的求知主动性，根据交互级别，"沉浸阈"层次高低由空间环境、内容精彩程度、画面拟真级别和交互手段强弱决定。研究强调了 VR 技术在提供沉浸体验方面的巨大潜力，展示了通过高度交互和多感知通道来增强用户的沉浸感。[2] 另有类似研究根据眼动追踪、问卷量表、访谈等多元数据，发现交互程度与沉浸感密切相关，交互程度越高沉浸感越显著，参与者在高交互场景中的注视时间和情绪反应更强烈。"虚拟现实系统的高度沉浸感不是依赖图像画面的表征性逼真，而是依赖于对双目视差的高度仿真以及与其相关的身体知觉能力的增强，虚拟世界的沉浸应该遵循一种以情感激发为导向的、身体动觉感知与虚拟环境之间的交互作用的沉浸式技术进路。"[3] 这一发现佐证了交互性与沉浸感的理论关联，为完善沉浸体验理论提供了实证支撑。例如，一项关于用户在虚拟现实环境中信息感知和接受影响程度研究，基于 SMOTE 算法、贝叶斯网络与逻辑回归等统

---

[1] 童岩、郭春宁：《新媒体艺术导论》，中国人民大学出版社，2018，第 144 页。

[2] 王楠、廖祥忠：《建构全新审美空间：VR 电影的沉浸阈分析》，《当代电影》2017 年第 12 期。

[3] 邵艳梅：《VR 眼镜的视觉交互分析》，《自然辩证法研究》2020 年第 5 期。

第八章 虚拟现实技术美学研究理论体系建设

计分析方法和Few-shot Learning算法，通过对比用户分别使用VR头戴式显示器和普通显示器iPad观看全景视频时的信息记忆程度、真实感、参与感等方面的差异，探究用户在虚拟现实环境下的信息接收效果及临场感与传统媒介环境下的差异。实验结果表明，虚拟现实环境下的用户信息接收效果是传统媒介下的1.24倍，且虚拟现实环境下用户对非正面信息和局部信息的接收效果分别是传统媒介下的1.626倍与1.245倍，同时表明，用户的视觉停留时间长度对信息接收效果有正向影响，研究还证明了用户信息感知时的临场感有利于使用户获得更好的信息接收效果。[1]

从元理论层面看，理论与实践的良性互动有助于推动虚拟现实美学研究范式的革新。传统美学理论多采用演绎论证，从先验原则出发推导艺术规律，容易陷入本质主义和理念化；而虚拟艺术实践的复杂性和多样性，促使美学研究走向经验转向。阿瑟·丹托（Arthur Danto）在《艺术终结之后：当代艺术与历史的界限》一书中指出，当代艺术已告别了线性叙事和形而上学追问，转而关注感性经验的差异性和特殊性。[2] 同理，虚拟现实美学也应摆脱本质主义窠臼，立足虚拟艺术生产和消费的实际语境，通过多学科融合、多方法并举，建构经验性、阐释性的理论话语，艺术研究要走出艺术自身的藩篱，以开放、务实的视野审视艺术世界的运作机制和生态图景。面向数字时代的技术语境，虚拟现实美学尤其需要在实践问题中发现理论课题，在理论创新中指导实践发展，在循环往复中实现知行合一。

总之，理论与实践的辩证法为虚拟现实美学研究提供了方法论指引。一方面，研究者需要立足虚拟艺术的生动实践，以归纳、比较的思路提炼理论范畴，上升到本质和规律的认识；另一方面，理论假设和概念框架必须接受实证数据的检验，在解释力和预测力中彰显理论价值。唯有在理论与实践的交互映照中，虚拟现实美学才能不断完善知识谱系，建立起经得起检验的学科体系。随着虚

---

[1] 曲倩文、车啸平、曲晨鑫等：《基于信息感知的虚拟现实用户临场感研究》，《计算机科学》2022年第9期。

[2] [美]阿瑟·丹托：《艺术的终结之后：当代艺术与历史的界限》，王春辰译，江苏人民出版社，2007，第3—19页。

拟艺术实践形式的日益丰富，跨学科研究方法的不断创新，理论与实践的良性互动将推动虚拟现实美学走向繁荣，为数字时代的艺术发展提供前瞻性的理论指引。

二、实证研究在虚拟现实美学中的角色

实证研究在虚拟现实美学中扮演着描述现象、检验理论、发现问题的关键角色。与传统美学偏重思辨推理不同，虚拟现实美学研究更强调经验数据的支持。在理论与实践的良性互动中，实证研究正在推动虚拟现实美学走上科学化、规范化的发展道路。

首先，实证研究能够系统描述虚拟艺术现象，回答"是什么"的问题。虚拟现实技术催生了新的艺术样态，数字时代的美学实践呈现出前所未有的复杂性和多样性。因此，我们需要经验数据来勾勒虚拟艺术的发展图景。以虚拟现实艺术市场为例，VR艺术作为一种新兴的艺术形式，结合了计算机图形学、人机交互、仿真等多种技术，创造出沉浸式的艺术体验。实证研究案例在VR艺术领域中扮演着重要角色，它们不仅展示了技术的应用潜力，还提供了艺术创新的实证依据。

其次，实证研究能够检验理论假设，揭示"为什么"的因果机制。任何理论都需要经受经验事实的检验，方能不断完善并彰显解释力。虚拟现实美学理论的发展，同样离不开实证支持。虚拟现实美学理论探讨的是虚拟环境中的美学体验和创作原则。随着虚拟现实技术的发展，这一理论领域亟须实证研究来支持其理论框架和实践应用。实证研究可以帮助研究者理解用户在虚拟环境中的审美体验，评估虚拟艺术作品的效果，以及探索虚拟现实技术在艺术创作中的潜力。通过实证研究，虚拟现实美学理论能够更好地指导实践，推动虚拟艺术的创新和发展。例如，在探索基于实验美学的VR影像视觉语言研究路径时，研究者可以依据一系列理论框架和方法论来构建实证研究模型。实验美学强调对传统艺术表现形式的挑战和革新，其理论基础包括形式主义、结构主义、后现代主义等，这些理论对VR影像的创作具有重要的借鉴意义。此外，研究者还可以通过艺术展览和表演等形式，将基于实验美学的VR影像作品呈现给观

众，以便观众直观地感受到影像所体现的艺术表达方式，借鉴现有的研究路径探索、现实和虚拟认知映射、虚拟艺术特征等，基于实验美学的概念，提出新的研究路径，并通过案例分析、批判分析等方法进行深入研究。

最后，实证研究有助于发现新问题，为理论创新拓展空间。通过系统观察和深度访谈，研究者常常发现被理论忽视的现象与问题，由此开拓新的研究课题。如前所述，实证研究揭示了虚拟现实技术如何通过逼真感、沉浸感和交互性等美学特征，改变观众的审美体验。研究表明，虚拟现实技术的美学形态经历了从行为虚拟到"VR"虚拟的发展过程，其审美发生机制主要以虚拟环境刺激和人体器官神经感知为中介。虚拟现实影像的审美嬗变研究强调了技术与美学融合给人们带来的全新审美体验，特别是在参与方式、影像功能和体验方式等方面的本质区别。在心理影响方面，实证研究揭示了虚拟现实艺术能够诱发观众的心流状态、降低认知负荷、改变大脑状态和动机。例如，一项题为《沉浸式虚拟现实对艺术教育的影响：心流状态、认知负荷、大脑状态和动机的研究》[1]通过虚拟现实技术构建具有特定艺术风格的沉浸式场景，并集成虚拟化身技术以允许与艺术绘画中的人物互动，发现虚拟现实组对艺术态度的影响更积极，且在艺术欣赏活动之后的艺术绘画活动中表现出更高的注意力水平。这些研究结果不仅证实了虚拟现实技术在增强艺术欣赏方面的潜力，而且为虚拟现实艺术的未来发展提供了重要的依据。

总之，实证研究正在推动虚拟现实美学研究范式革新，实现从思辨到实证、从静态到动态、从宏观到微观的多维转向。传统美学理论多采取演绎推理，从抽象概念出发探讨艺术本质；而虚拟艺术实践的多样性和复杂性，呼唤研究视角的经验转向，面对数字艺术的快速发展，我们需要基于经验材料，采用多方法整合，发展出本土化的理论话语。作为经验科学的重要支柱，实证研究必将在虚拟现实美学知识体系建构中发挥越来越重要的作用。系统采集和分析经验数据，运用互为印证的多元方法，必将推动虚拟现实美学研究范式不断走向成

---

[1] Xiaozhe Yang, Pei-Yu Cheng, Xin Liu & Sheng-Pao Shih.The impact of immersive virtual reality on art education: A study of flow state, cognitive load, brain state, and motivation.Education and Information Technologies, 27 July 2023, Volume 29.

熟，开创数字时代美学知识生产的崭新局面。

三、具体项目中的理论应用与检验

针对具体虚拟艺术项目开展实证研究，是验证和完善理论的有效路径。通过考察理论在实践中的解释力和适用性，研究者能够发现理论的优势与局限，进而推动理论创新。这种理论与实践的交叉印证，正是虚拟现实美学研究范式成熟的关键所在。

实证研究的实施通常包括理论框架的构建、研究方法的选择、数据的搜集与分析以及研究结果的评估和理论修正。在虚拟现实艺术项目中，研究者会关注技术的艺术表现、用户的互动体验、作品的创新性和教育价值等多个方面。通过这些研究，我们可以更好地理解虚拟现实技术如何影响艺术创作的过程和观众的审美体验，进而为虚拟艺术的未来发展提供理论支撑与实践指导。我们可以选择特定的虚拟艺术作品或项目，深入研究其创作过程、技术实现、艺术表现和观众接受度，以此来揭示虚拟艺术的特点和规律。例如，高秦艳的《虚拟造物语境下的当代数字艺术设计研究及实践》从对虚拟造物的讨论出发，基于数字技术的主要趋势，运用案例研究法、比较研究法、实践研究法等，凭借对数据化生存空间、玩家身份下的群体认同等诸多问题的探讨，探究虚拟生态中当代数字艺术设计生存与发展的新空间。[1]通过实验或现场观察的方式，搜集数据和信息，量化分析虚拟艺术的效果，如观众的互动行为、情感反应等。

在虚拟现实文化艺术展览研究领域，学者们也积极将理论与实践相结合。国内外诸多利用虚拟现实技术打造的虚拟博物馆，用户可以通过博物馆应用程序，在家中浏览博物馆的珍贵文物和艺术品，感受到真实博物馆的魅力。UCCA尤伦斯当代艺术中心的AR特展"幻景：当代艺术与增强现实"，利用AR技术展出了从数字雕塑到充满叙事戏剧性的卡通人物和动画场景，它们既"真实"存在又裸眼不可见，为观众打开了一个建立在实体美术馆展厅之上的奇妙的"平行世界"。例如，故宫博物院使用虚拟现实技术还原了一些失落已久的宫

---

[1] 高秦艳：《虚拟造物语境下的当代数字艺术设计研究及实践》，《山东工艺美术学院学报》2022年第5期。

第八章　虚拟现实技术美学研究理论体系建设

殿和宝藏。观众可以通过VR设备进入虚拟世界，在没有实际参观的情况下，感受到这些珍贵文物的魅力和历史背景。在数字艺术家阿德里安·M（Adrien M）和克莱儿·B（Claire B）的"幻影与奇迹"展览中，艺术家通过对代表日常物品的再次利用，引导观众深入感受平庸与荒诞之间的戏剧张力，"荒诞"的作品重现于"平凡"的现实世界，AR技术的展示使这种冲突进一步加强，带给人们更深的戏剧感与思考。这些项目展示了虚拟现实技术如何在艺术和博物馆领域中创造出全新的体验，为观众提供了一种全新的方式来欣赏和理解艺术和文化遗产。虚拟现实技术通过创建沉浸式的三维环境，让参观者能够"身临其境"地体验博物馆中的展品和展览。这种技术的应用不仅增加了参观者的互动性，还提高了他们对展品背后故事的理解和兴趣。通过观察VR参观者的行为，我们发现，虽然参观者在虚拟展厅中的行为模式与现实参观存在相似性，如他们也会对某些展品进行仔细观察，体验式学习的机会增多。但在VR环境中，参观者的互动行为更加频繁，如他们可能会使用VR设备来"接近"展品，或者在虚拟环境中"走动"来更好地探索展览空间。[1] 相关研究对VR参观者进行参与式观察和非结构化访谈，发现参观者在虚拟展厅中的行为模式与现实参观相似，如匆匆扫视、驻足观看感兴趣的展品等。但虚拟参观中互动行为更频繁，如反复切换视角、尝试各种手势操作等，研究者据此论证，VR的沉浸感设计能显著提升博物馆参观体验，增强文化内容的传播效果。[2] 可以看到，虚拟现实空间不仅是展示艺术作品的平台，也是理论探讨、技术应用、文化传达和社会实践的重要场所。通过这些展览，我们可以更深入地理解艺术与技术融合的趋势，探索艺术的边界，并促进艺术理论的发展和完善。

虚拟现实艺术作品作为跨学科、跨媒介性质的综合艺术，可以检验关于艺术、技术、观众体验等理论的有效性。虚拟现实艺术通过使用先进的技术手段，如光学显示、眼部追踪、动作捕捉、空间定位和情境模拟等，为艺术创作提供了全新的表现形式和体验方式，这些技术的应用不仅颠覆了传统艺术形式，而

---

[1] 刘欣：《博物馆陈列展览数字化中应用VR全景技术的实践研究》，《文物鉴定与鉴赏》2021年第11期。

[2] 廉婷：《博物馆展示空间VR技术活用分析》，《大观》2022年第7期。

且推动了艺术与技术深度融合的理论研究发展。在虚拟现实美学研究中，理论与实践的交互验证需要通过具体项目来实现，这些项目不仅是理论应用的场域，也是检验和完善理论的重要途径。以VR作品《To the Moon》为例，该作品让观众通过VR设备"登陆"月球，体验失重感和探索月球表面，很好地诠释了虚拟现实美学中的"沉浸感"和"交互性"理论。观众通过头显设备进入虚拟月球环境，实现了视觉和听觉上的沉浸；同时，观众可以在虚拟空间中自由移动和探索，体现了较高程度的交互性。《To the Moon》不仅是一次虚拟的月球之旅，更是一次对人类想象力极限的探索，创作者通过VR技术创造了一个既真实又超现实的空间，让观众在其中体验到前所未有的沉浸感和参与感。我们知道，VR艺术作品的沉浸性不仅来自视听感官的刺激，更重要的是通过交互设计激发观众的主动参与，观众在虚拟空间中的每一个动作都可能引发作品的变化，这种即时反馈极大地增强了艺术体验的沉浸感，为艺术欣赏提供了新的维度。同时，构建具有文化意义的虚拟环境，有助于传达更深层次的文化价值和观念，这种文化在场的概念强调了虚拟现实创造能够传达文化意义并提供具有美学价值体验环境的能力。正如麦克卢汉所言"媒介即讯息""媒介是人的延伸"，"麦克卢汉当然没有虚拟技术的知识，所以他对虚拟性的观点相对'薄弱'，他眼中的虚拟实在是表示'好像'的条件（本体论和认识论），而非对特定技术的描述。"[1] 但是在人类与技术的关系变得越发复杂的今天，我们只有重新让理论回归当前的媒介现实，才能更好解读麦克卢汉"媒介预言"中的真知灼见。通过这些，我们可以看到虚拟现实美学理论在中国实践中的应用，以及实践如何反过来检验和丰富理论。这种理论与实践的良性互动，正在推动虚拟现实美学学科在中国的不断发展和完善。随着更多创新项目的出现，相信虚拟现实美学在理论深度和实践广度上会有更大的进展，并在VR应用中找到更多的发展机遇。

实证研究在虚拟现实美学中扮演着不可或缺的角色。通过系统的经验观察和数据分析，实证研究能够描述虚拟艺术现象的现状，检验理论假设的有效性，

---

[1] [英]克里斯托夫·霍洛克斯：《麦克卢汉与虚拟实在》，刘千立译，北京大学出版社，2005，第75页。

发现新的研究问题，为理论发展提供坚实的经验基础。同时，理论模型的建构离不开实践的验证和完善。理论与实践在交叉验证中实现良性互动。随着虚拟艺术实践的日益丰富和用户研究的不断深入，虚拟现实美学会在理论与实证的对话中走向成熟，促进话语体系的科学化及规范化，为数字时代的美学研究开辟新境界。

第三节　虚拟现实美学研究的未来发展与趋势

随着虚拟现实技术的日新月异，其在艺术领域的应用日益广泛。这为虚拟现实美学研究开辟了广阔的前景，但也对该领域的理论建设和学科发展提出了新的要求。展望未来，虚拟现实美学研究需要在总结既有成果的基础上，明确长期目标，拓展研究领域，优化资源配置，推动理论创新和学科建设。

一、长期研究目标与策略

作为一门新兴交叉学科，虚拟现实美学肩负着构建自身理论体系和话语范式的重任。在技术浪潮的裹挟下，虚拟现实美学如何确立自身的学科坐标，在人文理想与技术进步的张力中把握发展方向，是学界亟须思考的重要课题。

首先，首要任务是厘清学科的基本概念和理论内核。正如鲁道夫·阿恩海姆所言，科学研究的目标在于寻找隐藏在事物表象之下的普遍原理。[①]虚拟现实美学要立足本体论，提炼虚拟性、沉浸感、交互性等核心范畴的内涵外延，揭示其背后的本质规律。"数字化传播媒体的文化逻辑源于后现代的信仰危机，而数字文化颠覆传统信仰的过程又是一种在体认中质疑、在解构中重构的过程。"[②]数字化传播媒体在后现代社会中对传统信仰和文化逻辑的挑战和重构作用，揭示了一个动态的过程，即在质疑和解构传统的同时，也在探索和构建新的文化认同和价值观念，这为构建虚拟现实美学的理论框架提供了思维路径，即要从本体论、认识论、创作论、接受论等层面系统阐释虚拟艺术现象。

---

① [美]鲁道夫·阿恩海姆：《视觉思维》，滕守尧译，四川人民出版社，2019，第294—295页。

② 欧阳友权：《数字化语境中的文艺学》，中国社会科学出版社，2005，第33页。

例如，对虚拟性而言，让-弗朗索瓦·里奥塔将其界定为一种潜在性状态，即虚拟事物尚未实现，但蕴含着无限可能。[1] 皮埃尔·列维则从信息论视角解读虚拟性，认为虚拟是一种去中心化的信息矩阵，不受物理时空限制。[2] 迈克尔·海姆则强调虚拟现实的多重意义，包括模拟性、交互性、临场感、网络传输等。[3] 可见，"虚拟性"内涵的阐释有赖于不同理论视角的融通。虚拟现实美学要在多元话语中提炼共识，厘清基本概念，奠定理论根基。

其次，虚拟现实美学要立足技术前沿，以开放的心态看待未来。虚拟现实技术日新月异，从早期的桌面 VR 到如今的沉浸式 VR，从视听体验到多感官交互，人机边界不断模糊。面对技术浪潮，虚拟现实美学既要立足经典理论，又要敏锐捕捉技术革新带来的范式转移。以感知问题为例，虚拟现实中的多感官体验，颠覆了视听主导的传统美学范式。例如，马克·汉森在《身体与视觉：视觉文化中的现象学》中指出，虚拟艺术开启了以身体为中心的感知的现象学，用户不再是抽象的观看主体，而是具身的互动者。[4] 这意味着，虚拟现实美学要发展出具身美学（embodied aesthetics）理论，反思主客二分的笛卡尔遗产。再如，随着 5G、人工智能、脑机接口等新技术发展，虚拟与现实的界限日益模糊。尼古拉斯·米尔佐夫（Nicholas Mirzoeff）在《如何观看世界》中预言，未来或将出现无缝衔接虚拟与现实的混合现实美学。[5] 可见，虚拟现实美学要审时度势，在技术的想象图景中捕捉美学问题的新动向。

最后，虚拟现实美学要彰显人文关怀，把握技术发展的伦理向度。阿尔文·托夫勒在《未来的冲击》中警告，科技高速发展可能带来文化休克和心

---

[1] Jean-Francois Lyotard.The Postmodern Condition: A Report on Knowledge (G. Bennington & B. Massumi, Trans.). University of Minnesota Press. 1984:36—42.

[2] Pierre Levy.Becoming Virtual. Basic Books Press. 1998:23—48.

[3] Michael Heim.Virtual Realism. Oxford University Press. 2000:6—19.

[4] Mark B N Hansen. Bodies in Code: Interfaces with Digital Media. Routledge. 2006:49—50.

[5] [英] 尼古拉斯·米尔佐夫：《如何观看世界》，徐达艳译，上海文艺出版社，2017，第 180—194 页。

理失序。[①]在技术浪潮面前，人文精神不应缺位。虚拟现实美学要立足主体性视角，审视虚拟体验对自我认同、价值观念的影响。雪莉·特克尔（Sherry Turkle）指出，沉浸式虚拟体验可能导致现实感的丧失，削弱人际联结。[②]虚拟社交也可能加剧表演性自我，引发身份认同危机。因此，虚拟现实美学要以批判理性应对技术异化，捍卫人的主体性。同时，虚拟现实美学要挖掘虚拟艺术的积极意义，立足文化语境生态实际，挖掘虚拟艺术的社会功能，彰显人文关怀。

总之，作为一门新兴交叉学科，虚拟现实美学正处在理论范式构建的准科学阶段，纷繁的技术图景和实践样态呼唤理论的梳理和升华。在长期目标的指引下，虚拟现实美学要立足元理论，在多学科视角融通中厘清基本概念，要立足技术前沿，以开放的姿态拥抱经验对象的新生成；要立足人文关怀，在技术浪潮中捍卫主体性价值。技术发展的终极意义在于通过技术之用以成就性灵之美，虚拟现实美学要成为数字时代的人文先导，引领虚拟艺术实践走向成熟，就必须植根于技术土壤，又超越技术局限，在人文理想与科技进步的交织中开辟出自己的理论道路。

二、未来研究方向的潜在领域

技术革新、学科交叉、文化碰撞正在为虚拟现实美学研究领域开辟广阔的问题和阐释空间。虚拟现实美学要立足前沿，放眼全球，在多维视角的融通中把握未来的发展方向，提出原创性的理论命题。

首先，虚拟现实与其他新技术的融合，为虚拟美学体验带来了新的可能性。以虚拟现实与增强现实的结合为例，两种技术的互补让虚拟信息与现实场景无缝衔接，创造出混合现实的独特审美样态。混合现实将数字对象嵌入物理空间，虚实界限变得模糊，用户在现实中即可触碰虚拟。这种"有形化的虚拟"改写了虚拟美学体验的存在论基础。艺术家INK利用人工智能生成对抗网络（GAN）

[①] [美] 阿尔文·托夫勒：《未来的冲击》，黄明坚译，中信出版社，2018，第17—32页。
[②] [美] 雪莉·特克尔：《群体性孤独：为什么我们对科技期待更多，对彼此却不能更亲密？》，周逵、刘菁荆译，浙江人民出版社，2014，第221—238页。

技术，创建了一系列不存在的空间影像。这些影像通过长时间的训练，形成了具有输出能力的神经网络，最终以沉浸式交互影像空间的形式呈现。例如，作品《NΦWHERE/ 无 Φ 处》[①]探讨了世界的真实样貌和存在的意义，提出了关于物质、意识和个体存在的问题。作品灵感来源于云南的梯田和土掌房，这些具有地方特色的人文景观通过无人机航拍采集，并经过处理后用于训练人工智能，传递了一种超越时间的感受，并通过时间与空间的交织，创造出一种禅意表达。其展示的空间结构类似混合现实原理，通过两个镜面互相映射，形成阶梯状无限延展的场景，镜面的倾角造成视觉倾斜，模拟梯田在山坡上的效果，同时带来方向感，指引着"过去/未来"，结合现代科技和传统元素，引发人们对存在、时间和空间的深层次思考。再如，体感交互技术为虚拟现实体验增添触觉、本体感受等维度。迪士尼研究院开发的力反馈手套能模拟虚拟物体的质感，用户仿佛触碰到真实事物。这昭示着，虚拟审美体验正从视听感官走向全身心的沉浸。如何看待混合现实语境下虚实边界的消解、多感官交互对临场感的影响，将是虚拟现实美学面临的崭新课题。

其次，虚拟现实美学要立足跨学科视野，在交叉融合中实现理论创新。前述皮埃尔·列维指出虚拟研究需要哲学、人类学、美学、传播学等多学科视角的参与。事实上，认知科学、媒介理论、电影研究、游戏研究等领域已经为虚拟现实美学提供了丰富的理论资源。未来，虚拟现实美学要进一步拓宽学科视野，吸纳不同理论话语，推动范式重构。例如，电影理论中的蒙太奇美学可借鉴到虚拟影像叙事研究中。谷歌于2016年推出的VR电影《HALP》，以洛杉矶为背景讲述了一场由流星雨引发的灾难，陨石坠落导致唐人街出现巨大破坏，一种类似哥斯拉的外星生物突然出现，造成城市恐慌（图8-1）。分析VR电影《HALP》的影像风格，发现其运用虚实蒙太奇手法，将现实场景与虚拟影像并置，制造陌生化效果，反映主人公的精神世界。认知神经科学的最新发现，可用于解释虚拟现实的感知机理。国内外诸多研究利用fMRI技术考察了VR中的身体自我认知。发现当虚拟化身与真实身体运动同步时，被试的顶顶联合区

[①] 杨迪：《作品〈NΦWHERE/ 无 Φ 处〉》，公众号：虚拟空间艺术，https://mp.weixin.qq.com。

第八章　虚拟现实技术美学研究理论体系建设

等脑区激活，说明身体意识可以"延伸"到虚拟化身。① 游戏研究领域的"程序性"理论，也可借鉴到交互式虚拟艺术的创作逻辑分析中。我们考察了VR作品《树》②的交互机制，发现其运用程序算法，根据观众的手势变换生成不同的树枝图案，体现了创作者与观众的"共同作者权"。这些研究表明，跨学科视角能为揭示虚拟艺术经验提供独特理论资源。未来，虚拟现实美学或将进一步消解学科藩篱，在多元话语的交叉激荡中催生新的理论范式。

图 8-1　VR 电影《HALP》剧照

最后，虚拟现实美学研究要立足本土，放眼全球，推动不同文化语境下的理论对话。当前，各国虚拟现实产业发展水平悬殊，文化差异对虚拟审美体验有重要影响。因此，有必要采用比较研究的方法，发掘不同语境下虚拟艺术现象的共性和差异。例如，通过在国内短视频平台哔哩哔哩（Bilibili）、抖音国际（TikTok）、YouTube 对比中美玩家对 VR 音乐游戏《节奏光剑》（Beat Saber）的体验反馈。美国玩家更关注游戏挑战性和竞技性，中国玩家则更享受视听沉浸感，反映了个人主义与集体主义文化取向的差异。加强国际学术交流，有助于提升本土虚拟现实美学研究的原创性和全球话语权。意境理论是中国传统艺术理论中的核心美学范畴，反映了中华民族深层的审美心理，并对现代艺术创作产生影响。数字艺术结合现代数字技术，依托计算机等新兴媒体，形成了一个崭新的非物质艺术领域，且与传统艺术有着密切联系。相关研究指

---

① 王雪、牛玉洁、贾薪卉等：《VR 和情绪诱发对学习影响的脑机制及优化策略研究》，《远程教育杂志》2023 年第 6 期。

② 伶轩：《2017 圣丹斯 AR VR 惊艳全场，艺术家打造的科技世界果然很新颖》，HZHControls 网，http://hzhcontrols.com/new-61930.html。

出，传统意境与现代数字艺术结合，形成了既表征传统美学又体现了现代艺术审美含义的几个方面全新审美形态。一是强调艺术创作中环境与情感的结合，以及在现代数字艺术中如何实现与环境的和谐。二是探讨了意境创造中的真境与神境的统一，以及现代数字艺术中如何通过技术手段实现虚实相生。三是强调艺术创作中情感的重要性，以及如何在数字艺术中表达真情实感和气韵生动。四是艺术创作中的创新思维，以及如何追求与自然和谐统一的艺术境界。研究谈到，数字艺术易于复制和重复，需要重视作品的时间流逝和空间延伸，现代数字艺术创作应从传统艺术中汲取营养，重视情感的表达和艺术的内在精神。数字艺术的成熟发展需要深入领悟中国传统艺术精髓，并结合现代艺术思想和时代特征。[1] 类似研究为现代数字艺术创作提供了一种结合中国传统艺术理论的视角，强调了在技术发展的同时，保持艺术的情感表达和文化深度的重要性。虚拟现实美学研究理论，强调虚拟艺术创作应返璞归真、移情写意，反对视觉奇观主义，彰显了中国传统美学的人文精神，这一理论既立足本土经验，又体现了人类共通的美学理想，值得向国际学界推介。总之，未来虚拟现实美学需要立足文化自觉，在国际学术生态中争夺话语权，推动不同审美传统间的平等对话，数字时代的美学研究要充分关注本民族文化传统，并放眼全人类的命运关怀，在交流互鉴中实现自我认同。

虚拟现实美学研究应紧跟技术前沿，拥抱不同学科，放眼全球语境，在多维度的交叉融合中开拓未来的发展空间。从技术融合到学科交叉，从比较研究到国际交流，种种努力无不指向一个目标，即以创新的理论视野回应虚拟艺术实践的新问题，以前沿的学术话语引领虚拟现实美学的未来图景。

三、资源配置与方向选择

面对虚拟现实美学研究的广阔前景，如何合理配置资源、明确发展方向，是事关学科未来的重大议题。在制定长远发展规划时，需要平衡基础理论研究与应用实践探索，既要夯实理论根基，又要彰显现实价值。

首先，虚拟现实美学要在总结提炼中夯实理论根基。基础理论研究是学科

---

[1] 靳晶：《中国传统意境理论对现代数字艺术创作的启示》，《河北学刊》2014年第3期。

第八章　虚拟现实技术美学研究理论体系建设

发展的立身之本，应受到持续稳定的支持。虚拟现实美学要在反复阐释核心范畴的基础上，建构系统完备的概念体系和理论框架。理论创新要立足虚拟艺术实践的前沿问题，如混合现实、体感交互等新技术语境下的审美范式转型等。同时，要鼓励研究者开展元理论探讨，以批判反思精神审视既有理论的局限，推动范式重构。例如，反思虚拟艺术理论研究的路径依赖，从身体感出发，发展体验的现象学，此类元理论探讨有助于革新研究范式，开拓理论新境。

其次，虚拟现实美学要在交叉融合中拓展研究疆域。当前，虚拟现实技术与其他学科领域的融合日益紧密，单一学科视角难以全面把握复杂现象。因此，亟须整合跨学科资源，聚焦前沿问题开展协同攻关。前述诸多研究中采用计算机图形学、人机交互、认知心理学等多学科方法，研发了数字雕塑、音乐、绘画等虚拟艺术创作软件，并考察其对艺术家创作体验的影响。结果表明，与键盘鼠标操作相比，体感交互显著提升了创作的沉浸感和表现力。这些研究体现了技术研发与人文反思的结合，彰显了跨学科协作的创新潜力。未来虚拟技术需更进一步以社会文化需求和全球性挑战为导向，组建跨学科研究团队，在多视角融通中攻克理论难题、孕育原创成果。当前，国内外数字媒体实验室由音乐家、程序员、设计师等组成，专门探索虚拟现实艺术的未来想象，体现了跨界协作的创新活力。

再次，虚拟现实美学要在比较研究中提升全球话语权。西方发达国家在虚拟现实研究和产业化方面具有先发优势，但不同文化语境下虚拟艺术实践的差异性不容忽视。因此，本土虚拟现实美学研究要立足文化自觉，在国际比较中彰显本土特色，争取学术话语权。学界诸多将中国"山水意境"审美文化融入虚拟现实美学理论研究成果中，认为中国传统山水画所体现的空间意识，与虚拟现实艺术追求的沉浸感有契合之处，由此开创了虚拟艺术东方范式。例如，《游春图意境空间的虚拟现实具身交互设计研究》[①]一文，探索《游春图》山水画意境空间的虚拟现实具身交互设计，对山水画意境空间理论进行研究，论证山水画中蕴含的"可行、可望、可居、可游"的意境空间理想，并将其作为

---

① 蔡奕辉、肖映河、施晗薇：《游春图意境空间的虚拟现实具身交互设计研究》，《包装工程》2023年第24期。

交互维度。技术上基于"具身认知"和"意象图式"理论，制作出山水画的交互认知层次模型和沉浸式虚拟现实具身交互设计模型。以《游春图》为研究案例，运用虚拟现实技术开发出三维意境空间。此类立足本土视角、彰显比较意识的研究，有助于推动中国虚拟现实美学研究走出去，在国际学术界展现自身的理论特色。未来，需进一步加强中外学术交流合作，提升国际相关专题发文量和影响力。

最后，虚拟现实美学要在产学研用结合中彰显现实意义。虚拟现实产业蓬勃发展，呼唤人文社科研究的介入。中国政府网 2022 年发布的《虚拟现实与行业应用融合发展行动计划（2022—2026）》中提到："虚拟现实（含增强现实、混合现实）是新一代信息技术的重要前沿方向，是数字经济的重大前瞻领域，将深刻改变人类的生产生活方式，产业发展战略窗口期已然形成。"[①] 因此，要鼓励高校、科研机构与虚拟现实企业开展深度合作，建立联合实验室、研究基地，推动理论成果的转化应用。近年来，工信部《虚拟现实产业发展白皮书 5.0（2016）》《中国虚拟现实应用状况白皮书（2018）》、虚拟动点《2023 虚拟现实产业布局白皮书》、赛迪智库《虚拟现实产业发展白皮书（2023 年）》、艾瑞咨询《2024 年中国虚拟现实（VR）行业研究报告》、幻境国际《2024 中国沉浸产业发展白皮书》、前瞻产业研究院《2024—2029 年全球虚拟现实（VR）行业市场调研与发展前景预测分析报告》等，综合运用统计分析、案例研究、调研报告、专家访谈等方法，系统考察了国内外虚拟艺术产业的发展现状和未来趋势。其中，2023 世界 VR 产业大会发布的《虚拟现实产业发展白皮书》显示，2019—2026 年我国智能算力规模预测（EFLOPS）呈直线上升趋势，"虚拟现实+"多行业融合成为新应用热词，明确"推动虚拟现实标准国际化工作，为全球产业发展贡献中国标准，提高虚拟现实、元宇宙等新赛道上中国标准影响力[②]。"这些研究有助于从宏观层面把脉虚拟现实文化发展的驱动因素和制约

---

① 《虚拟现实与行业应用融合发展行动计划（2022—2026）》，中国政府网，https://www.gov.cn。
② 中国电子信息产业发展研究院赛迪研究院：《虚拟现实产业发展白皮书（2023 年）》，https://www.ccidthinktank.com/info/2080/38581.htm。

第八章　虚拟现实技术美学研究理论体系建设

瓶颈，为相关政策制定和行业实践提供决策参考（图 8-2）。同时，也要重视科研成果的社会传播，提升大众的科技人文素养。例如，故宫博物院"V 故宫"项目 VR 展览，免费向全球公众开放，让观众通过线上身临其境地感受中华传统文化魅力。这既是科研成果的普及应用，也是虚拟现实技术服务社会的创新实践。

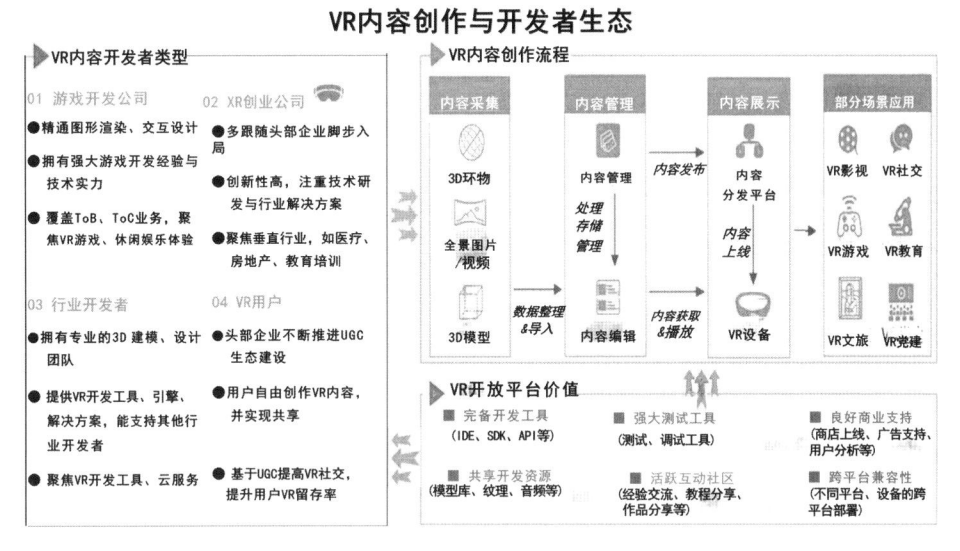

图 8-2　VR 内容创作与开发者生态示意图
（资料来源：艾瑞咨询《2024 年中国虚拟现实（VR）行业研究报告》）

面对纷繁复杂的未来图景，虚拟现实美学研究需要统筹谋划、务实笃行，在夯实理论、交叉融合、比较研究、产学研用结合等方面持续发力，以蓬勃向上的创新精神开拓发展新境。可以预见，随着资源配置的日趋优化，人才队伍的不断壮大，虚拟现实美学研究必将在继承与创新中阔步前行，为数字时代的人文思考提供源头活水，为虚拟艺术实践插上理论的翅膀。面对每一个不断发展变化的新起点，我们相信虚拟现实美学研究将会继续以崭新的姿态拥抱未来，推陈出新、多出成果，把稳时代赋予的发展契机。

结　语

在虚拟现实技术飞速发展的当下，其对人类感知方式和审美体验的影响日益凸显。本研究以虚拟现实美学为主题，在系统梳理国内外相关研究成果的基础上，对虚拟艺术实践进行了深入剖析，并结合美学理论对其进行了多维度的阐释。

一、研究的核心发现与理论贡献

研究围绕虚拟现实美学建构这一前沿议题，在理论阐释和实证分析的基础上，取得了一系列原创性发现，丰富和拓展了数字时代美学研究的理论视野。

首先，研究揭示了虚拟现实技术对传统美学体验模式的颠覆性影响。沉浸感、交互性、构造性等技术特性，塑造了虚拟艺术有别于传统艺术的独特审美样态。奥利弗·格劳在《虚拟艺术》一书中指出，沉浸感是虚拟艺术的核心追求，即通过全方位的感官刺激，将观者浸没在一个人造的数字世界中。但格劳主要从视听角度分析沉浸感。本研究在此基础上进一步指出，虚拟现实开启了多感官融合的沉浸体验。此外，虚拟现实还塑造了主客交融、感知错位的体验。虚拟现实颠覆了传统的静观式审美，开创了沉浸式、互动式的体验模式。

其次，虚拟现实技术对传统美学的核心范畴提出了挑战。在本体论层面，虚拟艺术突破了艺术存在对物质媒介的依赖。让·鲍德里亚在《仿真与拟像》中将这种变化描述为从再现到拟像的转变。他指出，工业时代的艺术遵循再现原则，艺术符号指涉外部现实。但数字时代的拟像却失去了指涉对象，符号自我指涉、自我生成，成为超真实。电脑生成的数字影像与电影胶片的机械复制不同，它不再要求现实的预在性，而是通过算法创造出一个自足的虚拟世界。在认识论层面，虚拟现实模糊了艺术再现与实在的界限。迈克尔·海姆在《虚拟现实的形而上学》中提出"存在论维度"的概念，认为人类经验由现实、概念、虚拟三个维度交织而成。其中虚拟维度制造了一种虚拟在场感，即数字对象虽非物理存在,却能唤起真实的感知体验。皮埃尔·列维则将虚拟界定为一种去中心化的信息矩阵,不受物理时空限制,却能与现实世界产生交互作用。在此语境下,传统美学模仿说和表现说的论争失去了依据。虚拟影像的指涉对象从外部实在转向算法和数据库,模仿与表现的边界变得模糊。

最后,研究提炼出虚拟艺术实践催生的新美学范畴,为阐释虚拟艺术现象提供了理论工具。其中最具创见的概念是马克·汉森提出的"数字技术美学"。汉森明确数字电影中的"数字"与数字技术中的"数字"的不同含义,指出"数字"作为技术,是使用一系列非连续模拟量的离散数字(digit)来运算的,即以"0""1"两个数字符号实现二进制计算模式和相应的数据系统。其数字化机制是抽象的数据和算法,不在真实时空中展开,也无法直接把握其运算过程,具有离散、断裂、非物质性的特点。[①]汉森同时指出,虚拟体验常常制造一种身体感官与意识分离的效果,即用户的主体感从物理身体漂移到虚拟化身,因此又可称为"失体"美学。类似地,克里斯蒂安·保罗在《数字艺术:数字技术与艺术观念的探索》中提出"程序美学"概念,指数字艺术通过算法、交互、生成等手段,营造出动态和开放的系统。有别于传统艺术的完成态,程序化艺术作品始终处于"生成中",观者与作品不断交互,共同缔造意义。由此可见,"失体"和"程序性"等新范畴揭示了虚拟艺术有别于传统艺术的独特本质,丰富了数字时代美学的理论内涵。

本研究基于前沿的虚拟艺术实践,提炼和阐释了沉浸感、失体、程序性等新的美学概念,揭示了虚拟现实技术对传统美学体系的突破和拓展。正如列夫·马诺维奇所言,虚拟现实技术的发展,催生了以数据库、算法、交互为核心的新媒体美学,改变了艺术生产和感知的规则。尼尔·波兹曼也指出,技术范式的变革必然引发文化范式的迁移。从业已式微的机械复制时代到方兴未艾的数字生成时代,人类的技术想象力和审美感受力正在发生深刻的变化。虚拟现实美学研究通过理论反思和实证考察,为把握这一变化提供了关键的学理支撑。可以预见,随着虚拟现实技术的日益成熟,相关产业和艺术实践的蓬勃发展,虚拟现实美学研究将不断深化其问题意识和方法论体系,在更大程度上推

---

① 赵毅衡:《符号与传媒(春季号)》,四川大学出版社,2023,第35页。

进数字人文研究的理论创新，为人文社科研究注入新的活力。正如雅克·朗西埃所言，美学的任务不仅在于反思艺术之为艺术的条件，更在于参与感性的分配，即参与塑造、批判和想象不同的感性经验形式。[①] 作为探索虚拟时代感性生活的学术先锋，虚拟现实美学研究大有作为，必将在理论创新实践中彰显其学术价值和现实意义。

二、对美学领域的影响与重要性

虚拟现实技术为数字时代的美学研究开辟了新疆域。作为数字美学的前沿分支，虚拟现实美学正在推动美学理论从经典艺术样式转向新媒体艺术实践，以崭新的理论视角审视数字语境下人类感性生活的变革。

首先，虚拟现实美学研究为传统美学理论在数字时代的转型提供了思路。阿瑟·丹托在《艺术的终结之后》一书中指出，20世纪60年代以来，随着波普艺术、装置艺术等新艺术样式的崛起，以迈美克尔·弗雷德为代表的形式主义美学范式难以为继，进入了"后历史时期"。马里奥·柏恩在《20世纪的美学》中进一步指出，数字艺术挑战了经典艺术的存在方式和审美体验形式，传统美学理论亟须创新以回应新的社会文化语境；而虚拟现实美学研究正是顺应这一理论诉求而生。它立足虚拟艺术实践前沿，以开放包容的学术视野，探索数字语境下美学体验的新样态、新内涵，为美学理论的革新提供了富有成效的尝试。例如，前文提及的"沉浸感""失体""程序性"等新美学概念，正是在虚拟艺术现象中提炼而成，既传承了传统美学的问题意识，又彰显了鲜明的时代特色。虚拟现实美学研究对于重构数字时代的美学理论体系，把握人类感性生活的变迁具有重要意义。

其次，虚拟现实为经典美学命题在数字语境下的演绎提供了生动注脚。虚拟空间作为人类感知、体验、想象的新领地，蕴含着丰富的美学现象，为传统命题的当代阐释提供了鲜活案例。后现代理论家肖华特以虚拟世界"第二人生"为例，分析了虚拟化身与真实身份的复杂关系。他指出，玩家在角色扮演中展

---

① [法]雅克·朗西埃：《美感论：艺术审美体制的世纪场景》，赵子龙译，商务印书馆，2020，第256—279页。

演多重身份，虚拟形象与真实自我相互渗透，体现了主体建构的流动性、非本质性，生动演绎了后现代语境下主体性问题。皮埃尔·列维则指出，虚拟与现实的界限在数字时空中变得模糊，虚拟影像往往比现实更具真实感，彰显了超现实主义美学的时代性。此外，克里斯蒂安妮·保罗分析了互联网艺术作品中的互文性问题。她以网络超文本小说为例，指出跳转链接的游戏性质改写了传统叙事结构，体现了数字互文的开放性和偶然性。可见，虚拟现实为传统美学话语在新语境下的接续，提供了丰富的理论资源和现实土壤。

最后，虚拟现实美学研究对于引导数字艺术实践，提升公众审美素养具有重要现实意义。虚拟艺术虽已初现端倪，但尚处于发展初期，在美学理念、创作手法等方面有待系统引导，虚拟艺术创作尚需理论的精准辅导。虚拟现实美学研究能够从技术表象挖掘到人文内核，为艺术家的创作实验提供系统指引。此外，公众的虚拟艺术鉴赏力也亟待提升。马克·汉森指出，虚拟艺术欣赏需要新的知觉习惯和批评话语，美学理论应引导受众在多感官交融中探寻人性意蕴，在人机互动中反思自我。

虚拟现实正推动美学理论和实践发生深刻变革。一方面，它为传统美学研究开辟新疆域，催生新概念，为经典命题的当代演绎提供注脚，助力美学理论的创新重构；另一方面，它为虚拟艺术实践提供理论指导，引导艺术家在技术创新中坚守人文情怀，并推动公众审美素养的提升。虚拟现实正在开启一个"超美学"时代，模糊了艺术与非艺术、审美对象与日常生活的界限。在数字对象泛滥的语境下，美学研究不能固步自封，而应立足技术伦理维度，批判性地参与到虚拟世界的塑造之中。虚拟现实美学研究以开放的理论视野和鲜明的问题意识，积极回应了这一时代呼唤。在感性生活加速流变的数字时代，它必将在更深层次、更大程度上展现出理论价值和现实意义。

三、研究成果对相关学科的启示

虚拟现实技术以其革命性的人机交互范式，正在重塑人类感知、认知、社交的方式，其影响已然突破技术和艺术的边界，波及认知科学、传播学、心理学等多个学科领域。本研究对虚拟现实美学体验机制的阐释，为相关学科研究提供了新的理论视角和实证案例。

首先,虚拟现实美学为认知科学和心理学研究开辟了新路径。认知科学家一直致力于探究人类感知觉和认知的运作机制。传统实验范式主要采用简化的实验材料,难以模拟真实世界的复杂性;而虚拟现实技术提供了构建高度拟真、可控环境的新途径。认知科学家唐·霍曼(Don Homan)指出,VR系统能够精准操控实验变量,同时保留感知场景的生态效度,为感知心理学实验带来范式革新。[①] 本研究分析了沉浸感的多维度构成,揭示了视、听、触等多感官刺激在塑造临场感中的协同作用,这一发现与认知神经科学提出的"多感官整合"理论不谋而合。通过考察国内外相关研究运用fMRI实验发现,大脑在处理多感官信息时会产生跨通道的交互激活,形成统一的知觉体验。VR系统恰恰提供了理想的多感官刺激环境,为研究大脑的感知整合机制提供了新的技术手段。此外,研究还探讨了虚拟场景中的代入感和移情机制,发现这种身份代入显著提升了被试者对弱势群体的同理心。可见,VR技术为开展移情研究提供了新的范式。本研究还分析了虚拟身份认同的问题,这与心理学的自我概念理论息息相关。精神分析学家杰克·拉康(Jack Lacan)提出主体构成经历"镜像阶段",即幼儿通过镜中的理想化形象确立自我意识。VR中的化身对用户身份认同的塑造,可视为镜像理论在数字语境下的延伸。研究发现,网络游戏中的角色扮演行为能提升青少年的自尊和自我效能感。由此可见,虚拟现实美学理论为认知心理学实验范式的创新,以及自我意识、移情作用等经典命题的当代阐释提供了新的视角和载体。

其次,虚拟现实美学为传播学研究提供了新的分析框架。虚拟世界本质上是一种新型传播生态,用户在其中展开社交互动、信息交换、文化生产等活动,为传播学研究提供了理想的观察样本。依据马歇尔·麦克卢汉经典媒介理论"媒介即人体延伸。任何媒介都是我们身体和感官的延伸",虚拟现实技术对人体感知和行动能力的拓展,与麦克卢汉的媒介延伸论有诸多契合。例如,VR设备的视听触觉模拟,使人的感知延伸到虚拟时空,而运动捕捉、脑机接口等技

---

① Donald David Hoffman.The Case Against Reality: Why Evolution Hid the Truth from Our Eyes. W. W. Norton & Company Press. 2019:139—144.

结　语

术，使人的行动和意念能直接操控虚拟对象。换言之，人在虚拟世界中获得了超越肉身的感知运动能力，达到"人机合一"的状态。麦克卢汉的媒介理论为理解 VR 传播生态的感知维度提供了理论资源。再如，虚拟空间中的"临场感"概念，也与传播学的"社会临场感"理论存在共通之处。两者都强调媒介的沉浸性和交互性对用户体验的影响。拜伦·里维斯（Byron Reeves）和克利福德·纳斯（Clifford Nass）在《媒体方程式：人们如何像对待真实的人和地方一样对待计算机、电视和新媒体》一书中指出，人在沉浸式虚拟环境中的行为模式，与面对面交流十分相似，表现出对虚拟对象的社会性反应。[1] 这预示着，虚拟现实为"社会临场感"理论研究开辟了新的应用场域。又如，虚拟空间中的化身互动、社群形成等现象，成为传播学者分析人际传播、群体动力的新样本。研究考察了虚拟社区"第二人生"中的人际吸引模式，发现虚拟形象的生理近似性、话语风格的相似性等因素显著影响用户的互动偏好。由此可见，本研究对虚拟现实美学特征的阐释，为传播学各分支理论的实证检验、创新发展提供了丰富的素材。

此外，虚拟现实美学研究对人机交互（HCI）、计算机图形学、人工智能伦理等领域也具有启发意义。例如，沉浸感、临场感等美学概念为人机交互设计提供了体验优化目标，而本研究对 VR 叙事的情节代入和情绪唤起机制的考察，又为交互叙事研究提供了有益参照。此外，虚拟化身、智能助手等计算机生成角色在人机对话中的拟人化表现，使机器伦理问题日益凸显，虚拟现实美学视角有助于思考人工智能的道德边界。总之，虚拟现实技术应用触角的不断延伸，倒逼着人文社科研究范式的革新。正如迈克尔·海姆所言，我们不能将技术视为中性工具，而应反思其中蕴含的哲学预设和价值取向。[2] 虚拟现实美学研究对技术伦理问题的关照，昭示着人文视角介入科技应用的必要性和紧迫

---

[1] Byron Reeves, Clifford Nass.The Media Equation: How People Treat Computers, Television, and New Media like Real People and Places. CSLI Publications Press.2003:19—36.

[2] Michael Heim.Transmodernism: A New Paradigm. In Lori Emerson, Benjamin J. Robertson, & Marie-Laure Ryan (Eds.), The Johns Hopkins Guide to Digital Media. Johns Hopkins University Press.2017:512—516.

性。我们相信随着更多跨学科研究的开展，虚拟现实美学将与相关领域展开更加频繁、深入的理论对话，在传统议题的创新表达和新议题的前瞻分析中彰显其独特价值。

总之，本研究在继承美学理论传统的基础上，立足虚拟现实的技术特性和艺术实践，系统阐释了虚拟艺术蕴含的美学问题，并提出沉浸感、失体、程序性等新范畴，对数字时代的美学理论创新做出了有益探索。这些研究成果不仅拓展了美学研究疆域，也为认知科学、传播学等相关学科带来理论启示。展望未来，虚拟现实美学研究大有可为。在技术浪潮的裹挟下，在学科交叉的促进下，在理论与实践的辩证中，虚拟现实美学必将迎来更加灿烂的明天，为探索人性在数字时代的生存境遇提供独特视角。

参考文献

中文参考文献（国内）

[1] 翟振明. 虚拟现实的终极形态及其意义[M]. 北京：商务印书馆，2022.

[2] 赵罡，刘亚醉，韩鹏飞等. 虚拟现实与增强现实技术[M]. 北京：清华大学出版社，2022.

[3] 王涌天，陈靖，程德文. 增强现实技术导论[M]. 北京：科学出版社，2015.

[4] 喻晓和. 虚拟现实技术基础教程[M]. 北京：清华大学出版社，2015.

[5] 胡卫夕，胡腾飞. VR革命：虚拟现实将如何改变我们的生活[M]. 北京：机械工业出版社，2016.

[6] 张以哲. 沉浸感：不可错过的虚拟现实革命[M]. 北京：电子工业出版社，2017.

[7] 王寒，卿伟龙，王赵翔，蓝天. 虚拟现实：引领未来的人机交互革命[M]. 北京：机械工业出版社，2016.

[8] 聂有兵. 虚拟现实：最后的传播[M]. 北京：中国发展出版社，2017.

[9] 腾云智库，译言. 第九区·漫游虚拟现实奇境[M]. 北京：现代出版社，2016.

[10] 李勋祥. 虚拟现实技术与艺术[M]. 武汉：武汉理工大学出版社，2007.

[11] 贾秀清. 重构美学：数字媒体艺术本性[M]. 北京：中国广播电视出版社，2006.

[12] 谭华孚. 虚拟空间的美学现实：数字媒体审美文化[M]. 福州：海峡文艺出版社，2003.

[13] 龙迪勇. 跨媒介叙事研究 [M]. 成都：四川大学出版社，2024.

[14] 龙迪勇. 空间叙事学 [M]. 北京：生活·读书·新知三联书店，2015.

[15] 王岳川. 媒介哲学 [M]. 开封：河南大学出版社，2004.

[16] 黄鸣奋. 数码艺术潜学科群研究（全四册）[M]. 北京：学林出版社，2014.

[17] 黄鸣奋. 数码艺术学 [M]. 上海：学林出版社，2004.

[18] 欧阳友权. 数字媒介下的文艺转型 [M]. 北京：中国社会科学出版社，2011.

[19] 欧阳友权. 数字化语境中的文艺学 [M]. 北京：中国社会科学出版社，2005.

[20] 祁林. 视觉技术与日常生活审美化 [M]. 北京：生活·读书·新知三联书店，2022.

[21] 周晓鹏. 元宇宙与数字世界的未来：想象、演进与可能性 [M]. 北京：社会科学文献出版社，2023.

[22] 喻国明，杨雅. 元宇宙与未来媒介 [M]. 北京：人民邮电出版社，2022.

[23] 贾伟，邢杰. 元宇宙力：构建美学新世界 [M]. 北京：中译出版社，2022.

[24] 林平. 数字虚拟与艺术真实的美学悖论 [M]. 长春：吉林大学出版社，2019.

[25] 薄一航. 虚拟空间交互艺术设计 [M]. 北京：中国戏剧出版社，2020.

[26] 薄一航，刘言韬. 虚拟空间技术概论 [M]. 北京：中国电影出版社，2022.

[27] 周宗凯，师涛. 虚拟现实艺术表现与技术 [M]. 北京：中国纺织出版社，2022.

[28] 杨斌. 虚拟现实艺术的审美研究 [M]. 北京：中国戏剧出版社，

2022.

[29] 贾云鹏．电影化虚拟现实艺术［M］．北京：中国国际广播出版社，2024.

[30] 纪元元．中国意象美学视域下虚拟美学理论建构研究［M］．北京：经济科学出版社，2023.

[31] 翟振明，孔红艳．有无之间：虚拟实在的哲学探险［M］．北京：北京大学出版社，2007.

[32] 张怡．虚拟现象的哲学探索［M］．上海：上海人民出版社，2020.

[33] 龚振黔，黄河，龚婷．虚拟社会中人的虚拟性活动的哲学研究［M］．北京：社会科学文献出版社，2020.

[34] 唐魁玉．虚拟社会人类学导论［M］．哈尔滨：哈尔滨工业大学出版社，2015.

[35] 王可．虚拟艺术的人类学阐释［M］．北京：文化艺术出版社，2019.

[36] 朱晓军．图像媒介的审美之维［M］．北京：中国社会科学出版社，2019.

[37] 王妍，张大勇．模仿与虚拟——技术现象学视域下文艺理论基本问题研究［M］．北京：中国社会科学出版社，2021.

[38] 张晶，范周．当代审美文化新论［M］．北京：中国传媒大学出版社，2008.

[39] 周宪．视觉文化的转向［M］．北京：北京大学出版社，2008.

[40] 张新军．数字时代的叙事学：玛丽－劳尔·瑞安叙事理论研究［M］．成都：四川大学出版社，2017.

[41] 金惠敏．媒介的后果：文学终结点上的批判理论［M］．北京：人民出版社，2005.

[42] 张邦卫．媒介诗学：传媒视野下的文学与文学理论［M］．北京：社会科学文献出版社，2006.

[43] 罗岗，顾铮．视觉文化读本［M］．桂林：广西师范大学出版社，2003.

[44] 李宏伟. 现代技术的陷阱：人文价值冲突及其整合 [M]. 北京：科学出版社，2008.

[45] 王一川. 大众文化导论 [M]. 北京：高等教育出版社，2004.

[46] 朱光潜. 西方美学史 [M]. 北京：人民文学出版社，2002.

[47] 刘小枫. 现代性社会理论绪论现代性与现代中国 [M]. 上海：上海三联书店，1998.

[48] 朱立元. 接受美学导论 [M]. 合肥：安徽教育出版社，2004.

[49] 王德胜. 问题与转型：多维视野中的当代中国美学 [M]. 济南：山东美术出版社，2009.

[50] 胡经之. 文艺美学 [M]. 北京：北京大学出版社，1989.

[51] 杜道明. 中国古代审美文化考论 [M]. 北京：学苑出版社，2003.

[52] 鲍宗豪：网络伦理，郑州：河南人民出版社，2002.

[53] 江怡. 维特根斯坦. 一种后哲学的文化 [M]. 北京：社会科学文献出版社.

[54] 聂振斌，滕守尧，章建刚. 艺术化生存 [M]. 成都：四川人民出版社，1997.

[55] 滕守尧. 审美心理描述 [M]. 成都：四川人民出版社，1998.

[56] 王岳川. 中国后现代话语 [M]. 广州：中山大学出版社，2004.

[57] 王岳川. 艺术本体论 [M]. 北京：中国社会科学出版社，2005.

[58] 章启群. 意义的本体论：哲学诠释学 [M]. 上海：上海译文出版社，2002.

中文参考文献（海外）

[59] [美]GrigoreC.Burdea，[法]PhilippeCoiffet. 虚拟现实技术（第2版）[M]. 巍迎梅，李悉道，等，译. 北京：电子工业出版社，2005.

[60] [美]WilliamR.Sherman，AlanB.Craig. 虚拟现实系统 [M]. 巍迎梅，杨冰，译. 北京：电子工业出版社，2004.

[61][美]杰伦·拉尼尔．虚拟现实：万象的新开端[M]．赛迪研究院专家组，译．北京：中信出版社，2018.

[62][美]吉姆·布拉斯科维奇．虚拟现实：从阿凡达到永生[M]．辛江，译．北京：科学出版社，2014.

[63][英]戴维·杰夫．虚拟现实和万维网[M]．北京：明天出版社，2005.

[64][英]亚当·乔伊森．网络行为心理学：虚拟世界与真实生活[M]．任衍具，魏玲，译．北京：商务印书馆，2010.

[65][美]斯凯·奈特．虚拟现实：下一个产业浪潮之巅[M]．仙颜信息技术，译．北京：中国人民大学出版社，2016.

[66][美]乔纳森·林诺维斯．Unity虚拟现实开发实战[M]．童明，吴迪，译．北京：机械工业出版社2016.

[67][美]PeterShirley．计算机图形学[M]．高春晓，赵清杰，张文耀，译．北京：人民邮电出版社，2007.

[68][英]梅丽莎·特拉斯，（爱尔兰）朱莉安·奈恩，（比利时）爱德华·凡浩特，高瑾．数字人文导读[M]．陈静，等，译．南京：南京大学出版社，2022.

[69][美]克里斯托夫·科赫．意识探秘：意识的神经生物学研究[M]．顾凡及，侯晓迪，译．上海：上海科学技术出版社，2012.

[70][荷兰]约斯·德·穆尔．赛博空间的奥德赛：走向虚拟本体论与人类学[M]．麦永雄，译．南宁：广西师范大学出版社，2007.

[71][美]迈克尔·海姆．从界面到网络空间虚拟实在的形而上学[M]．金吾伦，刘钢，译．上海：上海科技教育出版社，1997.

[72][美]克里斯蒂安妮·保罗：《数字艺术：数字技术与艺术观念的探索》，北京：机械工业出版社，2021.

[73][美]N.凯瑟琳·海勒：我们如何成为后人类：文学、信息科学和控制论中的虚拟身体[M]．刘宇清，译．北京：北京大学出版社，2017.

[74][英]罗伊·阿斯科特：未来就是现在：艺术，技术和意识[M]．周凌，

任爱凡，译．北京：金城出版社，2012.

[75][美]迈克尔·海姆：从界面到网络空间——虚拟实在的形而上学[M]．金吾伦，刘钢，译．上海：上海科技教育出版社，2000.

[76][英]齐格蒙特·鲍曼：流动的现代性[M]．欧阳景根，译．北京：中国人民大学出版社，2018.

[77][美]唐·伊德：让事物说话——后现象学与技术科学[M]．韩连庆，译．北京：北京大学出版社，2008.

[78][美]唐·伊德：技术与生活世界：从伊甸园到尘世[M]．韩连庆，译．北京：北京大学出版社，2012.

[79][美]劳伦斯·莱斯格：代码2·0：网络空间中的法律（修订版）[M]．李旭，沈伟伟，译．北京：清华大学出版社，2018.

[80][英]尼克·波斯特洛姆：超级智能：路线图、危险性与应对策略[M]．张体伟，张玉青，译．北京：中信出版社，2015.

[81][德]沃尔夫冈·韦尔施：重构美学[M]．陆扬，译．上海：上海译文出版社，2002.

[82][法]尼古拉斯·伯瑞里德：关系美学[M]．黄建宏，译．北京：金城出版社，2013.

[83][丹]延森 媒介融合：网络传播、大众传播和人际传播的三重维度[M]．刘君，译．复旦大学出版社，2012.

[84][美]TobySegaran：集体智慧编程[M]．莫映，王开福，译．北京：电子工业出版社，2009.

[85][俄]列夫·马诺维：新媒体的语言[M]．车琳，译．贵阳：贵州人民出版社，2020.

[86][美]雪莉·特克尔：群体性孤独：为什么我们对科技期待更多，对彼此却不能更亲密？[M]．周逵，刘菁荆，译．杭州：浙江人民出版社，2014.

[87][意]罗西-布拉伊多蒂：后人类[M]．宋根成，译．郑州：河南大学出版社，2016.

[88][斯]阿莱斯·艾尔雅维茨．图像时代[M]．胡菊兰，张云鹏，译．长春：

吉林人民出版社，2003.

[89][加]马歇尔·麦克卢汉. 理解媒介：论人的延伸[M]. 何道宽，译. 北京：商务印书馆，2000.

[90][美]尼古拉·尼葛洛庞帝. 数字化生存[M]. 胡泳，范海燕译，海口：电子工业出版社，2017.

[91][德]黑格尔. 精神现象学[M]. 贺麟，王玖兴，译. 北京：商务印书馆，2011.

[92][意]克罗齐. 美学原理美学纲要[M]. 朱光潜，等，译，北京：人民文学出版社，2008.

[93][德]阿多诺. 美学理论[M]. 王柯平，译，成都：四川人民出版社，1998.

[94][美]弗·杰姆逊. 后现代主义与文化理论[M]. 唐小兵，译. 西安：陕西师范大学出版社，1987.

[95][美]赫伯特·马尔库塞. 审美之维[M]. 李小兵，译. 桂林：广西师范大学出版社，2001.

[96][法]让-保罗·萨特. 存在与虚无[M]. 陈宣良，等，译. 北京：生活·读书·新知三联书店，2007.

[97][意]安伯托·艾柯. 开放的作品[M]. 刘儒庭，译. 北京：新星出版社，2007.

[98][德]阿尔布莱希特·维尔默. 论现代和后现代的辩证法：遵循阿多诺的理性批判[M]. 钦文，译. 北京：商务印书馆，2003.

[99][德]瓦尔特·本雅明. 机械复制时代的艺术作品[M]. 王才勇，译. 北京：中国城市出版社，2001.

[100][英]安吉拉·默克罗比. 后现代主义与大众文化[M]. 田晓菲，译. 北京：中央编译出版社，2006.

[101][德]彼得·毕尔格. 主体的退隐[M]. 陈良梅，夏清，译. 南京：南京大学出版社，2004.

[102][法]保罗·利科. 活的隐喻[M]. 汪堂家，译. 上海：上海译文

出版社，2004.

[103][德]恩斯特·卡西尔．人论[M]．甘阳，译．上海：上海译文出版社，1985.

[104][美]弗·杰姆逊．后现代主义与文化理论[M]．唐小兵，译．西安：陕西师范大学出版社，1987.

[105][英]赫伯特·里德．艺术的真谛[M]．王柯平，译．北京：中国人民大学出版社，2004.

[106][英]克里斯托夫·霍洛克斯麦克卢汉与虚拟实在[M]．刘千立，译．北京：北京大学出版社，2005.

[107][英]马克.J.史密斯．文化：再造社会科学[M]．张美川，译．长春：吉林人民出版社，2005.

[108][英]诺曼·费尔克拉夫．话语与社会变迁[M]．殷晓蓉，译．北京：华夏出版社，2003.

[109][英]齐格蒙·鲍曼．生活在碎片之中：论后现代道德[M]．郁建兴，周俊，周莹，译．上海：学林出版社，2002.

[110][美]乔治·H.米德．心灵、自我与社会[M]．赵月瑟，译．上海：上海译文出版社，1992.

[111][法]让-保罗·萨特．存在与虚无[M]．陈宣良，等，译．北京：生活·读书·新知三联书店，2007.

[112][美]约翰·塞尔．心灵、语言和社会—实在世界中的哲学[M]．李步楼，译．上海：上海译文出版，2001.

[113][美]约翰·费斯克．理解大众文化[M]．王晓珏，宋伟杰，译．北京：中央编译出版社，2001.

[114][美]约翰·R.塞尔．意向性：论心灵哲学[M]．刘叶涛，译．上海：上海世纪出版集团，2007.

[115][德]于尔根·哈贝马斯现代性的哲学话语[M]．曹卫东，等，译．南京：译林出版社，2004.

[116]莫里斯·梅洛-庞蒂．知觉现象学[M]．姜志辉，译．北京：商务

印书馆，2001.

外文参考文献

[117]Christiane Paul.Digital Art（3rded.）.Thames & Hudson,2015.

[118]Marie-Laure Ryan.Narrative as Virtual Reality：Immersion and Interactivity in Literature and Electronic Media.Johns Hopkins University Press.2001.

[119]Jean Baudrillard.Simulacra and Simulation.University of Michigan Press,1994.

[120]Lev Manovich.The Language of New Media.MIT Press，2001.

[121]Michael Naimark.Field Recording Studies.Immersed in Technology:Art and Virtual Environments.MIT Press，1996.

[122]Ryan, Marie-Laure.Narrative as Virtual Reality 2:Revisiting Immersion and Interactivity in Literature and Electronic Media.Johns Hopkins University Press. 2015.

[123]Elizabeth Grosz.Architecture from the Outside：Essays on Virtual and Real Space. Cambridge：MIT Press.2001.

[124]Sherry Turkle.Life on the Screen：Identity in the Age of the Internet. New York：Simon & Schuster.1995.

[125]Oliver Grau.Virtual Art：from illusion to immersion. MIT press. 2003.

[126]Jean Baudrillard.Simulacres et Simulation. Paris:Galileo Press.1981.

[127]Stallabrass Julian.Internet Art:The Online Clash of Culture and Commerce. Millbank.London：Tate Publshing,2003.

[128]Don Ihde.Postphenomenology：Essays in the Postmodern

Context. Northwestern University Press. 1995.

[129]Steven R. Holtzman. Digital Mantras: The Languages of Abstract and Virtual Worlds. MIT Press, 1995.

[130]Lev Manovich. Software takes command. A&C Black. 2013.

[131]Mark Poster. What's the Matter with the Internet? . University of Minnesota Press, 2001.

[132]Philipp Schmer heim. Skepticism Films:Knowing and Doubting the World in Contemporary Cinema. PhD Dissertation. University of Amsterdam, 2013.

[133]Janet H. Murray. Hamlet on the Holodeck:The Future of Narrative in Cyberspace. New York: Free Press. 1997.

[134]Jay David Bolter. Reality Media: Augmented and Virtual Reality. The MIT Press, 2021.

[135]Tom Boellstorff. Coming of age in Second Life: An anthropologist explores the virtually human. Princeton University Press. 2015.

[136]Gilbert Simondon. On the Mode of Existence of Technical Objects. Minneapolis: Univocal Publishing. 2017.

[137]Andy Clark. Supersizing the mind:Embodiment, action, and cognitive extension. Oxford University Press. 2008.

[138]Pierre Levy. Becoming Virtual. Basic Books Press. 1998.

[139]Frank Popper. From Technological to Virtual Art. Mit Press. 2006.

[140]Hayles, N. Katherine. New Horizons for the Literary. University of Notre Dame Press, 2008.

[141]Wardrip-Fruin Noah Montfort Nick. The New Media Reader. The MIT Press, 2003.

[142]Jean-Francois Lyotard. The Postmodern Condition:A Report on

Knowledge. University of Minnesota Press. 1984.

[143]Michael Heim. Virtual Realism. Oxford University Press. 2000.

[144]Mark B N Hansen. Bodies in Code:Interfaces with Digital Media. Routledge. 2006.

[145]Donald David Hoffman. The Case Against Reality:Why Evolution Hid the Truth from Our Eyes. W. W. Norton & Company Press. 2019.

[146]Byron Reeves, Clifford Nass. The Media Equation:How People Treat Computers, Television, and New Media like Real People and Places. CSLI Publications Press. 2003.

[147]Ayyadurai V. A. Shiva. Arts and the Internet: A Guide to the Revolution. New York:Allworth Press, 1996.

[148]Ascott Roy. Telematic Embrace:Visionary Theories of Art, Technology, and Consciousness. Edited by Ed ward A. Shanken. San Francisco: The University of California Press, 2003.

[149]Best Steve & Kellner Douglas. The Postmodern Turn. New York:The Guilford Press, 1997.

[150]Barry Peter. Beginning Theory: An Introduction to Literary and Cultural Theory. Manchester and New York: Manchester University Press, 1995.

[151]Chandler, Annmarie, and Norie Neumark, ed. At a Distance:Precursors to Art and Activism on the Internet. Cambridge, Massachusetts: The MIT Press, 2005.

[152]Greene Rachel. Internet Art. London:Thames & Hudson World of Art Press. 2004.

[153]Rush Michael. New Media in Late 20th-Century Art. New York Thames and Hudson, 1999.

后　记

　　置身于数字时代的浪潮之中,我们不免惊叹于虚拟现实技术下审美文化的日新月异。从早期的头盔显示器,到如今的多感官交互系统,虚拟现实正以前所未有的方式重塑我们的感知体验。它打破了物理时空的桎梏,将人们引入了一个个拟真的数字仿真世界。在那里,我们化身虚拟分身,逍遥于想象的国度,与数字对象零距离互动,感受前所未有的沉浸感;我们在虚拟场景中学习、工作、社交,虚实边界变得越发模糊。

　　毋庸置疑,虚拟现实绝非单纯的技术工具,它蕴含着丰富的人文意蕴。在数字化生存的语境下,虚拟与现实的关系,人与技术的互动,感知与意义的生成,无不成为值得追问的人文议题。而作为感性活动的集大成者,艺术创作更是率先触碰到了虚拟现实的波澜。沉浸式的美学体验,互动性的叙事建构,集体参与的创意生产等,种种匪夷所思的创新,正昭示着一个"后感官"数智时代的来临。

　　虚拟现实正在重塑艺术的存在方式和文化版图。它对传统美学理论提出了新的诘问,也为前沿美学实践开辟了新的可能。这就是此项研究的缘起。这本书是笔者主持的教育部人文社会科学研究青年基金项目"虚拟现实技术审美文化嬗变与美学价值重构研究"的结项成果之一,作为一名多年参与新媒体文艺美学研究的实践者,自立项以来笔者与团队其他成员试图在技术革新和人文反思的双重视域考察中,厘清虚拟现实艺术崛起的文化底蕴,探寻人机互构的美学图景,体味其间虽甚是艰辛,但也常欣喜于冥思洞见后的收获。全书遵循"技术—现象—理论—实践"的逻辑脉络,分别对虚拟现实美学展开论述:介绍虚拟现实技术的发展脉络,分析其沉浸性、交互性等特征,预测未来的发展图景;聚焦虚拟艺术实践,从本体论、认识论、价值论等维度剖析其美学内涵;在借鉴西方美学理论的基础上,尝试勾勒虚拟现实语境下的美学体系,阐释其时代

后　记

内涵；从数字人文、艺术生态、文化景观等角度，反思虚拟现实对社会文化的影响。全书力求在技术阐释与人文关怀、理论探索与实践观照中，系统性地呈现虚拟现实之于当代美学的价值意义。

诚然，面对如此前沿而复杂的话题，笔者的研究尚属管中窥豹，至今仍未能见全貌。因此，本书更多是抛砖引玉，期望拙见能切实引发读者的思考甚或讨论。虚拟现实美学作为一门方兴未艾的新兴学科，尚在探索的路途上。由衷希望该书能唤起更多有识之士的兴趣，让我们在现实与虚拟的互映中，书写数字时代的人文新篇章。

2024 年 7 月于南京·九龙湖畔